아주 이상한 수학책

Math Games with Bad Drawings:
75¼ Simple, Challenging, Go-Anywhere Games—
and Why They Matter
by Ben Orlin
Originally Published by Black Dog & Leventhal Publishers,
an imprint of Perseus Books, LLC.,
a subsidiary of Hachette Book Group, Inc., New York.

그림, 게임, 퍼즐로 즐기는 재미있는 두뇌 게임 75¼

아주 이상한 수학책

Math Games with Bad Drawings

벤 올린 지음 | 강세중 옮김

북라이프
booklife

옮긴이 **강세중**

서울대학교에서 수학교육을 전공했으며, IT회사에서 다년간 근무했다. 현재 번역에이전시 엔터스코리아에서 출판기획 및 전문 번역가로 활동 중이다.

아주 이상한 수학책

1판 1쇄 인쇄   2024년 2월   6일
1판 1쇄 발행   2024년 2월 20일

지은이 | 벤 올린
옮긴이 | 강세중
발행인 | 홍영태
발행처 | 북라이프
등 록 | 제313-2011-96호(2011년 3월 24일)
주 소 | 03991 서울시 마포구 월드컵북로6길 3 이노베이스빌딩 7층
전 화 | (02)338-9449
팩 스 | (02)338-6543
대표메일 | bb@businessbooks.co.kr
홈페이지 | http://www.businessbooks.co.kr
블로그 | http://blog.naver.com/booklife1
페이스북 | thebooklife
ISBN 979-11-91013-59-7   03410

비즈니스북스는 독자 여러분의 소중한 아이디어와 원고 투고를 기다리고 있습니다.
원고가 있으신 분은 ms2@businessbooks.co.kr로 간단한 개요와 취지, 연락처 등을 보내 주세요.

날마다 새 게임을 가르쳐준 케이시에게.

그 게임들은 모두 마술 같았고

대부분은 아주 헷갈렸다.

이 책을 시작하며

수수께끼로 시작해보자. 여러분과 침팬지의 다른 점은 무엇일까?

해답: 침팬지는 아기 침팬지로 시작해 성장한다. 하지만 여러분은 마치 아기 침팬지 같은 상태 그대로 머물러 있다는 점이 다르다.

진담이다. 여러분 자신을 보라. 털 없는 피부, 작은 턱, 거대하고 둥근 두개

골. 우리의 유인원 사촌들은 나이가 들어가면서 이런 특성이 점점 사라진다. 하지만 여러분은 이런 특성이 그대로 유지된다. 여러분을 헐뜯자는 게 아니다. 나도 마찬가지니까. 우리 인간은 어린 개체의 특성을 간직한 채 어른으로 성숙한다. 생물학자인 스티븐 제이 굴드Stephen Jay Gould는 이를 '영원한 젊음'이라고 불렀다. 전문용어로는 '유형성숙'neoteny이라고 하는데 영장류 중에서 우리 인간만이 가진 특징이다. 여기서 중요한 점은 우리가 겉모습만 아기 침팬지 같은 것이 아니라는 점이다. 우리는 행동도 아기 침팬지처럼 한다. 어른이 돼서도 흉내 내기, 탐험하기, 수수께끼… 한마디로 말해 놀이를 한다.

바로 이런 점이 아기 침팬지처럼 생긴 여러분이, 즉 우리 인간이 영장류 중에서 가장 천재적인 종이 된 이유다. 이런 특성 때문에 우리는 피라미드를 만들 수 있었고 달에 발자국을 남겼다. 또 수천만 장이 팔린 앨범 〈애비 로드〉(비틀즈의 마지막 앨범—옮긴이)를 녹음할 수 있었다. 우리는 어중간하게 성숙할 바에는 차라리 성장을 거부한다. 우리가 가진 탁월함의 비결은 배움을 멈추지 않는 데 있고, 배움의 비결은 놀이를 멈추지 않는 데 있다.

그러니 우리 함께 놀아보는 것은 어떨까?

이 책으로 노는 방법

무엇이 필요할까?

1. 집에 흔하게 있는 물건 몇 가지: 나는 펜과 종이만 있으면 할 수 있는 게임만 모으려고 노력했다. 하지만 일부 게임에는 준비물이 조금 더 필요하다. 자세한 내용은 각 장에 설명되어 있으며 결론에 제시한 표에도 요약되어 있다. 주사위는 쉽게 시뮬레이션할 수 있다는 점을 유념하자. 온라인에서 '주사위 던지기'를 검색하면 바로 나온다.

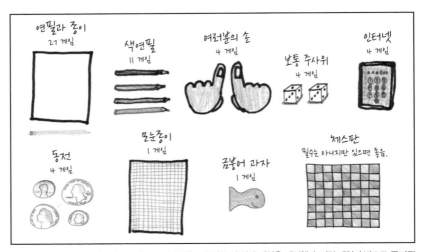

게임은 가장 구하기 어려운 재료를 기준으로 분류했으며, 변종 및 연관 게임은 제외했다. 이런 게임이 법으로 금지된 나라라면 이 제안은 없던 일로 해달라. 법으로 게임을 금지할 정도의 나라에 산다면 애초에 준비물이 문제가 아니겠지만 말이다.

2. 같이 놀 친구: 수학책은 대체로 1인용이지만 이 책은 아니다. 이 책은 팬데믹으로 '사회적 거리두기'를 했던 지난 1년 동안 썼다. 그러다 보니 결과적으로 사회적 교류를 갈망하는 러브레터처럼 되어버렸지만, 그리 놀랄 일은 아니다. 그런 이유로 1인용 게임 몇 개 빼고는 거의 모든 게임이 함께할 친구가 필요하다. 덧붙이자면 이 책은 나처럼 나이 든 아기 침팬지를 위해 쓰여졌지만 열 살 정도면 여기 나온 거의 모든 게임을 즐길 수 있고, 대다수 게임이 여섯 살 정도의 어린 침팬지에게도 적합하다.

3. 유형성숙의 권장량: 스티븐 제이 굴드는 "어릴 때는 유연성과 장난기를 보여주지만 성숙한 후에는 엄격하게 프로그래밍된 패턴을 따르는 동물이 많다."라는 글을 썼다. 그와 달리 우리 인간은 유형성숙(동물이 어렸을 때의 모습을 간직한 채 성체가 되는 것을 말한다. 개는 일반적으로 늑대에 비해 눈이 크고 입이 작은 모습으로 유형성숙을 하는데 귀여운 강아지를 좋아하는 인간에 의해 품종이 개량되었기 때문이다. —옮긴이)을 하지만 정작 수학 수업

은 엄격한 패턴을 따르는 다른 동물(예를 들면 흰개미)용으로 설계된 것처럼 보일 때가 많다. 이 점은 수학 교사인 나로서도 인정하는 부분이다. 그러니 수학 수업이 우리의 사고 능력을 최악의 상태로 끌어내려서 마비시키고, 꾸물거리거나 안절부절못하게 만든다고 해도 그리 놀라운 일은 아니다. 이 책에서는 그런 것을 모두 잊고 여러분의 진정한 본성, 여러분 속의 아기 침팬지를 불러내고자 한다.

목표는 무엇일까?

인간의 사고력을 최대한 발휘하게 하기.

규칙은 무엇일까?

1. 이 책은 게임, 다시 말해 '규칙을 따르는 놀이'라는 특별하고 독특한 인간의 놀이 유형을 다룬다. 게임에는 무수한 규칙이 있는 것(예를 들어 〈부루마블〉Blue Marble Monopoly)부터 규칙이 하나밖에 없는 것(예를 들어 〈바닥은 용암!〉The Floor is Lava)까지, 무자비하게 경쟁하는 경우(예를 들어 〈부루마블〉)부터 깊이 협력하는 경우(예를 들어 〈바닥은 용암!〉)까지, 인간 문화의 최악의 산물(예를 들어 〈부루마블〉)부터 최고의 산물(예를 들어 〈바닥은 용암!〉)까지 다양한 종류가 있다.

   이 책을 쓰기 위해 나는 풍부하고 복잡한 플레이를 이끌어내는 단순하고 우아한 규칙을 가진 게임들을 찾아 모았다. 여러분도 '배우는 데는 1분, 통달하는 데는 평생'이라는 말을 들어봤을 것이다.

2. '수학 게임'이란 무엇을 의미할까? 좋은 질문이다. 나는 미네소타에서 가장 친근한 성격이라는 평을 받는 탁상용 게임 전문가 비토 소로Vito Sauro를 통해 이 분야에 입문했다. 그는 거의 모든 보드 게임이 수학적 골격 위에 테마를 껍질처럼 표면에 두르는 식으로 구성된다는 점을 지적했다. 모든

'너무 복잡해서' 제외한 게임

<넌서의 원뿔>

<북아프리카 대작전> Campaign for North Africa

범주 이론

<크리켓> criket

'너무 단순해서' 제외한 게임

<틱택토>

<틱토>

<택토> ('tack toe'는 발가락에 구멍을 뚫는다는 뜻으로, 이걸 이용한 농담이다. ― 옮긴이)

게임이 수학적이라면, 이 책은 지금까지 존재했던 모든 게임을 다루어야 할까?

나는 비토에게 그건 절대 아니라고 말했다. 내 정의에 따르면 수학 게임은 여러분에게 이런 생각이 들게 하는 것이다. '으음, 이거 수학적인데.' 비토는 이 정의가 답이 될 순 없지만 상당히 만족스럽다고 생각했다. 어쨌든 나는 시대를 초월해서 논리, 전략, 공간, 추론에 대한 게임들을 엮으려고 노력했다. 게임을 고르는 기준은 세 가지다. 재미있고, 플레이하기 쉬우며, 수학적으로 생각하게 만드는 것이다.[1]

3. 이 책은 공간 게임, 숫자 게임, 조합 게임, 위험과 보상 게임, 정보 게임 이렇게 5부로 구성되어 있다. 하지만 이 분류에는 엉뚱한 요소가 있음을 기억하라. 각 표본은 잘 정리된 완벽한 분류 체계라기보다는 각 게임의 독특한 기능을 강조하는 일종의 무드 조명이라 할 수 있다. 예를 들어 〈체스〉는 다섯 가지 범주 중 어느 곳에 넣어도 어울리지만, 어떤 조명을 비추느

공간 게임   숫자 게임   조합 게임

위험과 보상 게임   정보 게임

냐에 따라 약간씩 다르게 보일 수 있다.

각 부는 관련 수학 분야에 대한 재미있는 에세이로 시작한다. 그 뒤에 추천 게임 5개가 나오는데, 대체로 뒤로 갈수록 복잡성이 커진다. 다만 각 부가 새로 시작될 때마다 복잡성도 리셋된다. 각 부의 마지막 장에서는 내가 가장 좋아하는 게임을 포함해 관련 게임을 간략하게 설명한다.

4. 추천 게임에 대한 설명은 동일한 구조로 쓰였다. 게임 **방법**에서는 게임 메커니즘을 설명하는데, 여기에는 준비물, 목표, 규칙이 포함된다.

맛보기 노트에서는 게임 플레이의 묘미인 주 느 세 콰je ne sais quoi('이루 말할 수 없이 좋은 것'을 뜻하는 프랑스어—옮긴이)에 대해 자세히 설명한다. 여기서 몇 가지 전략적 팁을 얻을 수 있지만, 그것이 맛보기 노트의 목표는 아니다. 나는 여기서 수학 놀이의 미묘한 색조와 음영을 찾는 데 집중한다. 이런 미묘한 향취야말로 와인을 시큼하고 오래된 포도 주스답게 만들어준다.[2]

게임의 유래에서는 게임의 기원에 대해 내가 아는 정보를 알려줄 것이다. 어떤 게임은 오래된 명작이며 어떤 게임은 바보 같다. 어떤 게임은 참신하고 또 어떤 게임은 그 두 가지에 다 해당된다(어떻게 그럴 수 있는지에 대해선 묻지 마라. 그냥 그런 게임이 있다).

게임의 **중요성**에서는 이 게임이 어떻게 해서 인간의 사고력을 최대치로 끌어내는지, 그 이유를 말할 것이다. 어쩌면 그 게임이 물질의 양자 구조를 모델링한 것일 수도 있다. 아니면 위상수학의 소박한 아름다움이나 게리맨더링(특정 후보자나 정당에 유리하도록 선거구를 짜 맞추는 일. 미국 주지사 게리가 자신에게 유리하게 짜 맞춘 선거구가 샐러맨더와 닮았다고 해서 붙은 이름이다. — 옮긴이)의 냉엄한 논리를 드러낼 수도 있다. 어쩌면 그 게임은 여러분 내면의 천재성을 해방시킬 수도 있고 더 나아가 내면의 침팬지를 해방시킬 수도 있다. 어쨌든 나는 이 부분이 각 장의 핵심이자 이 책이 추구하는 목적이라고 본다.

마지막 **변종과 연관** 게임에서는 여러분이 즐겁게 탐색하고 다닐 수 있는 여러 방향성을 제시할 것이다. 어떤 게임은 사소한 규칙 비틀기일 뿐이지만 또 어떤 게임은 역사, 개념 또는 정신적으로만 원본과 연결된 완전히 새로운 게임이 된다.

플레이해볼 더 많은 방법

플레이해볼 더 많은 방향

5. 결론에는 수록된 게임을 완벽하게 정리한 표가 나오며, 그 뒤엔 사람들이 재미있게 볼 수 있도록 자주 묻는 질문 형식으로 작성된 참고 문헌이 있다. 아, 그리고 이 책에 포함된 75와 ¼개의 게임이라는 특이한 숫자가 어떻게 나왔는지도 결론에서 설명할 것이다. 여러분은 "겨우 ¼이 게임이야?"라고 물을 수도 있지만 안심하라. 생각보다 '훨씬' 더 복잡하다.

이 책을 평범한 논픽션으로 취급해도 좋다. 페이지를 넘기며 내가 건네는 농담에 미소를 지으면 된다. "와, 진짜 이상한 그림이네. 확실히 돈 주고 산 보람이 있어."라며 장에서 장으로, 앞에서 뒤로, 게임에서 게임으로 넘어가라. 완벽하게 즐거운 시간일 것이다. 그리고 모든 재미를 놓치게 될 것이다.

이 책은 게임을 플레이하기 위한 것이다. 수학을 가지고 노는 인간은 코를 가지고 노는 코끼리, 날개를 가지고 노는 새, 멋진 차를 가지고 노는 배트맨과 같다. 또한 타고난 대로 행동하는 생물이다. 여러분의 수학적 사고 능력은 동물의 왕국에서 타의 추종을 불허하는 특별한 차원의 재능이다. 아마 고양이의 경멸 능력 정도가 이에 비견되지 싶다. 이 진화의 선물을 포장지도 뜯지 않고 그대로 두는 것은 낭비다. 선물을 꺼내서 가지고 놀아라. 아니면 적어도 고양이처럼 포장지라도 가지고 놀아보아라.

여기 실린 게임은 대부분 멀티플레이어용이다. 함께 플레이하며 호기심을 공유하고 게임을 헤집어보고 분석할 수 있는 친구를 찾기 바란다. "경쟁이 득세한 곳에서 가르치는 수학은 죽은 수학이다."라며 수학자 메리 에버레스트 불Mary Everest Boole은 다음과 같이 말했다. "살아 있는 수학은 항상 공동 소유여야 한다." 내가 보기에는 경쟁적인 게임조차도 협력적 프로젝트의 성격을 갖고 있다. 그래서 마음을 합쳐 특별한 논리와 전략의 사슬을 빚어낸다. 데이비드 브론슈타인David Bronstein(1940~1970년대 러시아의 체스 챔피언—옮긴이)은 이것을 '2인용 생각'이라고 불렀다. 칼 메닝어Karl Menninger(인간의 마음을 탐구한 정신과 의사—옮긴이)는 이를 '마음의 진보적인 상호 침투'라고 불렀다. 나는 이것을 '놀이'라고 부른다. 어쨌든 이것은 '책'이며, 나는 여러분이 이 책을 읽기를 바란다. 각 게임은 조합 폭발에서 정보 이론에 이르기까지 깊은 수학적 진리에 빛을 비춘다. 그리고 수학적 진리는 반대로 게임에 빛을 비춰준다. 이 말이 너무 눈부시게 들리더라도 걱정하지 마라. 여러분의 눈은 금방 적응할 테니. 일찍이 성직자 찰스 케일럽 콜턴Charles Caleb Colton이 썼듯이 "수학 연구는 사소한 것에서 시작해 장엄하게 끝난다. 마치 나일강처럼."

수학 게임의 유래

이 책에 실린 게임은 파리 대학, 일본 학교 운동장, 아르헨티나 잡지, 겸손하게 취미를 즐기는 사람, 뻔뻔한 자기 선전가, 시끌벅적한 도박장, 주정뱅이 학자, 쉽게 흥분하는 어린아이들에게서 나온 것이다. 수학이 다양하기 때문에 게임도 다양하고, 수학이 바보 같기 때문에 게임도 바보 같다. 그리고 이 게임들은 모든 이의 것이다. 그 잘난 공식과 비아냥거리는 문지기에도 불구하고 수학 역시 모든 이의 것이기 때문이다. 나는 크게 네 가지 영역에서 게임을 뽑았다.

1. 전통적인 아이들 놀이: 〈배틀십〉Battleship, 〈젓가락〉Chopsticks, 〈점과 상자〉Dots and Boxes 같은 것들.

2. 레크리에이션 취미 게임: 〈티코〉Teeko, 〈종이 권투〉Paper Boxing, 〈아마존〉Amazons 같은 것들.

3. 수학자들이 고안한 개념: 〈심〉Sim, 〈콩나물〉Sprouts, 〈도미니어링〉Domineering 같은 것들.

4. 이상하게 재미있는 교실 게임: 〈이웃〉Neighbors, 〈상식 밖의〉Outrangeous, 〈101이면 큰일〉101 and You're Done 같은 것들.

이런 게임 아이디어는 어떻게 떠오를까? 어떻게 수학적인 불꽃을 피우는 것일까? 나도 9개의 게임을 디자인했으나 길은 하나가 아니고 기원에 대한 이야기도 공통성이 없어 알기가 어렵다. 〈체스〉는 인도에서 나왔고, 〈바둑〉은 중국에서 나왔으며, 〈파노로나〉는 마다가스카르에서 나왔다. "'모와와와와'를 외치며 퍼즐 둘레에서 춤을 춰요."는 내 두 살배기 조카 스캔더에게서 나왔다.

세계 어디에나 수학 게임이 있는 이유는 무엇일까? 정말 그 이유가 뭔지 잘 알지 못한다. 다만 짐작컨대 우주가 너무 수학적이기 때문에 그런 것이지 싶다.

적절한 사례를 들어 살펴보자. 1974년, 마샤 진 팔코Marsha Jean Falco라는 유전학자는 색인 카드에 기호를 그리기 시작했다. 각 카드는 개를 나타내고 위에 그려진 기호는 그 개의 게놈에 있는 DNA 염기서열을 나타내는 것으로, 원래는 연구 도구였다. 그러나 카드를 섞고 재정렬하자 이 모든 구체성이 사라졌다. 순수한 조합, 추상적인 패턴이 보이기 시작한 것이다.

논리의 놀이. 놀이의 논리. 앙리 푸앵카레Henri Poincaré는 "[수학자는] 물질에 관심을 갖지 않는다. 형식에만 관심이 있기 때문이다."라고 말했다. 마샤의 어깨너머로 지켜보던 수의사가 질문을 던졌고 얼마 안 돼서 마샤는 게임에 대한 아이디어를 얻었다. 이렇게 해서 스티븐 호킹이 가장 좋아하는 놀이이자 뛰어난 수학자가 즐겨 찾는 연구 주제이며, 20세기의 가장 유명한 카드게임 중 하나가 탄생했다. 바로 〈세트〉Set다. 역시 1974년, 어느 헝가리 건축가가 새로운

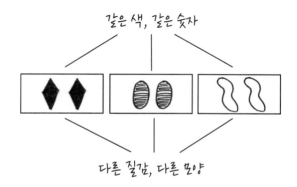

세트(명사): 모든 면에서 같거나 모든 면에서 다른 3장의 카드.

같은 색, 같은 숫자

다른 질감, 다른 모양

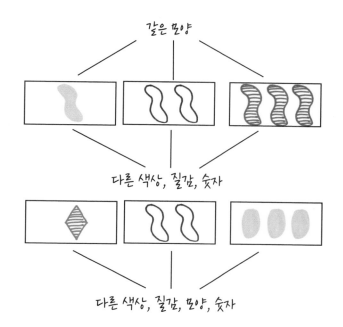

같은 모양

다른 색상, 질감, 숫자

다른 색상, 질감, 모양, 숫자

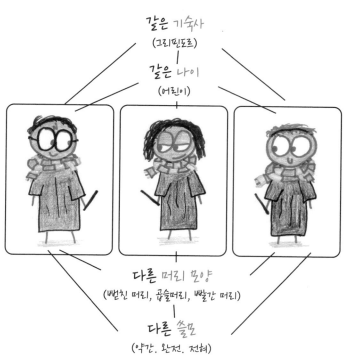

같은 기숙사
(그리핀도르)

같은 나이
(어린이)

다른 머리 모양
(뻗친 머리, 곱슬머리, 빨간 머리)

다른 쓸모
(약간, 완전, 전혀)

구조에 도전했다. 독립적으로 움직이는 작은 블록으로 큰 블록을 만들 수 있을까? 그는 도전했고 성공했다. 그러고는 운명에 이끌려 색종이를 블록 각 면에 붙이고 돌리기 시작했다. 그는 나중에 "이 색의 향연을 보는 것은 매우 만족스러웠다."라고 회상했다. 그러다 결국 이런 생각이 들었다. "멋진 산책을 하며 예쁜 광경을 잔뜩 봤으니 이제 집으로 돌아가야지… 입방체를 원래대로 되돌리자."

그는 여러 차례 시도했으나 실패했다. 하지만 유희의 인간인 그는 포기하지 않고 계속 시도했다. 한 달간의 노력 끝에 마침내 입방체를 원래 상태로 복원하는 데 성공했다.

그렇게 해서 루비크, 에르뇌Rubik, Ernö(헝가리인이기 때문에 성이 이름 앞에 온다. 즉 루비크가 성이다.—옮긴이)는 인류 역사상 가장 잘 팔리는 장난감을 만들었다.

〈세트〉와 〈루빅스 큐브〉Rubik's Cube는 수학적 사고의 두 가지 기본 경로를 보여준다. 마샤처럼 현실의 일부분에서 시작해 추상적인 구조를 찾을 수도 있고, 에르뇌처럼 추상적인 구조에서 시작해 현실에서 의미를 찾을 수도 있다.

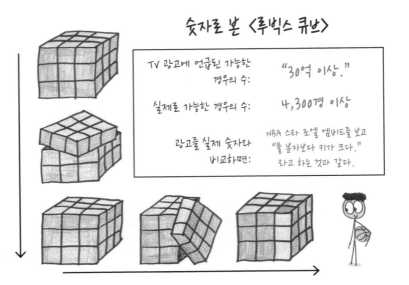

숫자로 본 〈루빅스 큐브〉

TV 광고에 언급된 가능한 경우의 수:	"30억 이상."
실제로 가능한 경우의 수:	4,300경 이상
광고를 실제 숫자와 비교하면:	NBA 스타 조엘 엠비드를 보고 "풀 포기보다 키가 크다." 라고 하는 것과 같다.

그런 면에서 〈세트〉와 〈루빅스 큐브〉는 그저 사람들의 놀잇감에 그치지 않는다. 그것들은 그 자체로 놀이를 통한 생각의 결실이며, 배움을 멈추지 않는 천재 원숭이의 게으른 예술이다.

수학 게임이 중요한 이유

게임이 중요한 이유는 인간의 사고력을 최대치로 끌어내기 때문이다.

1654년 한 도박꾼이 수수께끼를 풀기 위해 2명의 수학자에게 편지를 썼다. 그 수수께끼는 다음과 같다. 두 사람이 간단한 50 대 50 확률 게임을 플레이하며 판마다 이긴 사람이 1점을 얻는다고 치자. 7점을 먼저 얻는 사람이 100달러를 받는다. 하지만 그러다가 점수가 6대 4가 될 때 게임이 중단되었다. 그 상황에서 어떻게 하면 상금을 공정하게 나눌 수 있을까?

편지를 받은 두 수학자 블레즈 파스칼Blaise Pascal과 피에르 드 페르마Pierre de Fermat는 그 문제를 풀었을 뿐만 아니라[3] 그 해법으로 오늘날 '확률 이론'이라고 알려진 불확실성에 대한 수학적 연구를 탄생시키는 데 기여했다. 현대 사회의 필수 도구인 확률 이론은 이처럼 확률 게임에 대한 간단한 수수께끼에서 탄생했다.

또 다른 실화를 살펴보자. 1700년대의 쾨니히스베르크(오늘날의 칼리닌그라드) 시민들 사이에서 유행한 놀이가 하나 있었다. 일요일 오후에 도시를 지나는 강으로 나뉜 4개 지역을 돌아다니며 7개의 다리(대장장이의 다리, 연결 다리, 녹색 다리, 상인의 다리, 나무 다리, 높은 다리, 꿀 다리)를 딱 한 번씩만 지날 수 있는지를 탐색하는 놀이였다. 하지만 실제로 해내는 사람은 아무도 없었다.

마침내 1735년 수학자 레온하르트 오일러Leonhard Euler가 그 이유를 증명했다. 그런 경로는 존재할 수가 없었기에 애초에 불가능했던 것이다. 오늘날 우

리는 그 오일러증명을 '그래프 이론'의 시초로 본다. 그래프 이론은 네트워크에 대한 연구이며 소셜 미디어에서 인터넷 검색 알고리즘, 전염병학에 이르기까지 온갖 것의 기초가 된다. 구글, 페이스북, 코로나19와의 싸움이 프로이센의 오후 놀이로까지 계보가 이어지는 것이다.

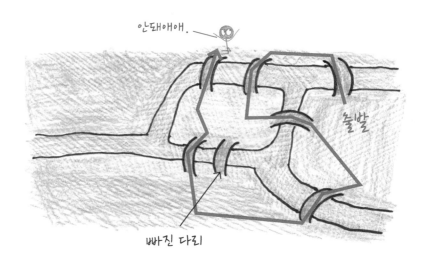

다른 예가 더 필요한가? 내가 이 책을 쓰는 동안 유명을 달리한 수학자 존 호턴 콘웨이John Horton Conway는 어떨까? 콘웨이는 세포 자동자cellular automata부터 추상 대수학에 이르기까지 엄청나게 다양한 분야의 수학을 종횡무진 오가며 탐구했다. 하지만 매번 게임으로 돌아오곤 했다. 그가 자신의 업적 중 가장 좋아했던 발견은 '초현실수'였는데, 이는 2인용 게임의 구조를 수 체계로 인코딩한 것이다. 그가 발견한 것 중 가장 널리 알려진(그래서 가장 좋아하지 않았던) 것은 바로 〈생명 게임〉The Game of Life이다. 이 게임은 몇 가지 간단한 규칙만으로 어떻게 이 세상과 같은 복잡성이 발생할 수 있는지를 보여주었다.

역시 수학자이자 콘웨이의 추종자인 짐 프롭Jim Propp은 이런 말을 했다. "나는 충격받았다. 그는 좌표, 코드, 채우기 등의 연구를 게임으로 바꾸는 발상을 했다. 게임을 좋아하는 수학자가 자신이 연구하는 다른 주제의 기저에 게임이 깔려 있다는 사실을 발견하는 행운을 얻을 확률이 얼마나 될까?"

이런 예는 얼마든지 있다. 주간 포커의 밤은 존 폰 노이만John von Neumann이 게임 이론을 개발하는 데 영감을 주었고, 그의 전략적 통찰력은 이제 생태학, 외교학, 경영학에서 두루 쓰인다. 수학이 응용된 분야를 찬양하려고 이런 말을 하는 것이 아니다. 나는 수학적 놀이가 억만장자를 배출하거나 몇조 달러의 부를 창출하는 데 도움이 되었다는 사실에는 별로 관심이 없다. 내가 말하고자 하는 요점은 이런 것이 수학적 놀이의 '우발적인 부산물'이라는 점이다.

게임을 하다 문득 고개를 들었는데 어쩌다 인류 역사의 흐름을 바꾸었음을 깨닫는다면, 여러분이 하는 불장난이 특별한 종류임을 이해하게 될 것이다.

메이슨 하트만Mason Hartman은 "모든 좋은 생각은 곧 놀이다."라고 했다. 다시 말해 최고의 생각은 아기 침팬지가 숲속을 목적 없이 자유롭게 탐험하는 것과 같은 방식으로 아이디어를 탐험할 때 탄생한다는 뜻이다. 그런 생각은 모든 움직임이 승리를 위해서만 존재하는 〈파치지〉Parcheesi 게임과는 다르다. 그보다는 오히려 "맞아, 그리고…."라며 이어가는 상상 게임, 세대를 뛰어넘어

전해지는 게임, 결코 꺼지지 않는 횃불에 가깝다 할 수 있다. 따라서 제임스 카스가 말했듯 "유한한 게임은 이기는 것이 목적이다. 하지만 무한한 게임은 계속 플레이하는 것이 목적이다."는 진리다.

우리는 수학을 일련의 유한한 게임으로 볼 때가 많다. 질문을 통해 답변을 얻고, 수수께끼에서 해답을 찾고, 정리에서 증명을 만드는 식으로. 하지만 종합해보면 수학은 광대하고 끝없는 게임을 형성하며 지성 있는 모든 유인원의 생각을 포괄한다.

수학자 로자 페테르Rózsa Péter는 "나는 수학을 사랑한다. 왜냐하면 인간은 수학에 놀이의 정신을 불어넣었고, 수학은 인간에게 가장 위대한 게임인 무한을 포용해주었기 때문이다."라고 말했다.

개인적으로 나는 인간의 가장 위대한 게임은 〈바닥은 용암!〉이라고 생각하지만, 가끔은 무한을 포용하는 데서 기쁨을 얻는다. 그리고 그 기쁨을 함께할 여러분을 진심으로 반긴다.

일러두기
1. 본문에 나오는 외래어 표기는 국립국어원의 외래어 표기법을 따랐습니다. 인명은 국적이나 출생지가 불분명하고 이름을 어떻게 발음하는지 알기 어려운 경우에는 가장 많이 표기되는 방식을 따랐습니다.
2. 게임 이름은 국내에서 많이 쓰이는 쪽으로 표기했으며, 가급적 직역하되 우리 말 정서에 맞게 가다듬은 것도 있습니다.
3. 저자 특유의 유머가 가미된 언어유희나 속어 등은 맞춤법 표기에 맞지 않더라도 최대한 원문의 뉘앙스를 살려서 표기했습니다.

제5부

정보 게임

"이기고 있다면 명확히 하라. 지고 있다면 복잡하게 만들어라."

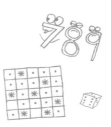

제1부

공간 게임

"모든 말은 힘을 투사한다.
빛과 어둠의 광선이 말판을 가로질러 뻗는다."

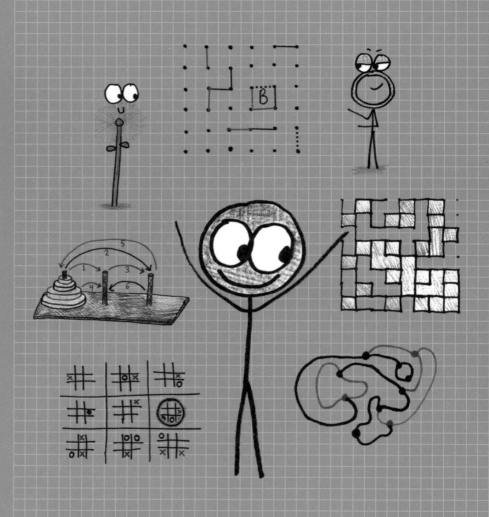

INTRO

여러분은 다섯 가지 게임을 만나게 될 것이며 게임 각각은 서로 다른 종류의 공간에 속한다. 여기서 적어도 이것만은 교훈으로 건져가기를 바란다. '공간에는 여러 종류가 있다.'

〈점과 상자〉는 계획도시처럼 촘촘한 직사각형 모눈 위에서 펼쳐진다. 〈콩나물〉은 몽환적인 풍경 속에서 뱀이 스윽 나오듯 뻗어간다. 〈궁극 틱택토〉Ultimate Tic-Tac-Toe는 소우주, 대우주, 메아리의 프랙털 세계를 시각화한다. 〈민들레〉Dandelions는 바람 부는 평원과 냉엄한 벡터에 관한 게임이다. 마지막으로 〈양자 틱택토〉Quantum Tic-Tac-Toe는 너무 기이해서 공간 같지도 않은 공간에 자리를 잡는다. 이들을 종합하면 수학자들이 왜 '기하학'이 아니라 '기하학들'이라고 하는지 이해하게 될 것이며, 공간과 그 안에 든 것을 완전히 다른 방식으로 개념화할 수 있을 것이다. 수학자 앙리 푸앵카레가 말했듯 '한 기하학이 다른 기하학보다 더 참일 수는 없다'.

그러나 이렇게 다양한 게임에도 한 가지 공통점이 있다. 바로 평평하다는 점이다. 이 게임들은 마치 그림자를 역산해 입체로 만들 듯이 2D 경험을 3D

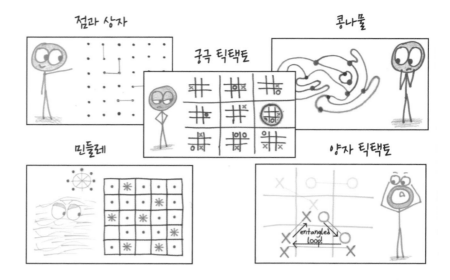

세계에 투영하려는 시도다.

현대인으로 산다는 것은 웃기는 일이다. 우리 조상들은 타잔처럼 나무에서 나무로 옮겨 탔던 반면 나는 제인처럼 책에서 책으로, 페이지에서 페이지로, 종이에서 종이로 옮겨 탄다. 나는 깊이와 움직임이 있는 3D 세계를 위해 만들어진 두뇌를 가지고 있으면서도 문서와 화면의 2D 세계, 두꺼운 현실의 얇은 단면에 매달린 신세다.

뭐, 우리가 정글의 유인원으로 돌아갈 수 없다면 기하학적 게임이 차선일 수밖에. 유인원에게 정글을 되돌려주는 것이다. 평면을 깊이로, 2D를 3D로 상승시켜서 말이다.

간단한 보너스 게임 3개로 내가 말하는 것의 의미를 설명해보려 한다.

첫 번째 보너스 게임부터 살펴보자. 1979년 아케이드 클래식 〈아스테로이드〉에서는 화면에서 화살표 모양의 우주선을 조종한다. 이 화면이 우주 전체다. 우주선이 화면 가장자리를 벗어나면 반대편 가장자리에 다시 나타난다. 그 결과 어느 방향으로 움직이든 시작 위치로 다시 돌아오는 구에서 플레이하

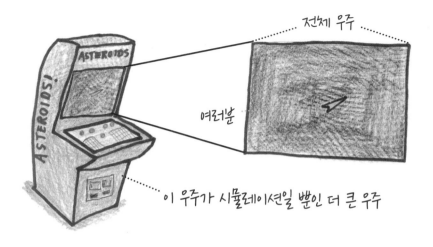

전체 우주

여러분

이 우주가 시뮬레이션일 뿐인 더 큰 우주

는 것처럼 느껴진다.

그러나 이 우주는 사실 구체가 아니다. 먼저 화면의 왼쪽 가장자리와 오른쪽 가장자리를 연결함으로써 게임 디자이너는 일종의 원통형 세계를 만들었다. 그다음 화면의 위쪽 가장자리와 아래쪽 가장자리를 이어 이 원통의 두 가장자리를 연결했다. 그 결과는 구가 아니라 도넛 모양이며, 열성적인 수학 팬들은 이것을 원환체torus라 한다.[1]

〈아스테로이드〉는 원환체 우주에 존재한다. 누군가는 나사NASA에 알려야 하지 않을까.

두 번째 '2D에서 3D로' 게임은 수학자 잉그리드 도브시Ingrid Daubechies가 알

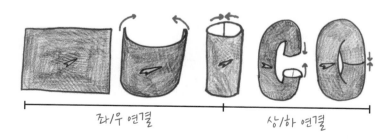

좌/우 연결　　　　　상/하 연결

려준 것이다. 그녀는 "나는 여덟 살 혹은 아홉 살 무렵 인형 가지고 노는 걸 좋아했다. 그중에서도 가장 좋아했던 놀이는 인형 옷을 꿰매는 것이었다. 평평한 천 조각을 조합해서 전혀 평평하지 않고 입체 곡면을 따라가는 무언가를 만들 수 있다는 점이 매혹적이었다."라고 회상한다.

그리고 수십 년이 지난 후 잉그리드의 웨이블릿wavelet 연구는 이미지 압축 기술 발달에 기여한다. 어떤 의미에서 보면 웨이블릿과 옷 만들기는 같은 게임이다. 평면과 곡면, 내부와 표면, 깊이와 압축이라는 면에서 말이다.

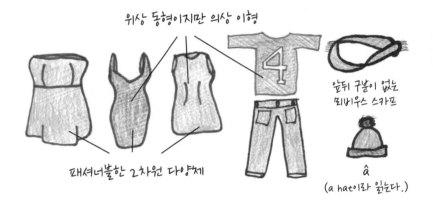

위상 동형이지만 의상 이형

패셔너블한 2차원 다양체

앞뒤 구분이 없는 뫼비우스 스카프

â
(a hat이라 읽는다.)

나는 감히 기하학이 인형 옷 입히기에 관한 고대의 수학일 뿐이라고 주장하겠다.

마지막으로 소개할 '2D에서 3D로' 게임은 화가 에셔M. C. Escher의 작품이다. 아마 여러분도 에셔의 그림을 본 적이 있을 터다. 두 손이 서로를 그리는 모습, 새와 물고기의 모자이크화, 위아래가 이어지는 실제로 불가능한 계단 등. 수학자들은 에셔의 작품을 좋아한다. 심오한 아이디어를 바보같이 플레이하는 수학자들 자신의 작업과 다를 바 없기 때문이다. 에셔는 "그러한 작업은 즐거움이다. 일부러 2차원과 3차원, 평면과 공간을 섞으며 중력을 가지고 논다."라고 말한다. "내 작품은 모두 게임이다. 진지한 게임." 이는 그가 곧잘 하는 말이다.

나에게는 게임과 퍼즐이 기하학의 다양한 세계를 탐험하는 최고의 방법이다. 그런 플레이 경험은 수학자 존 어셸John Urschel의 말을 빌리자면 우리에게 '가능한 사고 경로를 엿보게' 해준다. 완전히 다른 현실에 대한 짧고 생생한 경험을 제공하는 것이다.

여러분도 나도 마음은 유인원이다. 우리는 공간적으로 생각할 수밖에 없으며, 공간이 온갖 신기하고 경이로운 수천 가지 맛과 형태로 제공된다는 것은 좋은 일이다.

제1장

점과 상자
심오함은 놀이에서 나오고 과학은 바보 같음에서 나온다

정사각형에 관한 게임

수학자 얼윈 벌리캄프Elwyn Berlekamp는 《점과 상자: 세련된 어린이용 놀이》Dots and Boxes: Sophisticated Child's Play라는 130페이지짜리 책을 썼다. 그는 책의 서문에서 이 게임을 "세계에서 가장 수학적으로 풍요로운 인기 있는 어린이용 게임이다."라고 설명했다. 이 말의 뜻은 무엇일까? 이 게임이 인기 있는 어린이를 위한 세련된 게임이라는 뜻이었든, 세련된 어린이를 위한 인기 있는 게임이라는 뜻이었든, 아니면 풍요롭고 인기 있는 어린이를 위한 세련된 세계적 게임이라는 뜻이었든 간에 메시지는 분명하다. 이 게임이 끝내준다는 것이다.

이 짧은 글로 〈점과 상자〉에 대한 이론을 전부 보여줄 수는 없다. 하지만 그보다 더 나은 것을 알려줄 수는 있다. 이 게임의 규칙을 처음 출간한 학자가 직접 작성한 완전한 수학적 조사 이론 말이다. 이 내용을 읽으면 풍요롭고 인기 있고 세련된 어린이로 변할 수 있을까? 그걸 약속하면 불법이 된다. 그러니까 그냥 윙크하는 내 눈을 보고 알아서 해석하라.

게임 방법

무엇이 필요할까?

플레이어 2명, 펜, 그리고 모눈처럼 배열된 점들. 6×6 크기를 권장하지만 직사각형 배열이기만 하면 뭐든 상관없다.

목표는 무엇일까?

상대방보다 상자를 더 많이 획득하는 것이다.

규칙은 무엇일까?

1. 턴을 번갈아 가며 한다. 그리고 인접한 점을 작은 수직선이나 수평선으로 연결한다.

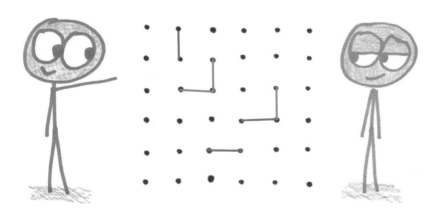

2. 네 번째 변을 그려 작은 상자를 완성한 사람은 그 상자를(안에 이니셜을 써서) 획득하고 곧바로 한 번 더 턴을 진행한다.

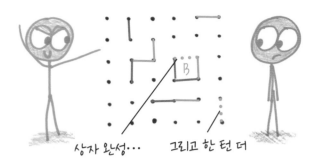

상자 완성··· 그리고 한 턴 더

이 규칙 덕분에 상대방에게 턴이 넘어가기 전에 상자 여러 개를 연속으로 획득할 수도 있다.

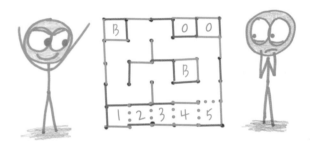

3. 모든 점 사이를 연결해 모눈이 가득 찰 때까지 플레이한다. 상자를 더 많이 획득한 사람이 이긴다.

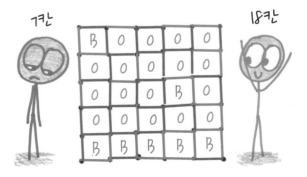

맛보기 노트

내가 이 게임을 처음 한 것은 어린 시절 지하실에서였다. 선반에는 VHS 테이프가 잔뜩 꽂혀 있고 위층에서 사람이 움직이면 그 인기척이 공룡 발소리만큼이나 요란하게 울리는 곳이었다. 우리 형제들은 전략적 정교함이 부족했고 대부분 랜덤하게 움직였다. 어떤 상자에도 세 번째 선을 그리지 않으려 했지만(상대가 네 번째 선을 그릴 수 있으니까), 그 외에는 아무렇게나 마킹을 해댔다.[2] 그러다 어떤 시점이 되면 안전한 움직임이 남지 않게 되고, 그때부터 팽팽한 긴장감이 돈다.

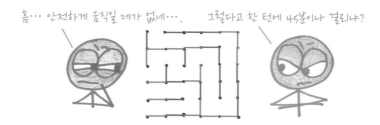

이제 희생은 피할 수 없다. 그렇다고 모든 희생이 평등하지는 않다. 어떤 움직임은 상대방에게 상자를 한두 개만 주고 끝낼 수도 있다. 반대로 거의 판 전체를 넘겨주게 될 수도 있다. 나는 항상 가급적 가장 작은 지역을 넘겨주려 애를 썼고 더 큰 영역이 내 몫으로 남기를 바랐다.

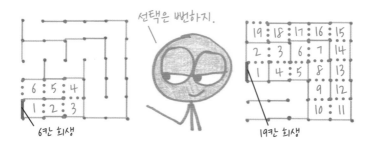

수십 년이 지난 뒤 이 책을 작업하며 중요한 전략을 배웠다. 쉽게 할 수 있으면서도 99퍼센트의 초보자를 이길 수 있는 '더블 크로스'다. 기본 개념은 상대방이 다음 턴에 상자를 대량으로 획득할 것 같으면 그럴 기회를 주지 않아야 한다는 것이다. 여러분의 턴에 상자를 최대한 획득하는 대신 마지막에서 두 번째 움직임을(마지막 상자 획득을) 안 하고 엉뚱한 곳에 선을 그려서 자신의 턴을 한 턴 빨리 끝낸다. 이렇게 하면 여러분은 상자 2개를 희생하게 되고, 상대방은 선 하나를 그려서 이 둘을 획득한다(그래서 '더블 크로스'다). 하지만 그 대가로 여러분은 상대방이 원래 차지할 수 있었던 넓은 지역을 얻는다.

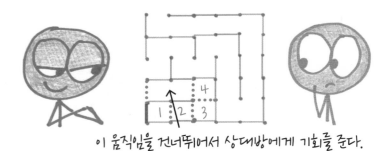

이 움직임을 건너뛰어서 상대방에게 기회를 준다.

이 수준의 전략을 넘어 더 크게 형성되는 영역과 구조까지 제어하려 들면 훨씬 불명확하고 복잡해진다. 그런 디테일한 전략에 대해서는 위대했던 고故 얼윈 벌리캄프의 책을 참고하라. 그는 내가 이 책을 쓰는 동안 세상을 떠났고, 초월적으로 세련된 어린이로 언제까지고 기억될 것이다.

게임의 유래

오늘날 우리는 거의 모든 것이 〈점과 상자〉를 플레이하는 게임판으로 쓰이는 것을 볼 수 있다. 칠판, 화이트보드, 골판지, 공책, 식당 냅킨, 그리고 절망적인 상황에서는 맨손까지도.[3] 〈점과 상자〉에 관련해서는 1889년 수학자 에두아르 뤼카Edouard Lucas가 《라 피포피펫》La Pipopipette이라는 제목의 책으로 처음 출간했다. 뤼카는 파리의 명문 공대인 에콜 폴리테크니크에서 그가 가르쳤던 몇몇 학생들에게 이 게임을 발명한 공을 돌렸다.

여기서 의문이 생긴다. 왜 명문대 학생들이 어린이용 게임을 만드느라 시간을 들였을까? 그리고 왜 에두아르 뤼카처럼 존경받는 학자가 그것을 책으로 출판하려 마음먹었을까? 답은 간단하다. 진지한 수학이 유치한 놀이에서 태어날 때가 많기 때문이다.

뤼카의 경력에서도 이런 패턴이 보인다. 그의 가장 유명한 업적은 각 숫자가 앞선 두 수의 합이 되는 피보나치 수열에 대한 것이다(이 고전적인 수열은 1, 1, 2, 3, 5, 8 등으로 시작한다). 피보나치 수는 얼핏 보면 바보 같은 게임처럼 보인다. 그러나 솔방울의 융기, 데이지의 꽃잎, 파인애플의 작은 과실을 세기 시작하면, 이 바보 같은 게임을 어린이와 애매하게 성숙한 성인뿐만 아니라 자연도 플레이하고 있음을 깨닫게 된다.

아니면 뤼카가 좋아하던 또 다른 주제인 대포알 문제를 예로 들어보자. 이

문제는 특별한 대포알 수를 구하는 것이다. 완전한 정사각형으로 배열했다가 다시 완전한 정사각뿔 피라미드로 배열할 수 있는 수다. 아주 간단한 퍼즐이지만 지독하게 어렵다. 뤼카는 알려진 단 하나의 해답(4,900개의 대포알)이 유일한 해답일 거라고 추측했다. 수십 년 후, 타원 함수를 사용한 첨단 연구 덕분에 마침내 그가 옳았음이 증명되었다.

에두아르 뤼카의 가장 유명한 발명품인 하노이 탑도 생각해볼 만하다. 여러분도 이것을 보았을지 모르겠다. 하노이 탑은 3개의 막대 중 하나에 구멍 뚫린 원반 세트가 가장 큰 것부터 차례대로 끼워져 있다. 게임의 목표는 원반 뭉치 전체를 원래 막대에서 다른 막대로 옮기는 것이다. 한 번에 하나의 원반만 옮길 수 있고 절대 작은 원반 위에 큰 원반을 놓지 못한다는 것이 규칙이다.

모양으로 보나 거기 담긴 정신으로 보나 하노이 탑은 최대한 부드럽게 말한다 해도 아기 장난감이다. 그러나 거기서 다양한 실용적인 응용 분야가 발견되었다. 심리학자들은 인지 능력을 테스트하기 위해 이 게임을 이용한다. 컴퓨터 과학 교수는 재귀 알고리즘을 가르치는 데 사용하고, 소프트웨어 엔지니어는 데이터 백업용 로테이션 스키마로 쓴다.

어째서 오락과 연구의 사이의 경계가 이렇게 흐릿할까? 어째서 일과 놀이

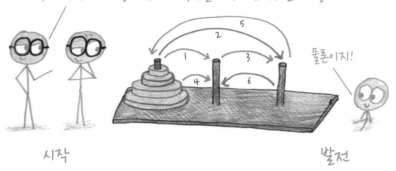

이 추상적 구조가 많은 심오한 속성을 예증하는 것 같지 않아?

물론이지!

시작   발전

의 경계에 이처럼 구멍이 숭숭 뚫려 있고 양쪽을 오가는 예가 많을까?

솔직히 모르겠다. 뤼카도 몰랐을 것이다. 우리가 말할 수 있는 것은 '수학적 전제가 심오한 결과를 가져오는 사례'가 수없이 반복된다는 것뿐이다. 사실 이것이 바로 수학의 실체다. 복잡한 상호 작용 속에 단순한 개념이 들어 있다는 것 말이다. 뤼카는 〈점과 상자〉에 대해 이렇게 썼다. "실제로 해보면 쉬운 게임인데도 지속적인 놀라움을 불러일으킨다."

왜 중요한가

쓸모없는 놀이가 아주 유용한 통찰력을 낳을 때가 많다는 점이 중요하다. 〈점과 상자〉에 관한 첫 출판물에서 에두아르 뤼카는 순수한 호기심의 가치에 대해 깊은 애정을 드러냈다. 역사적 사례를 잔뜩 인용하면서 깊이 감춰진 진리가 어디서 드러날지 모르기 때문에 아무리 바보 같아 보이는 질문이라도 그 자체로 추구할 만한 가치가 있다고 주장한 것이다.

그의 글은 향수 냄새가 느껴질 만큼 미사여구가 넘쳐나지만, 그래도 인용할 가치가 있다.[4]

고대인들이 건조한 날씨에 호박석 조각을 고양이 가죽에 문지르며 빛의 반짝임을 즐겼을 때는… 시간 때우기에 놀라했던 이 사실이 전기 이론의 싹이 되어 인류를 놀라게 할 많은 효용성을 낳으리라고는 상상도 하지 못했다.

그리스의 기하학자들이 매우 둥글고 뾰족한 뿌리를 잘라 그 단면의 모양과 특성을 연구했을 때는… 그 연구가 2,000년이 넘는 세월을 거쳐 케플러가 '행성운동법칙'의 공식을 도출하는 데 도움이 될 것임을 예상하지 못했다.

고대 페르시아의 사제들이 글자들을 조합해 '아브라카다브라'라는 주문을 만들었을 때는… 이 상징적인 도식이 나중에 타르탈리아Tartaglia와 파스칼Pascal에 의해 현대 대수의 기원이 되는 산술 삼각형의 형태로 채택될 줄은 꿈도 꾸지 못했다.

모든 수학자는 서로 다른 개념 사이에 깊이 숨겨진 연결성을 밝히기 위해 노력한다. 문제는 어떻게 그것을 해내느냐다. 힘든 연구로? 그럴듯하다. 끈기 있는 계산? 나쁘지 않다. 책 뒤편에 실린 답을 찾아보는 것? 웃기지 않았다면 미안하다. 혹은 무궁무진한 상상력?

지금 우리가 이야기하는 것이 바로 그것이다. 상상력 말이다. 에두아르 뤼카는 심오함은 놀이에서 나오고, 과학은 바보 같음에서 나온다고 믿었다. 이런 확신을 한 사람은 뤼카만이 아니었다. 얼윈 벌리캄프는 여섯 살에 〈점과 상자〉를 배웠는데 70년이 지난 뒤에도 이 게임을 플레이하고 있었다. 그는 평생 그 게임을 했다. 그러다가 MIT에서 전기공학을 공부하면서 수학을 사용해 그 게임을 동등한 '쌍둥이 게임'으로 변형할 수 있다는 사실을 깨달았고, 변형

된 게임을 〈끈과 동전〉Strings and Coins이라고 불렀다.

이 변형판은 어떻게 작동할까? 끈으로 묶인 동전 모음을 상상해보라. 각 끈의 한쪽 끝은 동전에 붙어 있고 다른 쪽 끝은 다른 동전(또는 탁자)에 붙어 있다. 플레이어는 번갈아 턴을 받아 가위로 끈을 자른다. 그렇게 잘랐을 때 동전이 끈에서 풀려나면 그 동전을 갖고, 다시 한번 끈을 자른다. 마지막 동전이 풀려났을 때 더 많은 동전을 가진 사람이 이긴다.

상자 대신 동전이 있다. 선을 그리는 대신 줄을 잘라낸다. 그러나 게임의 원리는 근본적으로 동일하다. 벌리캄프는 핵심 구조를 변경하지 않고 〈점과 상자〉의 겉과 속을 뒤집었다.

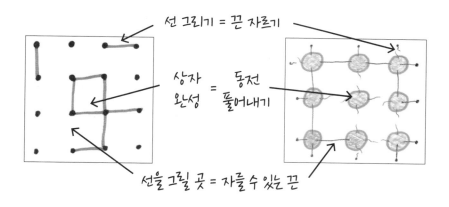

선 그리기 = 끈 자르기

상자 완성 = 동전 풀어내기

선을 그릴 곳 = 자를 수 있는 끈

이것의 요점이 뭐냐고? 사실 아무 요점이 없다는 것이 요점이다. 그냥 멋질 뿐이다. 에두아르 뤼카는 "생각하는 사람은 생각하게, 꿈꾸는 사람은 꿈을 꾸게 하라."라고 했다. "호기심의 대상이 유용해 보이는지 쓸모없어 보이는지는 걱정하지 마라. 현명한 아낙사고라스Anaxagoras가 말했듯이 '만물 안에 만물'이 있으니까."라는 말도 덧붙였다.

그 철학은 수천 년 동안 수학적 탐구를 이끌어왔으며 앞으로도 수천 년 동안 지속될 것이다. 생각하는 사람들이 생각하게 하라. 꿈꾸는 사람이 꿈꾸게 하라. 학생들이 수업 중에 낙서하게 하라. 실용적인 것과 비실용적인 것, 요점이 있는 것과 요점이 없는 것, 이상함과 이상적인 것 사이에서 허상의 경계를 지키려 하지 마라. 그 모두가 동일하게 거의 전인미답인 광활한 대륙에 속해 있으니 말이다.

변종과 연관 게임

스웨덴식 게임판

게임판의 바깥쪽 테두리에 이미 모든 선이 그려진 상태로 시작한다.

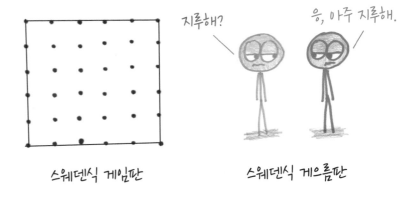

스웨덴식 게임판   스웨덴식 게으름판

점과 삼각형

점을 삼각꼴로 배치하고 작은 정삼각형을 획득하기 위해 경쟁한다는 점만 빼고 모든 규칙이 동일하게 유지된다. 내 생각에 이것은 게임을 극적으로 신선하게 만든다. 게다가 점을 삼각꼴로 그리기도 그리 어렵지 않다. 클래식 버전에 익숙해져 게임이 점점 지루해지거나 주문한 배달 음식이 아직 도착하지 않았을 때 하기 알맞은 게임이다.

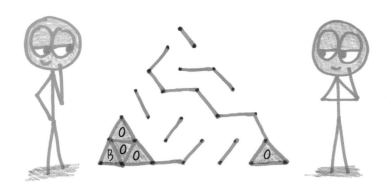

나자레노

안드레아 안졸리노Andrea Angiolino의 책 《초 날카로운 연필과 종이 게임》Super Sharp Pencil and Pater Games에 나오는 이 영리한 변종은 모든 규칙이 같지만 두 가지가 다르다. 첫째, 턴마다 그리는 선 길이는 얼마든지 길어도 되지만 이미 그려진 선과 겹치면 안 된다. 따라서 선 하나를 그어서 여러 상자를 획득할 수 있다. 둘째, 상자를 완성했을 때 보너스 턴이 없다.

〈점과 삼각형〉은 기본적으로 동일한 게임의 겉모습을 새롭게 포장한 반면 〈나자레노〉Nazareno는 그 반대다. 즉 겉모습은 그대로지만 게임 경험은 근본부터 다르다.

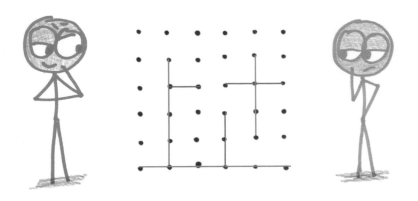

사각 폴립

미친 선지자 월터 조리스Walter Joris의 책《펜과 종이로 하는 100가지 전략 게임》100 Strategic Games for Pen and Paper에는 〈점과 상자〉를 연상시키는 게임이 여럿 나온다. 내가 가장 좋아하는 것은 90번째 게임인 〈사각 폴립〉이다. 이 게임을 하려면 2명의 플레이어와 두 가지 색의 펜이 필요하다.

1. 9×9 점 배열(초보자라면 더 작게, 전문가라면 더 크게 해도 된다.)을 그리고 번갈아 턴을 진행하며 사각 폴립을 배치한다. 폴립은 다음처럼 두 줄의 선이 튀어나온 사각형이다.

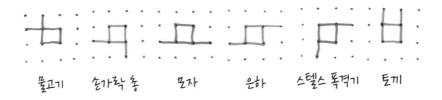

물고기　　손가락 총　　모자　　은하　　스텔스 폭격기　　토끼

2. 여러분이 지정한 색깔로 완전히 둘러싸인 영역을 영토로 획득한다. 각 폴립은 자동으로 1×1 정사각형 영토를 획득하지만 영리하게 플레이하면 더 크고 이상한 모양의 영토를 획득할 수도 있다.
3. 선을 겹쳐 그리는 것은 금지된다.[5] 이 규칙 덕분에 튀어나온 촉수 하나로 상대방의 구상을 저지하는 것이 가능해진다. 상대방도 마찬가지로 손쉽게 여러분의 전략을 망칠 수 있다.
4. 규칙에 맞는 움직임이 불가능해질 때까지 플레이한다. 더 넓은 영토를 획득한 사람이 이긴다.

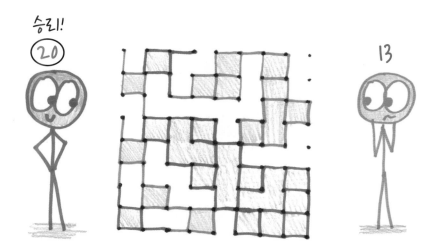

제2장

콩나물

단순함과 복잡함의 결혼에서 탄생한 가장 예쁜 아이

'신기한 위상수학 맛' 게임

학교에서 가르치는 기하학은 오로지 크기에만 신경 쓴다. 뭐, 사실 크기가 사물의 본질이긴 하다. 각도에는 예각, 직각, 둔각이 있으며 숫자에는 길이, 너비, 부피가 있다. 솔티드 캐러멜 모카만 해도 톨, 그란데, 벤티로 사이즈가 나뉜다. 이 모든 특성을 뭉뚱그려서 크기라 할 수 있다. 따지고 보면 '기하학'geometry 과목의 이름부터가 지구라는 뜻의 'geo'와 잰다는 뜻의 'metric'이 합쳐진 말이니, 글자 그대로 온 지구의 크기를 재는 학문이긴 하다.

이렇게 크기에만 매달리는 관점이 짜증 나는 사람이라면 위상수학이 마음에 들 것이다. 위상수학에서는 모양이 고무처럼 늘어나고 찰흙놀이Play-Doh처럼 뭉개지며 풍선처럼 부풀어 오른다. 사실 정해진 모양이 없으며 마음대로 바뀌는 변신 괴물이라는 편이 더 적절하다. 이 뭉글뭉글한 라바 램프의 세계에서 크기는 중요하지 않다. 정말로 '크기'는 아무 의미가 없다.

위상수학은 그보다 더 깊은 진리를 추구하기 때문이다. 이 진리를 찾는 시작점으로 〈콩나물〉 게임보다 더 좋은 것은 없다. 이 게임은 오로지 다음과 같은 것들만 고민한다. 어떤 지점을 연결할 수 있을까? 얼마나 많은 영역이 형성될까? '내부'와 '외부'의 차이는 무엇일까? 잠시 마음의 준비를 한 뒤, 어느 어린이나 할 수 있지만 슈퍼 컴퓨터는 할 수 없는 게임을 즐겨보시라.

게임 방법

무엇이 필요할까?

플레이어 2명(이상), 펜과 종이. 빈 종이에 점을 몇 개 찍는 것으로 시작한다. 처음 몇 번 플레이할 때는 점 3~4개면 충분하다.

목표는 무엇일까?

여러분의 움직임을 마지막으로, 상대가 더 이상 움직이지 못하게 한다.

규칙은 무엇일까?

1. 매 턴마다 두 점을(또는 한 점을 시작점과 끝점으로 해서) 곡선으로 연결하고, 방금 그린 선 위의 어딘가에 새 점을 찍는다. 이것이 플레이어의 '수'다.

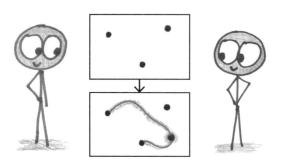

2. 단, 움직임에는 두 가지 제약 사항이 있다. 첫째, 선은 다른 선과 교차할 수 없다. 둘째, 각 점에 연결될 수 있는 선은 최대 3개까지다.

3. 결국에는 더 움직일 수 없게 된다. 마지막으로 수를 둔 사람이 승리한다.

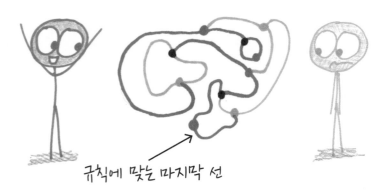

맛보기 노트

〈콩나물〉의 재미는 유연함이다. 그린 선이 짧은 선분인지, 완만한 곡선인지, 아니면 미로 같은 나선인지는 중요하지 않다. 어느 점에 연결되었는지만 문제가 될 뿐이다. 심지어 선으로 이름을 쓸 수도 있다. 안젤라라는 6학년 학생이 이 게임의 플레이 테스트에서 바로 이렇게 했다. 사실 기술적으로는 '교차 금지' 규칙을 위반했지만 무효라고 말하기에는 결과물이 너무 굉장했다.

안젤라의 작품

바로 이런 유연함에 위상수학의 정신이 담겨 있다. 완전히 다르게 보이는 것이 기능적인 관점에서는 동일할 수 있다.

하나의 점으로 시작하는 게임도 해보자. 첫 번째 플레이어는 그 점으로 다시 돌아오게 연결할 수밖에 없다. 그러면 두 번째 플레이어 역시 두 점을 연결하는 수밖에 없다. 거기엔 두 가지 방법이 있다. 이미 그린 선의 내부를 가로지르는 선과 외부로 나가는 선이다.

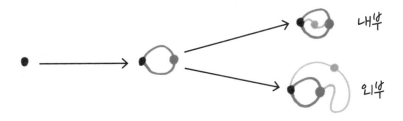

그런데 잠깐만! 구 표면에서 게임을 한다고 상상해보자. 이 설정에서는 다른 것은 그대로지만 '내부'와 '외부'가 자의적인 구분에 불과하게 된다. 이 두

움직임이 위상수학적 관점에서 동일해지는 것이다. 그러니 두 번째 플레이어도 사실 선택권이 없다.

점 2개로 시작하는 게임은 어떨까? 위상수학적으로 보면 첫 움직임에는 두 가지 선택지만 있다. 두 점을 연결하거나 한 점에서 나왔다 그 점으로 다시 들어가거나 하는 것이다. 다른 점을 '외부'에 두느냐 '내부'에 두느냐는 중요하지 않다. 위상수학에서는 모두 동일하기 때문이다.

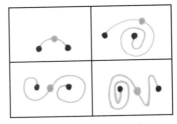

선택지 1
두 점을 연결

(모두 위상수학적으로 동일)

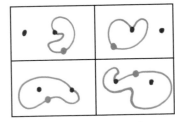

선택지 2
한 점을 자신과 연결

(모두 위상수학적으로 동일)

그렇다면 위상수학자들은 모든 구별을 무시하고 모든 것을 동일하다고 보는 걸까? 위상수학적으로는 '승리'가 '패배'와 동등할까? '착함'이 '못됨'이라는 뜻이 될까? 고양이도 위상수학적으로는 물고기와 동등할까? 만일 그렇다면 수족관에 고양이용 모래 화장실을 넣어야 하는 걸까?

글쎄, 그거야 반려동물의 주인인 여러분 마음대로 하면 된다. 그러나 〈콩나물〉 게임에 있어서는 그런 걱정을 할 필요가 없다. 모든 움직임이 똑같지는 않기 때문이다. 사실 점 2개로 시작하는 게임의 두 번째 움직임까지만 가도 이미 위상학적으로 구별되는 선택지가 여섯 가지나 된다. 거기서부터 온갖 자유도가 뻗어나간다.

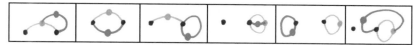

첫 두 움직임이 전개될 수 있는 방법

(모두 위상수학적으로 다름)

〈점과 상자〉는 바둑판처럼 펼쳐진 도시와 같이 직각으로 딱딱 끊어지는 기하학을 보여주었다. 〈콩나물〉은 이와 대조적으로 카니발 축제가 펼쳐지듯 혼돈스럽고 자유로운 개방형 게임이다.

게임의 유래

〈콩나물〉게임이 탄생한 정확한 장소와 시간은 언제일까? 1967년 2월 21일 화요일 오후, 영국 케임브리지다.

이 게임의 부모인 컴퓨터 과학자 마이크 패터슨Mike Paterson과 수학자 존 콘웨이는 새로운 게임을 발명하려고 종이에 낙서를 하고 있었다. 마이크는 '새 점 추가' 규칙을 제안했고 존은 이름을 제안했다. 이렇게 해서 〈콩나물〉게임이 탄생했다.[6] 이 행복한 부모는 게임 저작권을 마이크 60, 존 40의 비율로 나눠서 가져가는 데 동의했다. 너무나 우호적이고 정확한 분할이라 이 게임을 만든 것 자체보다 더 인상적이다.

〈콩나물〉은 플레이하기는 쉽지만 해석하기는 거의 불가능하다. 데니스 몰리슨Denis Mollison이 점 6개로 시작하는 게임을 마스터하는 데는 47페이지나 되는 분석이 필요했다. 1990년 벨 연구소Bell Labs의 컴퓨터가 최대 11개 점으로 시작하는 게임을 해석할 때까지는 그 분석이 최첨단 기술이었다. 이 글을 쓰는 시점에는 점 40개가 넘는 게임까지 해석되어 있다. 콘웨이는 2020년 자신이 사망하기 전에 이런 주장의 정당성에 의문을 제기했다. 그는 "누군가가 셰익스피어에 버금가는 희곡을 쓸 수 있는 기계를 발명했다면 믿을 수 있을까?"라고 물으며 이렇게 말했다. "이 게임은 그만큼 복잡하다."

이 아찔한 복잡성이 평범한 게이머를 겁먹게 했을까? 전혀 아니다.

"〈콩나물〉이 싹튼 다음 날은 마치 모두가 그 게임을 플레이하는 것 같았다. 커피나 차를 마시는 시간에는 언제나 우스꽝스러운 것부터 환상적이기까지 한 콩나물 발아 형태를 바라보는 사람들이 보였다. 지원 부서 직원조차도 이 열병을 피해가지 못했다. 어떤 사람은 가장 있을 법하지 않은 곳에서 〈콩나물〉 게임의 잔해를 발견하기도 했다. 겨우 서너 살 된 딸아이도 〈콩나물〉을 플레이한 것이다."라고 말한 콘웨이는 다음과 같이 덧붙였다. "그래도 나는 거의 누구에게든 이겼다."

왜 중요한가

이것이 왜 중요하냐고? 현대 수학의 모든 분야 중에서 위상수학이 가장 역동적이고, 기괴하고, 유용하며, 아름답기 때문이다.

소개할 형용사가 너무 많으니 하나씩 훑어보자.

위상수학은 역동적이다

위상수학자는 늘어나는 직물, 녹은 금속, 소용돌이치는 소프트아이스크림이 변신하는 세계를 누빈다. 그들은 어디서나 위상 불변invariant을 찾아다닌다. 불변은 그 어떤 변화와 격변을 거치더라도 어떻게든 동일하게 유지되는 특성과 속성을 뜻한다. 가장 유명한 위상 불변은 오일러 특성이다. 〈콩나물〉의 맥락에서 이것은 다음과 같은 간단한 방정식으로 요약된다(이 공식은 에릭 솔로몬이 제공했다).

점 + 영역 = 선 + 부분

이 방정식은 게임 시작부터 끝까지, 가장 간단한 것부터 가장 복잡한 것까지, 두 점에서 시작하든 200만 점에서 시작하든 모든 〈콩나물〉 시나리오에 적용된다. '어떤 일이 있어도 점의 수에 닫힌 영역의 수를 더한 것은 항상 **점을 연결하는 선**의 수와 **분할된 부분**의 수를 더한 것과 같다.'[7] 바로 이것이 위상수학의 전형이다. 거친 맥동 밑에 깔린 강력한 규칙성을 발견하는 것이다.

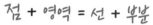

점: 3 선: 2
영역: 0 부분: 1

점: 6 선: 8
영역: 4 부분: 2

점: 18 선: 20
영역: 6 부분: 4

위상수학은 기괴하다

다음은 존 콘웨이가 만든 재미있는 결과물이다. 〈콩나물〉 게임이 최소 이동 횟수 만에 끝나려면 항상 다음 벌레 모양 중 하나로 끝나게 된다. 대략적으로 말해서 그렇다.

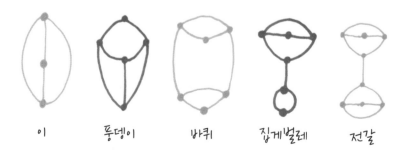

이   똥뎅이   바퀴   집게벌레   전갈

고전적 게임 교본인 《수학 놀이에서 이기는 방법》Winning Ways for Your Mathematical Plays에 설명된 대로 최종 구성은 '이 벌레들 중 하나(어떤 식으로도 뒤집어질 수 있음)가 임의의 수의 이에 감염된 형태(이끼리도 서로 감염시킬 수 있음)'가 된다.

그만큼 이가 많다. 어떤 구성은 콘웨이가 재치 있게 말했듯이 '이가 이토록 많다'.

위상수학은 유용하다

어리석은 이와 집게벌레를 속여넘기는 것뿐만이 아니다. 위상수학은 우주론과 양자장 이론은 말할 것도 없고, 나선 DNA에서 얽히고설킨 소셜 네트워크에 이르기까지 모든 것에 대한 통찰력을 제공한다.

위상수학에서 유명한 문제인 그래프 동형사상graph isomorphism을 예로 들어보자. 우리가 본 것처럼 서로 다른 위치에 있는 걸로 보이는 '콩나물'이 같은 구조를 구현한 것일 수 있다. 그럼 두 네트워크가 실제로 다른지 혹은 같은지 어떻게 알 수 있을까?

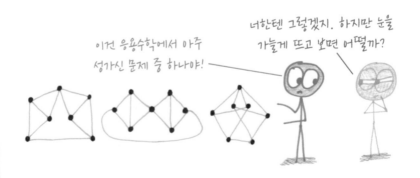

이런 질문은 회로도를 검토하는 전기 엔지니어, 시각적 정보를 인코딩하는 컴퓨터 과학자, 구조 데이터베이스에서 화합물을 찾는 화학자들에겐 일상이

다. 이 냉철한 과학자들은 사실 자신들만의 맞춤형 〈콩나물〉 버전을 플레이하고 있는 셈이다.

위상수학은 아름답다

많은 사람이 처음 만나는 위상수학은 '뫼비우스의 띠'라는 표면이다. 이는 그림에서와 같이 종이 한 장을 반쯤 비틀어서 양쪽 끝을 붙인 것이다.

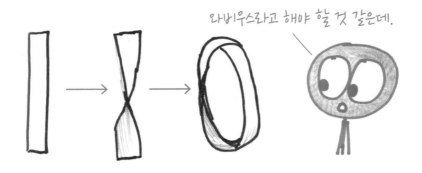

라비우스라고 해야 할 것 같은데.

뫼비우스의 띠에는 '내부'나 '외부'가 없다. 뫼비우스를 팔찌처럼 장식하려고 팔에 닿는 부분을 파란색, 바깥쪽을 빨간색으로 칠하려 하면 항상 실패한다. 어떤 색상을 먼저 선택하든 그 색으로 전체 표면을 다 칠하게 되기 때문이다. 이건 뫼비우스의 띠가 지닌 여러 특징 중 하나일 뿐이다. 뫼비우스의 띠 가운데를 가르면 어떻게 될까? 3등분을 하면 또 어떻게 될까?

수학자 데이비드 리치슨David Richeson은 자신의 저서 《오일러의 보석》에서 위상수학자에게 얼마나 많은 필즈상(수학에서 가장 유명한 상)이 주어졌는지 집계했다. 그에 따르면 "48명의 수상자 중 약 3분의 1이 위상수학 작업으로 수상했으며 밀접하게 관련된 분야에 기여한 수상자는 훨씬 더 많다."라고 한다. 아름다움이 단순함과 복잡함의 결혼에서 나오는 것이라면, 〈콩나물〉은 틀림없이 가장 예쁨을 받는 아이일 것이다.

잡초

블라디미르 이녜토비치ᵥladimir Ygnetovich가 제안한 게임이다. 매 턴마다 방금 그린 선에 점을 무조건 1개 추가하는 대신 점을 0개, 1개 또는 2개 중에 선택해서 추가할 수 있다.

점수제

이 변종은 월터 조리스가 제안했다. 기본적인 플레이는 〈콩나물〉에서와 동일하게 진행되지만 영역을 따서 점수를 얻는다는 점이 다르다. 방금 둔 수가 닫힌 영역을 생성하는 경우 이 영역을 이니셜이나 색상으로 표시하고 영역 경계의 각 점에 대해 1점씩을 얻는다. 영역 내부에서는 더 이상의 움직임이 허용되지 않는다. 더 이상 규칙에 맞게 수를 둘 수 없게 되면 가장 많은 점수를 얻은 사람이 이긴다.[8]

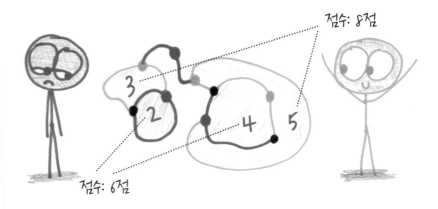

브뤼셀 콩나물

〈콩나물〉의 사악한 쌍둥이인 이 게임은 겉으로는 원본만큼 개방적이고 전략적으로 보이지만 실제로는 전혀 그렇지 않다. 사실 이것은 게임이라기보다는 악의적인 사기에 가깝다. 십자 몇 개로 시작하는데, 각 십자에는 4개의 자유로운 끝점이 있다. 자유 끝점 2개를 연결한 다음 방금 그린 선을 가로지르는 체크 표시를 하면 2개의 새로운 자유 끝점이 생성된다. 기존 선은 절대 넘지 않는다. 합법적인 수를 둔 마지막 플레이어가 승리한다.

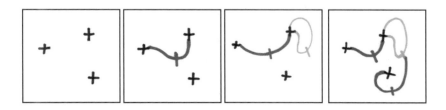

속임수를 어떻게 쓰느냐고? 여러분의 플레이가 게임의 결과에 영향을 미치지 않는다는 것이다. 홀수의 십자로 시작하면 첫 번째 플레이어가 이긴다. 짝수 십자로 시작하면 두 번째 플레이어가 이긴다. 여러분이 이 게임을 하면서 발휘하는 모든 전략과 책략은 장난감 핸들을 돌리면서 차를 운전한다고 상상하는 것이나 마찬가지다.

왜 그렇게 될까? 일단 자유 끝점 수는 절대 변하지 않는다는 점에 주목해 보자. 각 수는 끝점 2개를 소모하고, 2개를 새로 만들어서 대체한다. 변하는 것이라고는 영역의 수뿐이다. 몇 가지 특별한 움직임을 제외하면 매번 움직임마다 새 영역을 만들어낸다. n개의 십자가가 있는 게임에서는 전에 연결되지

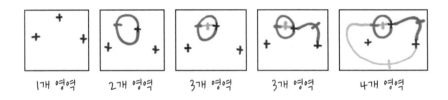

|개 영역   2개 영역   3개 영역   3개 영역   4개 영역

않았던 십자가를 연결하는 n−1번의 수만이 영역을 새로 만들어내지 않는다.

영역의 수가 자유 끝점의 수를 따라잡으면 게임이 끝난다. 이를 위해서는 4n−1개의 영역 증가 수와 n−1개의 비영역 증가 수, 합해서 총 5n−2개의 수가 필요하다.

십자	+	+ +	+ + +	+ + + +	+ + + + +
수	3	8	13	18	23
승자	첫 번째 플레이어	두 번째 플레이어	첫 번째 플레이어	두 번째 플레이어	첫 번째 플레이어

친구를 골탕 먹이려면 늘 십자 2, 4, 6개로 시작하고 친구가 먼저 하게 양보하자. 친구가 낌새를 눈치채고 여러분에게 먼저 하라고 요구하면 십자 3, 5, 7개인 게임으로 시작하면 된다. 하지만 친구를 아예 속이지 않는 게 더 낫긴 하다.

제3장

궁극 틱택토

출렁이고 비틀거리며 살아 움직이는 프랙털의 세계

프랙털 구조에 관한 게임

2013년 수학과 소풍을 가서 〈궁극 틱택토〉를 처음 접한 나는 이 게임에 대한 짧은 블로그 게시물을 작성했다. 그 게시물은 인터넷에서 잠깐 유명해져서 〈해커 뉴스〉Haker News 최상단에 오르고,[9] 레딧Reddit의 첫 페이지에도 나왔으며,[10] 이 장르의 휴대폰 앱들도 쏟아졌다.[11] 심지어 이 게시물 하나가 내 경력에도 큰 보탬이 될 정도였다. 도대체 무엇 때문에 이것이 그렇게 특별했는지를

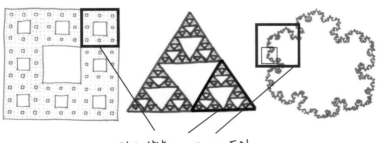

작은 부분이 전체와 동일

생각해봤다. 우아한 규칙 때문일까? 전략적 사고를 계발하기 쉽기 때문일까? 아니면 '궁극 프리스비'와의 잠재의식의 연관성 때문일까?

몇 년이 지나서야 나는 진작에 알아차렸어야 할 결론에 도달할 수 있었다. 〈궁극 틱택토〉가 그토록 특별했던 건 바로 프랙털 때문이었다.

구름에서부터 해안선, 나뭇가지에 이르기까지 우리는 프랙털에 둘러싸여 살고 있다. 이런 이유 때문에 〈궁극 틱택토〉가 그렇게 자연스럽게 느껴지는 것일 터다. 이것이야말로 틱택토 게임이 항상 열망했던 궁극적 상태다.

게임 방법

무엇이 필요할까?

플레이어 2명, 펜, 종이. 큰 틱택토 판을 그린 다음 9개의 칸 각각에 다시 작은 틱택토 판을 그린다.

목표는 무엇일까?

작은 틱택토 판 3개를 일렬로 만들면 승리한다.

규칙은 무엇일까?

1. 한 턴씩 번갈아 가며 틱택토 판에 개별 사각형을 표시한다. 게임의 첫 번째 수는 어디에나 둘 수 있다. 그 후에는 상대방이 앞서 둔 수가 가리키는 미니 게임판에 수를 두어야 한다. 이게 무슨 말이냐고? 상대가 어떤 칸에 수를 두었든 간에, 그에 상응하는 미니 게임판에 여러분의 수를 두어야 한다는 뜻이다.

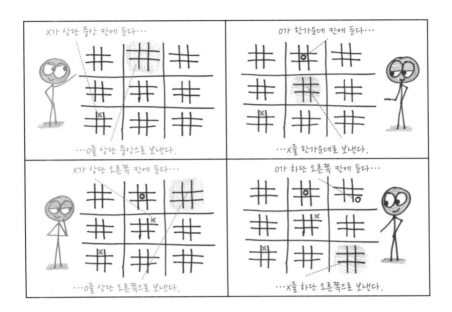

2. 미니 게임판에 3개를 한 줄로 놓으면 해당 미니 게임판에서 승리한다. 그 미니 게임판은 닫히고, 그 후 해당 미니 게임판으로 보내진 모든 수는 원하는 곳 아무 데로나 이동할 수 있다.

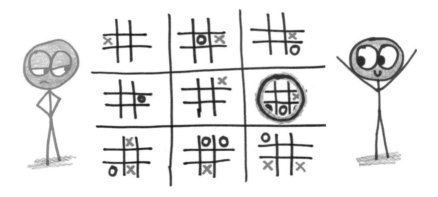

3. 일렬로 3개의 미니 게임판을 따내면 게임에서 승리한다.

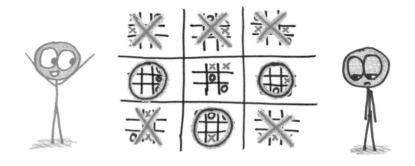

다른 승리 조건도 가능한데, 이에 대해서는 이번 장의 '변종과 연관 게임'
부분을 참조하라.

맛보기 노트

2018년 5월 어느 날, 나는 정치 뉴스 사이트인 '파이브서티에잇'FiveThirtyEight을
방문했다가 "트럼프는 〈3D 체스〉를 두지 않는다."라는 놀라운 헤드라인을 발
견했다. 이 머리기사를 쓴 올리버 뢰더Oliver Roeder는 뒤이어 이렇게 썼다. "트럼
프는 〈궁극 틱택토〉를 플레이한다."

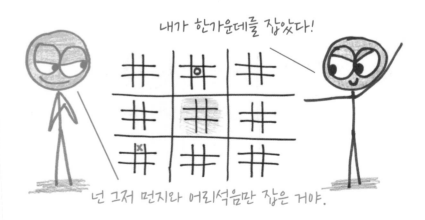

당시는 모든 미국인이 도널드 트럼프 대통령의 행동을 분석하는 데 많은 시간을 썼다. 트럼프는 하나의 정치적 싸움에서 다음 정치적 싸움으로 건너뛰어 변덕스럽게 주제를 바꾼다. 그는 큰 계획을 수행하고 있었을까? 아니면 단지 거친 충동에 휘둘렸던 것일까? 당시 비평가들은 "트럼프는 〈3차원 체스〉를 두는 것이 아니다."라는 말을 자주 했다.

올리버 뢰더도 이에 동의했다. 뢰더의 관점에서 볼 때 트럼프는 완전히 다른 게임을 하고 있었다. 〈체스〉에는 전쟁터가 하나뿐인 반면 〈궁극 틱택토〉에는 전쟁터가 많다. "그 전쟁터는 서로 이상하고 복잡한 방식으로 상호 작용한다."라면서 뢰더는 이렇게 썼다. "훌륭한 〈궁극 틱택토〉 플레이도 언뜻 보기에는 무질서하고 안이하며 심지어 멍청해 보이기까지 한다." 뢰더에 따르면 〈궁극 틱택토〉는 '유동적이고 목표가 변화하는' 게임이며 '산만, 지연, 방향 전환, 미루기, 즉흥 같은 전략', 다시 말해 트럼프식 미디어 전략과 잘 맞는다.

그렇다면 트럼프 방식은 좋은 정치인가? 별로다! 〈궁극 틱택토〉는 좋은 게임인가? 완전 그렇다! 이뿐만 아니라 멋진 공간 개념이기도 하다. 특히 크거나 작은 레벨 사이에서 선택이 공명하는 프랙털적 시각을 보여준다는 점은 굉장하다. 그것이 본질적인 긴장을 만든다. 작은 게임판에서 좋은 수(예를 들어 한가운데 칸을 차지하는 것)가 큰 계획에서는 실수로 판명될 수 있다(상대를 한가운데 게임판으로 보내는 것). 승리하려면 정치 활동가들이 그렇듯 두 가지 레벨 사이의 균형을 맞춰야 한다. '세계적으로 생각하고 지역적으로 행동한다.'

게임의 유래

내가 찾을 수 있었던 최초의 버전은 1977년에 나온 〈틱택토 곱하기 10〉Tic Tac Toe Times 10이라는 보드 게임이다. 〈틱택쿠〉Tic Tac Ku라는 제목의 후기 버전은

2009년 멘사Mensa가 선정한 상을 받기까지 했지만 규칙이 약간 다르다(미니 게임판 3개 일렬이 아닌 9개 중 5개를 먼저 차지해야 이긴다).[12] 몇 년 뒤 〈틱택텐〉 Tic Tac Ten이라는 제목의 전자 버전이 속도를 높이는 규칙 변경과 함께 등장했다. 하나의 미니 게임판에서 이기면 전체 게임에서 이기는 것이다. 그런데도 〈궁극 틱택토〉 게임이 유행어 어휘집에 포함된 것은 어쨌든 내 2013년 블로그 게시물 덕분이다.

이 게임에 붙은 이름은 많다. 위키피디아에는 '슈퍼 틱택토', '전략적 틱택토', '메타 틱택토', '틱택틱택토토', '(틱택토)²' 등이 언급되어 있다. 여기에는 내가 들었던 이름 중 두 가지가 빠져 있다. 내가 가장 좋아하는 '프랙털 틱택토'와 가장 덜 좋아하는 '틱택토-셉션'이다.[13] 어쨌든 여러 이름 중 '궁극'이라는 이름으로 정착된 것 같다. 이 이름은 오클랜드차터 고등학교Oakland Charter High School의 학생들이 만들었기 때문에 나에게는 엄청난 자부심을 안겨준다.

가랏, 투우사들! 오클랜드 파이팅!

왜 중요한가

프랙털은 우리가 사는 실제 세계이기 때문에 중요하다. 프랙털이란 축척이 달라도 동일하게 보이는 것으로, 확대와 무관하고 축소에도 영향을 받지 않는다. 나뭇가지가 더 작은 가지로 갈라질 때마다 전체의 축소판이 재현된다는 것을 알아차렸는가? 아니면 해안선의 들쭉날쭉한 곡선 패턴이 축척을 달리해도 동일하게 나타나는 것을 보았는가? 구름의 푹신한 구조조차도 프랙털 특성을 지니고 있다.

우리가 이런 모양들을 보고 아름답다고 느끼는 것은 우연이 아니다. 축척이 달라져도 계속 반복되는 단순한 디자인 원칙은 매혹적인 복잡성을 만들어낸다. 이것은 《카오스》Chaos의 저자인 제임스 글릭James Gleick이 '출렁이고 비틀거리며 살아 움직이는 조화'라고 부르는 것이다.

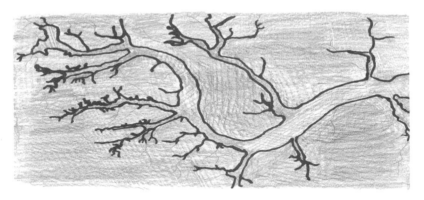

"강은 본질적으로 가지를 치는 법이다. … 그 구조 자체가 메아리치며 온갖 규모로 퍼져나가 강에서 시내로, 개울에서 도랑으로, 다시 너무 작아서 이름을 붙일 수도 없고 너무 많아서 셀 수도 없는 지류로 흘러진다."

　　　　　　　　　　　　　　　　　　　　　　　　-제임스 글릭

　프랙털은 19세기에 초대받지도 환영도 받지 못한 채 수학계에 등장했다. 이 새로운 모양들은 들쭉날쭉하고 조각조각으로 되어 있으며 시각화하기 어려웠다. 얌전했던 기하학의 모든 규칙을 위반했기 때문에 수학자들은 프랙털을 '병리적'이라고 불렀다.

　수십 년 동안 그것들을 하나로 묶어서 본 사람이 아무도 없었다. 그것들은 부적합한 장소에 끼어 있는 장난감에 불과했다. 그러다 20세기에 수학자 브누아 망델브로Benoit Mandelbrot가 '프랙털'이라는 이름으로 그것들을 통합하고 질병이 아닌 치료법으로 취급하기 시작했다. 그런데 무엇에 대한 치료법일까? 바로 삼각형, 사각형, 각뿔 같은 것이 물리적 현실과 관련이 있다는 구태의연한 생각에 대한 치료법이다. 망델브로에 따르면 진짜 병리적인 것은 우리가 학교에서 가르치는 기하학이다. 망델브로는 "구름은 구체가 아니다. 산은 원뿔

이 아니고 해안선은 원이 아니며 나무껍질은 매끄럽지 않고 번개는 직선으로 이동하지 않는다."라고 했다.

자연은 유클리드가 아니라 프랙털이다.

유클리드 세계

구형 구름　　원뿔형 산　　삼각형 나무

실제 세계

프랙털 구름　　프랙털 산　　프랙털 나무

플라톤은 프랙털을 싫어했을 것이다. 이 고대 철학자는 순수한 유클리드 기하학을 굳게 믿었으니 말이다. 그는 자신의 책《대화》중 한 권에서 온 우주가 삼각형, 특히 삼각법을 배우는 학생들의 악몽인 2개의 '특수 직각 삼각형'으로 구성되어 있다고 가정한다.

음, 글쎄. 나는 그에게 이렇게 말하고 싶다. 플라톤, 인스타그램에서 그 좋아하는 '자연' 계정을 살펴보시라. 세 각이 각각 30도-60도-90도인 삼각형이 몇 개나 보일까? 이제 프랙털을 찾아보시라. 좀 더 일반적이지 않은가? 자연은 프랙털의 정원이다. 산에는 들쭉날쭉한 바위 더미 위에 작은 바위 더미가 있고 그 위에 더 작은 바위 더미가 있다. 폐는 기관에서 시작해 기관지가 평균 23회에 걸쳐 갈라지고 또 갈라지고 다시 갈라져서 혈액에 산소를 공급하는 작은 풍선 모양의 폐포에서 끝난다. 요컨대 여러분은 프랙털로 호흡한다. 프랙털 기하학이 탄생하기 수십 년 전에 지질학자들은 작은 하천 바닥과 거대한 협곡을 사진으로는 구별할 수 없다는 것을 깨달았다. 그래서 항상 척도를 알 수 있게 사진 테두리 쪽에 렌즈 뚜껑이나 망치를 같이 놓고 찍었다.

모든 작은 것은 소우주이고, 모든 큰 것은 대우주이며, 모든 축척은 다른 모든 축척의 메아리다.

숲이 나무보다 그립다.
이런 말은 내게 이상하다.
어떻게 숲을 더 그리워할 수 있을까?
나무 안에 이미 다 들어 있는데.

—로버트 프로스트Robert Frost(아마도)

정확히 말하면 내 사무실 창밖의 나무가 무한히 가지를 치는 것은 아니다. 기껏해야 여덟 번 정도 갈라질 것이다. 그래도 수학자 마이클 프레임Michael Frame과 시인 어밀리아 어리Amelia Urry의 《프랙털 세계》Fractal Worlds에 따르면 그것으로 충분하다. 자기 유사 층위가 3개 이상 있으면 '프랙털'이라는 이름을 얻을 수 있으니까. 〈궁극 틱택토〉는 제곱의 제곱의 제곱이므로 자격이 있다. 한 단계 더 깊이 들어가 이런 게임 9개를 729칸짜리 게임판에 결합하고 싶다면, 여러분 마음대로 하시라.[14]

물론 〈궁극 틱택토〉가 갈라지는 번개처럼 극적이지 않다는 점은 인정한다. 이 게임은 인간이 만든 축전기나 톰 스토파드Tom Stoppard의 희곡, 살바도르 달리Salvador Dalí의 그림과 마찬가지로 인공 프랙털이다. 그래도 인간의 독창성이 담긴 모든 작품과 마찬가지로 〈궁극 틱택토〉는 프랙털로 가득 찬 자연의 깊은 우물에서 퍼 올린 것이다.

"프랙털 구조는 플랑크 길이에서부터 온 우주의 크기까지 어디서나 발생할 수 있다."라고 쓴 프레임과 어리는 이런 말도 했다. "그리고 어쩌면 모든 우주가 갈라져 나가는 버블에서도 발생할 수 있다. 우리가 아는 한 이보다 규모가 큰 범위는 글자 그대로 불가능하다."

아마도 내 학생들은 그 말을 염두에 두고 이 프랙털 틱택토에 '궁극'이라는 딱 맞는 별명을 붙였을 것이다.

변종과 연관 게임

단일 승리

미니 게임판 하나를 먼저 획득하는 쪽이 게임에서 승리한다.

다수결 규칙

게임에서 이기려면 상대방보다 더 많은 미니 게임판을 획득해야 한다. 여기서 배열은 중요하지 않고 숫자만 중요하다.

공동 영토

일반 게임에서 3열을 형성하지 않고 다 채워진 미니 게임판은 두 플레이어 모두에게 쓸모가 없다. 그러나 원한다면 두 플레이어 모두 이런 게임판을 자기가 획득한 것으로 계산할 수 있다. 따라서 3개의 게임판을 연속으로 획득하기가 더 쉬워진다.

궁극 삼목

벤 아이섹Ben Isecke이 〈궁극 틱택토〉와 사목을 결합한 멋진 아이디어를 보내주었다. 플레이는 〈궁극 틱택토〉와 마찬가지로 진행되지만 X 또는 O를 배치할 때마다 미니 보드에서 가능한 한 밑으로 '떨어져야 한다'. 어떤 미니 게임

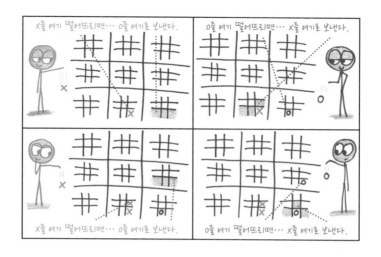

판이든 상관없이 일렬로 3개를 배열하면 게임에서 승리한다(또는 일렬로 3개의 게임판에서 승리해야 할 수도 있다). 결국 각 턴에서 실제로 선택할 수 있는 옵션은 왼쪽, 중앙, 오른쪽 세 가지뿐이다. 그 결과 더 타이트하고 더 긴장되며 더 압박감이 큰 게임이 되었다. 어쨌든 상당히 복잡하다.

결투 게임

원래 게임에서는 상대방의 수에 따라 플레이해야 하는 미니 게임판이 결정

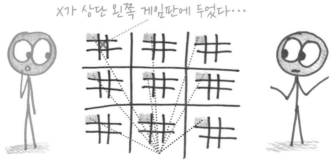

된다. 결투 게임은 이것을 뒤집는 것이다. 이제 상대방의 수에 따라 플레이해야 하는 칸이 되고, 미니 게임판의 선택은 여러분에게 달려 있다.

이에 대해 이렇게도 생각해볼 수 있다. 원래 게임은 여러분을 도시로 보낸 다음 동네는 알아서 선택하게 한다. 반면 이 버전은 동네는 미리 정해놓고 선택한 도시에서 해당 동네를 차지할 수 있다. 이 게임은 꽤 힘든 편이라 나는 코앞의 수만 보지 않으려고 애쓴다. 바로 전에 둔 수를 기억하지 않으면 길을 잃기 쉽기 때문이다!

제4장

민들레

공간적 구조와 시간적 정교함이 조우하다

공간, 시간, 그 밖의 너풀거리는 것에 관한 게임

나는 여러분의 꿈을 안다. 여러분은 민들레가 되어 바람을 타고, 들판을 가로질러 날아가는 지성 있는 솜털 조각이 되기를 바라고….

아니, 잠깐! 미안, 꿈을 잘못 읽었다. 여러분은 바람 그 자체가 되어 민들레의 솜털을 실어 나르고 싶어….

아니, 잠깐! 이제 보인다. 여러분은… 둘 다 원한다?

아하! 바로 여기 그런 여러분을 위한 게임이 있다.

게임 방법

무엇이 필요할까?

종이, 펜, 그리고 플레이어 2명. 각각 민들레와 바람을 맡는다. 5×5칸 '초원'과 작은 나침반 장미를 그리면 게임 준비가 끝난다.

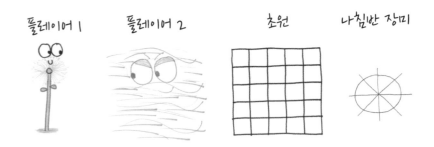

플레이어 1   플레이어 2   초원   나침반 장미

목표는 무엇일까?

민들레의 목표는 초원 전체를 뒤덮는 것이다. 바람의 목표는 적어도 초원의 한 칸이라도 민들레에 덮이지 않게 하는 것이다.

규칙은 무엇일까?

1. 민들레가 먼저 모눈의 아무 곳에나 꽃(별표를 해도 된다.)을 배치하는 것으로 첫수를 둔다.

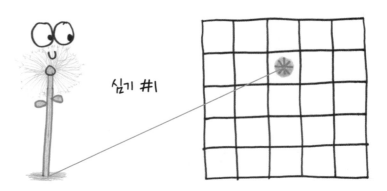

심기 #1

2. 바람이 다음 수를 두는데, 방향을 선택하면 그 방향으로 돌풍이 불어 민들레

씨앗을 실어 나른다. 바람 방향에서 민들레 뒤쪽에 있는 빈칸은 이제 씨앗(점)으로 채워진다. 게임 중에는 바람이 각 방향으로 한 번만 불 수 있으므로, 움직인 방향을 나침반 장미에 표시한다.

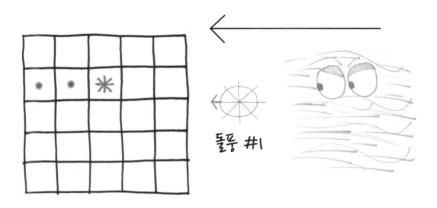

3. 계속 번갈아 가며 진행한다. 민들레를 빈칸 또는 기존 씨앗 위에 심는다.

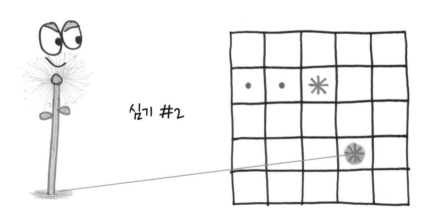

그런 다음 바람이 새로운 방향으로 불어서 모든 민들레 씨앗을 게임판에 날려 바람이 부는 방향의 빈칸에 심는다. 씨앗은 존재하는 모든 민들레

에서 나오지만 씨앗에서는 나오지 않는다.

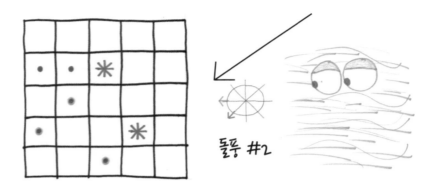

4. 한 방향을 제외한 모든 방향으로 바람이 분 셈이 되는 일곱 번째 턴 후에 게임이 종료된다. 민들레와 씨앗이 게임판 전체를 덮었다면 민들레가 이긴다.

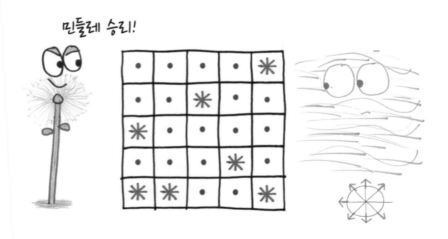

빈칸이 하나라도 남아 있으면 바람이 이긴다.

바람 승리!

맛보기 노트

나의 관대한 플레이 테스터 중 한 사람인 에밀리 데닛Emily Dennett이 "이 게임은 노란 민들레밭처럼 즐겁다."라고 기록하면서 다음 말을 덧붙였다. "그리고 그만큼 빨리 퍼졌으면 좋겠다."

이 게임은 자랑스럽고 방대한 비대칭 게임군에 속한다. 비대칭 게임이란 플레이어가 근본적으로 다른 힘을 갖고 있는 게임을 말한다.[15] 이런 게임의 가장 좋은 점은 시간이 지남에 따라 어느 쪽이 우위를 점하고 있는지에 대한 감각이 바뀐다는 것이다. 예를 들어 〈민들레〉의 경우 초보자는 대부분 바람이 이기기가 더 쉽다고 생각하는 반면 전문가는 그 반대의 견해를 취하는 경향이 있다.

이 장르 중에서도 특별히 〈민들레〉는 한 플레이어가 상대방을 돕지 않을 수 없다는 반전이 추가된다. 물론 바람은 도움을 최소화하려 할 것이다. 플레이 테스터 제시 오얼라인Jessie Oehrlein이 말했듯이 "확산하려는 플레이어는 확산할 수 없고 차단하려는 플레이어는 차단할 수 없다."

게임의 유래

내가 〈물감 폭탄〉이라는 게임을 만들고 있을 때 벤 딕맨Ben Dickman이라는 친구가 호전적인 테마에 안주하지 말고 그 이상으로 진화해보라고 도발했다. 그의 도발 이후 든 생각은 제목을 〈민들레〉로 바꾸는 것이었다. 이 제목은 작업하던 게임(지금은 〈철퍽〉이라고 한다.)에는 맞지 않았지만, 완전히 새로운 게임에는 적합했다. 즉 바람에 휩쓸린 씨앗과 탁 트인 초원, 경쟁과 협력이 동시에 이루어지는 게임에는 딱 맞았던 것이다. 바로 이 게임 말이다.

왜 중요한가

이 게임은 모든 공간 게임이 시간 게임이기도 하다는 점을 알려준다. 〈민들레〉에 대한 초기 실험에서는 항상 바람이 이겼다. 모든 칸을 채우는 것은 불가능해 보였다. 그러다가 나는 무언가를 깨달았다. 2개의 민들레가 작동하면 특정 사각형이 보장된다는 점이다. 예를 들어 바람이 아직 남쪽이나 동쪽으로 불지 않았다면, 한 민들레의 남쪽에 있으면서 다른 민들레의 동쪽에 있는 칸은 조만간 씨앗을 얻게 된다. 바람은 이 일을 막을 수 없다.

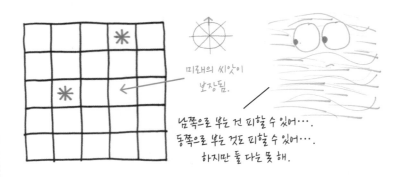

미래의 씨앗이
보장됨.

남쪽으로 부는 건 피할 수 있어….
동쪽으로 부는 것도 피할 수 있어….
하지만 둘 다는 못 해.

나는 보장된 칸을 식별하는 훈련을 천천히 한 다음, 이번엔 무시했다(그건 더 어려웠다). 아직 의심스러운 칸에 집중하는 편이 더 나았다. 이 새로운 관점은 인내를 요구했을 뿐만 아니라 시간에 대한 개념의 변화도 요구했다. 나는 '과거에 이미 채워져 있다'와 '미래에 채워질 것이 보장된다'의 구분을 무너뜨려야 했다.

이것은 게임에 대한 나의 견해를 바꾸었다. 예를 들어 첫 번째 민들레는 일곱 번의 돌풍에서 혜택을 받고 마지막 민들레는 단 한 번의 돌풍에서만 혜택을 받는 것이 밝혀졌다. 따라서 초기의 심기가 결과에 훨씬 더 큰 영향을 미친다.

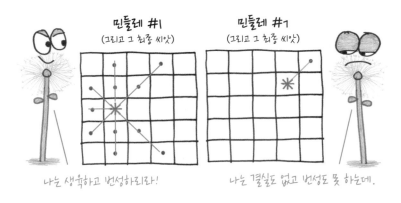

바람은 정반대다. 게임판이 가득 찰수록 돌풍의 영향으로 새 씨앗이 적어지는 경향이 있기 때문에 초기의 돌풍이 더 큰 영향을 미친다고 보는 것이 어쩌면 당연하다. 그러나 사실은 그 반대다. 첫 번째 돌풍은 민들레 한 송이에서 씨앗을 운반한다. 마지막 돌풍은 일곱 송이에서 씨앗을 운반한다. 따라서 나중에 부는 돌풍이 더 중요하다.

〈민들레〉 게임의 구조는 공간적이지만 그 정교함은 시간적이다. 이 게임의 특성은 〈체스〉나 〈바둑〉과 비슷한데, 이런 게임은 기하학적 복잡성 때문에 시간의 경과에 따라 펼쳐지는 대화에 비유될 때가 많다. 둘 다 생각의 앞뒤 교

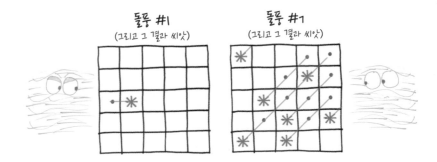

환이다. 기하학 자체도 마찬가지다. 생각 없는 기하학도 없고 시간 없는 생각도 없다.

플레이 테스터 조너선 브린리Jonathan Brinley는 〈민들레〉에 대해 '빠르게 진행되는 공간 추론 게임'이라며 다음과 같이 덧붙였다. "이 게임에서는 번복할 수 없는 결정이 미치는 장기적인 효과를 예측해야 한다." 그리고 이런 예측을 이끌어내려면 시간을 뒤집으려는 의지가 필요하다.

이 게임의 협업 변종도 고려해보자. 바람과 민들레가 협력해 가능한 한 많은 영역을 덮는 것이 목표다. 이 작업을 가장 잘 개념화하는 방법은 무엇일까? 바로 시간을 완전히 재배치하는 것이다.

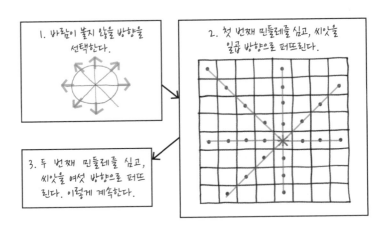

우리는 고정되고 절대적인 용어로 공간과 시간을 상상하는 경향이 있다. 우주는 모든 것을 담은 장난감 상자다. 시간은 벽에 걸린 시계다. 그러나 게임은 우리로 하여금 다른 관계, 즉 공간과 시간 사이의 다른 결합을 상상하도록 강요한다. 〈민들레〉에서는 과거와 미래가 교차한다. 바람과 민들레가 그러하듯이 시간과 공간은 서로를 겨룬다. 비대칭 파트너가 밝은 노란색 자손으로 초원을 채우듯이.

변종과 연관 게임

밸런스 조정

비대칭 게임은 한쪽이 다른 쪽보다 유리할 때가 많다. 바람이 이길 가능성을 높이려면 더 넓은 초원(예를 들어 6×6 모눈)에서 플레이하자. 민들레의 승률을 높이려면 **이중 심기**(2개의 민들레 심기)로 게임을 시작하고 바람이 **이중 돌풍**(일곱 번째 심기 후 바람이 두 번 붐)으로 게임을 종료하도록 한다.

점수 추적

민들레가 게임판을 완전히 덮기 위해 고군분투할 수 있도록 더 큰 게임판(7×7을 권장)으로 바꾼 다음 각각의 역할을 번갈아 가며 수행한다. 바람은 덮이지 않은 각 칸마다 1점씩 얻는다. 전체적으로 더 많은 점수를 얻은 사람이 승리한다.

무작위 심기

이 1인용 변형 게임은 조 키센웨더Joe Kisenwether가 제안했다. 6×6 게임판에서 매 턴마다 2개의 주사위(각각 x 및 y 좌표가 된다.)를 굴려 민들레의 위치를 결정한다. 플레이어는 바람 역할을 하는데 가능한 한 많은 초원을 덮는 것이 목표다.

라이벌 민들레

이 아이디어는 앤디 주엘Andy Juell이 냈다. 각 플레이어가 더 큰 초원(최소 8×8)에서 자신의 색상으로 민들레를 심는다. 매 턴마다 한 플레이어가 심은 후 다른 플레이어가 심는다. 심는 순서는 턴마다 바꾼다. 일단 씨앗이나 꽃으로 채워진 칸은 다시 채워질 수 없다.

두 플레이어가 식물을 심은 후, 바람은 8면 주사위를 굴려 랜덤으로 선택된 방향으로 분다(8면체가 없어도 쉽게 시뮬레이션할 수 있다. 인터넷에서 '주사위 굴리기'를 검색해보자).

자신의 색상으로 더 많은 칸을 덮는 사람이 승자다.

협업

더 큰 초원(예를 들어 8×8)을 사용해 바람과 민들레가 협력해서 전체 게임판을 덮는다. 난이도를 높이기 위해 기욤 두빌Guillaume Douville은 전략 논의를 거부하고 움직임을 통해서만 의사소통하며 심지어 조용히 플레이할 것을 제안한다.

충분히 큰 게임판에서는 여덟 번의 심기와 여덟 번의 돌풍을 허용할 수 있다. 이 협업 게임은 1인용 퍼즐로도 작동한다. 이런 방법으로 채울 수 있는 가장 큰 게임판은 무엇일까? 너무 커서 도저히 채울 수 없는 모눈에서 커버할 수 있는 최대 칸의 수는 몇 개일까?

제5장

양자 틱택토

동시에 모든 곳에 존재할 수 있는 안개 같은 우아함

혼란스러운 우주를 위한 혼란스러운 게임

물리학자 닐스 보어Niels Bohr는 "양자 이론을 처음 접했을 때 충격을 받지 않은 사람들은 그것을 이해했을 가능성이 없다."라고 했다. 이 말을 경고로 삼자. 〈양자 틱택토〉는 이 책에서 소개하는 것 중 가장 까다로운 게임이다. 2개의 잠정적인 칸에 X 또는 O를 배치한다는 아이디어를 받아들이려면 인내심이 필요하다.

X가 두 칸 중 어느 칸에 있는지 확정되는 '붕괴' 프로세스에 통달하려면 더욱 인내심이 필요하다. 그리고 '얽힘', '중첩' 그리고 가장 난해한 '상태'와 같은 위협적인 전문용어를 용감하게 사용하려면 초인적인 인내심이 필요하다.

믿어보시라. 쉽지 않지만 인내할 가치가 있으니까. 전략적 반전, 놀라운 뉘앙스, 무엇보다도 양자 영역 자체에 대한 통찰력의 불씨가 여러분을 기다리고 있다.

게임 방법

무엇이 필요할까?

플레이어 2명, 펜, 그리고 종이 넉넉히.

목표는 무엇일까?

고전적인 틱택토와 똑같다. 얽힌 입자를 배치해서 파형이 붕괴됐을 때 3개가 일렬이 되도록 하는 것이다. 그래, 하지만 어떤 면에서는 고전 틱택토와 '똑같지' 않을 수 있다는 점도 인정한다.

규칙은 무엇일까?

1. 번갈아 가며 양자 X와 O를 둔다. 두 곳에 둔 X(또는 O)를 얇은 선으로 연결해 상자 쌍을 표시한다. 이 두 상자(이제 '얽혀' 있음)는 인접할 필요가 없다. 나중에 입자는 둘 중 하나가 될 것이다. 어느 쪽이냐고? 지금으로선 수수께끼다.

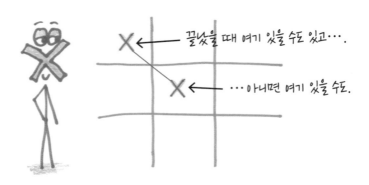

끝났을 때 여기 있을 수도 있고….

…아니면 여기 있을 수도.

플레이하는 동안에는 여러 양자 입자가 같은 상자를 공유하는 것처럼 보일 수 있다. 그러나 그것은 일시적일 뿐이다. 결국 모든 상자에는 '고전적으로' 하나의 X 또는 O만 들어간다.

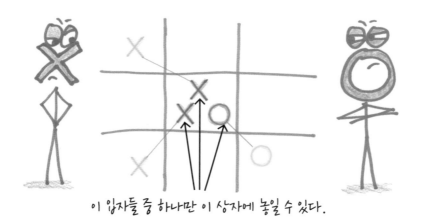

이 입자들 중 하나만 이 상자에 놓일 수 있다.

2. 어느 시점에서 얽힘은 순환 고리(루프)를 형성할 것이다. 예를 들어 한 상자가
   다른 상자와 얽히고, 그 상자가 또 다른 상자와 얽히고, 그 상자가 첫 번
   째 상자와 얽힌다.

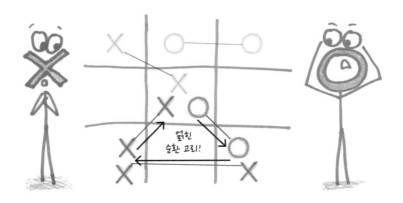

얽힌
순환 고리!

그 순간 입자가 붕괴돼서 고정된 최종 위치를 찾아가게 된다. 이것은 배
치된 마지막 입자 각각의 위치에 대해 두 가지 방식으로 전개될 수 있다.

어떤 방식으로 진행되든 다른 입자를 자기가 위치한 상자에서 다른 상자로 밀어 넣는다. 이 강제 프로세스는 순환 고리의 모든 입자가 단일 상자에 배치될 때까지 계속된다.

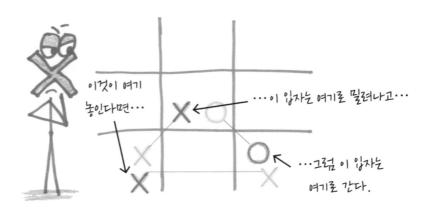

이것이 여기 놓인다면…

…이 입자는 여기로 밀려나고…

…그럼 이 입자는 여기로 간다.

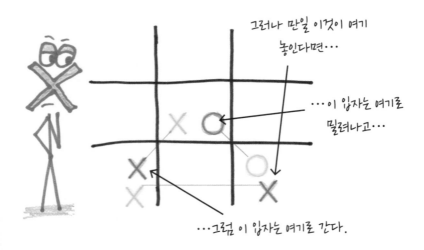

그러나 만일 이것이 여기 놓인다면…

…이 입자는 여기로 밀려나고…

…그럼 이 입자는 여기로 간다.

일부 다른 입자는 순환 고리에 '발가락'만 걸치고 있을 수 있다. 이것들은 강제로 다른 상자로 옮겨질 것이다.

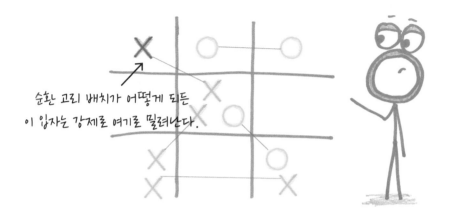

순환 고리 배치가 어떻게 되든
이 입자는 강제로 여기로 밀려난다.

3. 플레이어 중 누군가는 붕괴가 전개될 수 있는 두 가지 방법 중 하나를 선택해야 한다. 이 선택은 순환 고리를 완성하지 않은 사람의 몫이다.[16] 붕괴가 끝나면 게임판이 완전히 엉망이 될 것이므로 그림을 다시 그려서 게임을 계속한다.

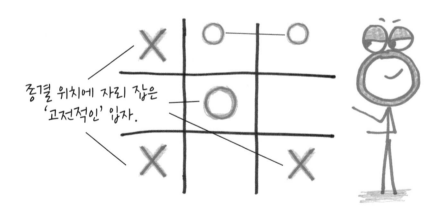

종결 위치에 자리 잡은
'고전적인' 입자.

4. '고전적인' 입자는 종결되었음에 주의하자. 해당 상자에는 새 입자를 배치할 수 없다. 일렬로 3개의 '고전적인' 입자를 배치하면 승리한다!

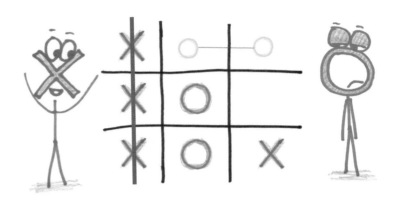

동일한 붕괴로 두 플레이어 모두 일렬로 3개를 배치할 수 있다. 그렇다면 둘 다 이긴다. 무승부가 아니라 공동 승리다. 이것이 바로 양자 생활의 기이함이다!

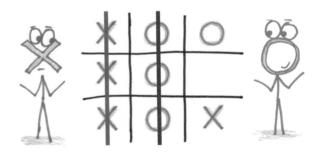

마지막으로, 9칸 중 8칸에 고전적인 입자가 포함되어 있으나 아무도 이기지 못했다면 그때는 무승부라고 한다.

맛보기 노트

한 플레이 테스터는 규칙의 '낯선 우아함'을 칭찬했다. 이 말은 게임의 음과 양, 즉 상대적인 양면을 포착한다. 〈양자 틱택토〉는 어떤 사람들에게는 우아하지만 다른 사람들에게는 그냥 낯설다. 어쨌든 안개 같은 모호함을 뚫고 계속하다 보면 전략적 가능성이 나타나기 시작한다.

교활한 전략 중 하나는 전체가 X(또는 O)로 된 짧은 주기를 만드는 것이다. 주기를 완료하는 것은 상대방이 붕괴를 제어할 수 있기 때문에 일반적으로 위험한 수다. 하지만 주기 전체가 여러분의 기호로 구성되어 있다면 걱정할 필요없다. 이때는 양자 표시가 단순히 고전적인 표시가 될 뿐이다.

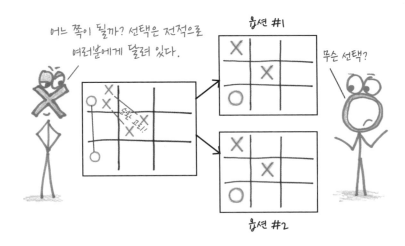

그런 순환 고리에서 위협을 느낀 상대는 어떻게 할까? 대신 순환 고리를 완성함으로써 여러분에게 붕괴의 제어권을 넘기게 되기 쉽다. 그래서 이 책략이 강력한 것이다. 이 말은 긴 얽힘 고리를 만드는 편이 더 재미있어진다는 뜻이다. 여러분과 상대방이 공모하면 게임판 전체를 영광스러운 9회 이동 순환 고리로 채울 수 있으며, 이 순환 고리가 무너지면(O의 재량에 따라) 게임이 극적으로 마무리된다.

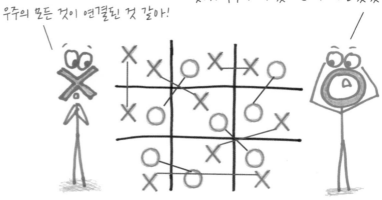

고전적인 틱택토와 마찬가지로 X는 훨씬 유리한 고지를 차지하고 있다. 한 판만 하기보다는 게임을 여러 판 하면서 매번 역할을 바꾸고, 점수를 계속 기록해보기를 권장한다. 만일 X가 동일한 붕괴로 3개 일렬을 2개 획득했을 때는 점수를 두 배로 준다.

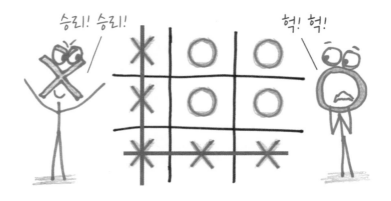

게임의 유래

이 게임은 소프트웨어 엔지니어 앨런 고프Allan Goff가 발명했다. 2명의 공동 저자와 함께 쓴 2002년 논문에서 게임 개발과 관련해 이렇게 밝히고 있다. "아이디어를 얻은 후 규칙을 개발하는 데 30분밖에 걸리지 않았다. 발명보다는 발견의 과정처럼 느껴졌다."

그 논문에서 내가 가장 좋아하는 문장은 바로 이것이다. "틱택토는 고전적인 현실에 대한 우리의 편견을 강화하는 고전적인 어린이 게임이다." 틱택토 게임에 쏟아지는 비난을 많이 들어왔다. 너무 지루하고, 너무 단순하고, 너무 무승부가 많다는 등의 비난 말이다. 하지만 "고전적인 현실에 대한 우리의 편견을 강화한다."는 말은 매우 참신했다. 이 말은 이 양자 게임의 목적을 잘 보여준다. 바로 직관에 반하는 양자 물리학의 개념을 가르치기 좋은 도구라는 목적 말이다.

왜 중요한가

'우주가 양자적'이기 때문에 이 게임은 그만큼 중요하다. 벌써부터 이 글을 읽고 반대하는 여러분의 목소리가 들리는 듯하다. 그럼 그 반대 의견들을 공유해보자. 이 양자 게임은 공간에 대한 우리의 개념을 거스르고 시간에 대한 우리의 개념에 도전하며 '틱', '택', '토'의 의미 자체에 의문을 제기한다. 우울해진 나는 그것이 게임도 아니고 그저 승리 조건이 있는 골칫거리에 불과하다고 생각한다. 우주가 이렇지 않았으면 좋겠다.

그러나 우주는 우리가 양자 규칙에 따라 행동하기를 원한다. 그런다는 사실이 더욱 분명해졌다. 우주가 그다지 양자적으로 느껴지지 않는다면, 그 이유는 우리의 키가 0.00000001미터가 아니기 때문이다. 그보다 큰 규모에서는 단단한 물체, 째깍거리는 시계, 당구공처럼 입자로 이루어진 현실에 대한 고전적인 설명이 충분히 잘 작동한다. 그러나 그보다 작은 규모에서는 기존 규칙이 무너지고 새로운 규칙이 적용된다.

예를 들어 양자 물리학에서 입자는 위치가 특정되지 않는다. 전자는 여기에 없다. 그렇다고 저기에 있지도 않다. 전자는 일종의 확률론적 구름처럼 공간 전체에 퍼져 있다. 고전적인 물체에는 위치가 있는 반면, 양자 물체는 중첩이 가능하므로 한 번에 여러 위치에 있는 것처럼 보인다.

전자와 데이트할 때의 어려움

왜 우리는 입자가 이런 이중적인 행동에 관여하는 것을 본 적이 없을까? 아주 이상하게도 관찰할 때 양자 행동이 변하기 때문이다. 측정하는 순간 입자들은 교장이 들어왔을 때의 장난꾸러기 아이들처럼 반응한다. 혼돈은 갑작스럽게 끝나고 온갖 가능성이 사라지며 각 입자는 단일 위치에 고정된다.

이와 관련한 적절한 사례를 함께 살펴보도록 하자. 바로 '슈뢰딩거의 고양이'다. 이 사고 실험은 고양이가 교활한 장치가 있는 상자 안에 갇힌 것을 상상하는 것이다. 특정 방사성 원자 하나가 붕괴되는지 여부를 감지하고 붕괴되면 독을 방출해 고양이를 죽인다. 만일 붕괴되지 않으면? 독은 안 나오고 고양이는 산다.

자, 여러분이 상자를 열기 전에는 시스템이 관찰되지 않은 상태로 남아 있다. 따라서 원자는 중첩 상태에 있다. 양자 역학의 확률론적 논리에 따르면 원자는 붕괴했고 동시에 붕괴하지 않았다. 따라서 고양이는 죽었고 동시에 살아 있다. 우리가 상자를 열고 두 가지 가능성이 붕괴된 뒤 어느 하나로 정해질 때까지는 말이다.

〈양자 틱택토〉에서 '관찰'은 순환 고리를 완료할 때 발생한다. 그 시점은 양자적 기이함이 끝나고 칸이 일반적인 틱택토의 수로 붕괴되는 때다. 실현되지 않은 가능성은 흔적도 없이 사라진다.

아니면 혹시 흔적이 남을까?

이 질문은 한 세기 동안 물리학자와 철학자들을 괴롭혔다. 양자 역학의 여러 관점 중 하나인 '다세계 해석'many worlds interpretation은 붕괴라는 것이 실제로는 일어나지 않는다고 주장한다. 한 위치 또는 다른 위치를 가정하는 대신 입자는 각각 다른 평행 우주에서 둘 다 존재한다고 가정한다. 한 현실에서 고양이는 죽었다. 또 다른 현실에서는 살아 있다. 한 우주에서는 X가 구석에 놓인다. 다른 우주에서는 한가운데에 놓인다. 존재는 나노초마다 셀 수 없이 분기되는 평행 우주의 폭발이다.[17]

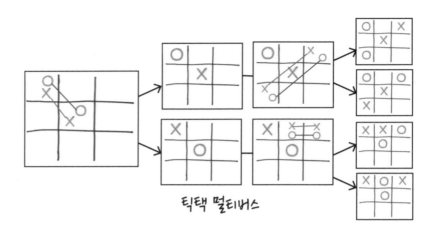

틱택 멀티버스

〈양자 틱택토〉는 양자 영역의 또 다른 불가사의한 특징인 비국소성nonlocality 을 보여준다. 두 칸이 얽히게 되었을 때 한 칸의 결과를 관찰하면('아, X다') 다른 칸에 무엇이 들어 있는지를 즉시 알 수 있다('어이, 이건 틀림없이 O야'). 어째선지 시간의 흐름이 없고 물리적인 접촉이 없는데도 멀리 떨어진 항성계 사이에 즉시 메시지를 보내는 것처럼 원인과 결과가 동시에 나타난다.[18]

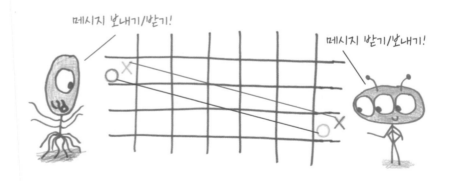

게임이 끝날 때는 양자적 기이함이 소진된다. 최종 게임판은 고전적인 입자, 즉 전통적인 X와 O를 보여준다. 이 양자 물리학에 대한 마지막 교훈이 대미를 장식한다.

충분히 큰 규모에서는 양자가 전혀 양자처럼 보이지 않는 것이다. 여러분도 강아지도 엄밀하게는 쿼크와 전자로 구성되어 있다. 그러나 여러분은 너무 많은 쿼크와 너무 많은 전자로 이뤄져 있기 때문에 진정한 양자 생물이 아니다. 한 번에 여러 위치를 점유하지는 못 한다. 관찰당할 때 물리적 특성을 변경하지도 못한다. 광속보다 빠른 인과 관계 순환 고리에도 참여하지 못한다.[19]

〈양자 틱택토〉도 마찬가지다. 예를 들어 1,000×1,000 크기의 게임판에서 진행되는 거대한 게임은 게임 도중 너무 많은 붕괴를 겪어서 멀리서 보면 완벽하게 고전적인 게임처럼 보인다. 확대해서 봐야만 이상한 양자 구조를 감지할 수 있다. 물리적 현실이 작동하는 방식이 바로 이렇다. 멀리서 보면 고전적이고 가까이서 보면 양자적이다.

우리 모두 틱택토를 작고 간단한 게임으로 알고 있다. 아마 너무나 간단하고 너무나 작을 것이다. 바로 그것이 포인트다. 양자 역학의 신비, 우리를 둘러싼 신비, 우리 안에 살고 있는 신비, 우리가 가장 단순하고 작은 존재에 주의를 기울일 때만 시야에 들어오는 신비를 조사하기에 딱 맞는 크기라는 점 말이다.

변종 및 연관 게임

많은 세계

〈많은 세계〉Many Worlds 게임은 벤 블럼슨Ben Blumson이 제안한 변종이다. "순환 고리가 형성되면 게임판은 평소와 같이 단순화되지만, 한 플레이어가 어느 게임판으로 플레이할지 결정하지 않고 두 게임판 모두에서 계속 플레이하게 된다. 더 많은 분기에서 이긴 플레이어가 전체 게임에서 이긴다."

특정 게임판에서 승리하면 해당 게임판에서는 플레이를 중단하고 단순히 승자의 점수로 계산해도 된다. 초기의 승리는 나중의 승리보다 더 중요하기 때문에 각 게임판의 점수를 $(\frac{1}{2})^n$으로 한다. 여기서 n은 분기의 수다.

더 간단한 버전으로 하고 싶다면 플레이어가 모든 게임판에서 동일한 수를 두도록 제한해도 된다. 이렇게 하면 모든 게임판이 동시에 붕괴되고, 붕괴될 때마다 게임판 수가 두 배가 된다(순환 고리가 모두 X이거나 모두 O인 경우는 예외. 이때는 게임판 수가 동일하게 유지된다).

토너먼트 방식

이 방식은 '4×4 모눈'에서 플레이하고 게임판이 가득 찰 때까지 멈추지 않는다. 3개를 일렬로 만들 때마다 1점을 얻는다. 4개가 일렬인 경우는 3개 일렬이 2개 겹쳐서 구성되어 있으므로 2점을 얻는다. 점수가 많은 쪽이 이긴다. 2012년 코드컵CodeCup(3주간 진행되는 프로그래밍 경진대회— 옮긴이)에서 플레이했으며(조 키센웨더가 내게 알려주었다.) 기본 게임에 익숙해지면 다음 단계 게임으로 하기 아주 좋다.

양자 체스

완전한 〈양자 체스〉Quantum Chess 게임은 낱알이 꽉 차 있는 팝콘처럼 우리의 뇌를 터뜨릴 것이므로 이 변형(프랑코 바세지오Franco Baseggio가 내게 알려주었다.)은 양자 논리를 단 하나의 말, 즉 킹에만 적용한다. 킹을 처음 움직일 때까지 플레이는 정상적으로 진행된다. 그러다가 킹을 옮겨야 할 때가 되면 '왕이 갈 칸에 동전을 대신 놓는다'. 이제 킹은 더 이상 명확한 위치에 존재하지 않고 가능한 위치의 구름 속에 존재한다.

나중에 왕을 다시 움직일 때는 킹의 이전 위치 중 아무 데서나 규칙에 맞게 갈 수 있는 칸에 동전을 놓는다. 상대의 말을 킹으로 잡으려면 킹을 그 특정 위치에 배치하고 게임판에서 모든 코인을 제거해야 한다. 상대방이 킹의 위치를 체크하면 일반 〈체스〉처럼 그 위치를 방어하거나, 동전을 제거해 위치를 포기할 수 있다. 이런 포기는 이동으로 간주되지 않으며 그냥 킹이 처음부터 거기에 없었음을 의미한다.

체크메이트는 킹에게 남은 안전한 위치가 없을 때 발생한다.

제6장

공간 게임의 별자리
우주의 별처럼 공간을 수놓으며 아름답게 유영하다

놀라움과 아슬아슬함이 가득한 공간 게임들

광대한 공간 게임 은하계에서 우리는 겨우 5개의 행성을 방문했다. 내 계산에 따르면 약 70가질리언gazillion(가질리언은 단위가 아니라 그냥 엄청나게 큰 수라는 뜻이다.—옮긴이) 개의 공간 게임이 남아 있다.

공간적인 제약 때문에 우리에게는 세 가지 선택지가 있다. (1)추가 게임 하나를 전율할 만큼 지루하게 자세히 살펴본다. (2)경쾌하고 간결하게 5개의 게임을 더 배치한다. (3)크기 0.1포인트 글꼴로 5,000개의 게임을 요약 정리한다.

자, 그럼 상상력 없고 아둔한 중도주의자로 보일 위험을 무릅쓰고 안전한 중도를 택해보자.

포도송이

배고픈 파리들의 게임

대부분의 연필과 종이 게임에서는 종이 여기저기를 가로지르는 횡설수설로 뒤덮인다. 반면 월터 조리스가 디자인한 〈포도송이〉Bunch of Grapes 게임의 영토 투쟁은 다르다. 마치 패턴이 있고, 예쁘며, 먹음직스러워 보이는 컬러링북의 한 페이지처럼 끝난다. 먼저 포도 다발을 그리는 것으로 게임을 시작한다. 어떤 포도끼리 경계를 공유하는지 명확히 그려야 한다. 그런 다음 각 플레이어는 차례로 포도에 색깔 점을 찍어서 '파리'가 시작하는 위치를 표시한다.

매 턴마다 파리는 자신이 있는 위치의 포도를 먹은 다음(포도를 완전히 색칠한다.) 인접한 포도로 이동한다. 점을 나중에 찍은 사람이 먼저 수를 둔다. 마침내 인접한 포도가 없어서 수를 둘 수 없게 된 사람이 진다.

나는 이 게임이 지루하고 예측 가능하며 각 단계에서 최고의 수가 뻔할 것이라고 예상했다. 하지만 내 예상과 달리 실제로는 놀라움과 아슬아슬한 승부로 가득 차 있다.

내 생각엔 포도 자체가 원인인 듯하다. 크기가 고르지 않고 배열이 불규칙하며 매번 다르게 그려지기 때문에 착시가 일어나서 사용 가능한 공간을 잘못 평가하게 만든다. 〈포도송이〉는 공간에 대한 인식(및 오해)에 관한 진정한 의미의 공간 게임이다. 간식으로 포도를 먹을 때 하면 특히 좋다.

중성자

앞뒤로 오가는 게임

게임 제목 〈중성자〉Neutron는 중립 입자를 의미하며, 상대 팀 사이를 오가는 일종의 추상적인 하키 퍽이다. 하지만 하키와는 다르다. 이 게임에서는 스케이트를 타는 선수들이 멈출 줄을 모르며 자기 자신의 골대에 퍽을 넣어서 득점한다.[20]

5×5 모눈과 게임 말 11개가 필요하다. 플레이어당 각각 5개씩 있어야 한다. 그리고 특수 마커(바로 중성자) 하나. 목표는 여러분 홈의 행으로 중성자를 가져오는 것이다.

체스 킹처럼 매 턴마다 먼저 중성자를 어느 방향으로든 한 칸씩 움직여야 한다.[21] 그런 다음 자신의 말 중 하나를 어느 방향으로든 최대한 멀리 보낸다. 브레이크가 터져서 장애물에 부딪힐 때까지 멈추지 못하는 체스 퀸처럼. 예외는 게임의 첫수다. 첫 번째 플레이어는 중성자를 움직이지 않고 자신의 말 중 하나만 움직인다.

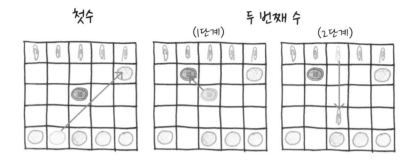

첫수

두 번째 수

(1단계)

(2단계)

승리 방법은 두 가지다. 하나는 중성자가 여러분 홈의 행에 도달하는 것이고, 다른 하나는 상대방이 자기 차례에 중성자를 못 움직이게 가두는 것이다.

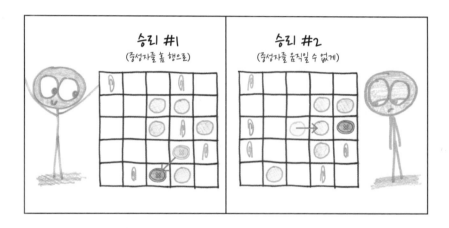

승리 #1
(중성자를 홈 행으로)

승리 #2
(중성자를 움직일 수 없게)

여러분은 자신도 모르게 게임에 쑥 빠지게 될 것이다. 바닷가에서 물속으로 걸어 들어가다가 갑자기 깊은 바닥을 헛디딜 때처럼 말이다. 나는 상대방이 중성자를 내 방향으로 움직이도록 만들 때 만족감을 느낀다. 물론 그보다 더 좋은 것은 상대방이 중성자를 내 홈 행으로 밀어 넣어서 스스로 패배하게 만들 때다. 그렇지만 미리 우위를 점하지 않는 한 중성자를 가두기는 어렵다. 수비할 때는 안전한 선택지가 적기 때문에 덫을 놓기가 더욱 어렵다.

질서와 혼돈

원초적인 투쟁 게임

〈질서와 혼돈〉Order and Chaos은 스티븐 스나이더먼Stephen Sniderman이 1981년 《게임즈》Games에 게재한 2인용 게임으로, 고대의 갈등을 구현한다. 창조자 대 파괴자, 구조 대 파괴, 부모 대 자녀, 버트 대 어니(유명한 미국 아동용 인형극 〈세서미 스트리트〉의 캐릭터— 옮긴이)의 투쟁이다.

질서와 혼돈 사이의 전쟁인 셈이다. '6×6 모눈'에서 플레이한다. 1명의 플레이어(질서)는 어떤 기호든 일렬로 5개를 놓는 것이 목표다. 다른 한 플레이어(혼돈)는 어떤 기호든 일렬로 5개가 놓이지 않게 하는 것이 목표다. 플레이어는 한 턴씩 칸에 기호를 표시한다. 이때 기호(X 또는 O)는 각자 원하는 대로 자유롭게 사용할 수 있다.

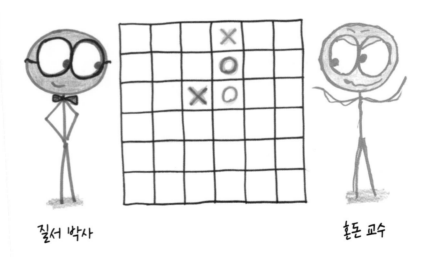

질서 박사   혼돈 교수

질서는 일렬로 5개를 달성하면 승리한다. 그 5개는 가로, 세로, 대각선이 될 수 있으며 모두 X 또는 모두 O로 구성되어야 한다.

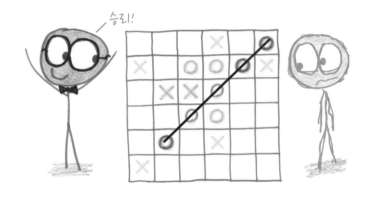

일렬로 5개가 생성되지 않은 채 게임판이 가득 차면 혼돈이 승리한다.

혼돈이 아무것도 하지 않고 나 혼자 게임판을 다 채워도 이길 수가 없어.

　재미있게도 상대방의 기호를 사용해 대항할 수 있다. 질서가 전에 둔 수가 새로운 줄 만들기를 차단할 수도 있으며 혼돈이 어쩌다 일렬 5개의 일부를 형성할 수도 있다. 게다가 이 게임은 밸런스가 아주 잘 맞는다. 초보자는 혼돈이 유리하다고 느낄 때가 많은 반면, 전문가는 질서가 더 강하다고 생각하는 경향이 있다.

여러 라운드를 진행하며, 매 라운드마다 편을 바꿔 플레이하면서 점수를 기록하는 걸 추천한다. 질서가 이기면 5점을 얻고 남은 빈 칸당 1점을 얻는다. 혼돈이 이기면 5점을 얻고 게임판이 너무 막혀 질서가 이길 수 없게 된 순간에 남은 빈 칸당 1점을 얻는다.[22]

앤디 주엘은 또 다른 재미있는 변종을 제안한다. 전체 게임에서 한번, 질서는 특수한 ⊗ 기호(X도 O도 모두 가능)를, 혼돈은 특수한 ■ 기호(X도 O도 아님)를 배치할 수 있다. 그를 기리기 위해 나는 이 기호들을 '주얼리'라고 부른다. 게임의 밸런스가 맞지 않을 경우 주엘의 주얼리를 약한 쪽에만 제공해 경기장을 평준화할 수 있다.

철퍽

물감 폭탄 게임

2인용 게임 〈철퍽〉Splatter에는 두 종류의 물감 방울이 같은 수로 채워진 직사각형 모눈이 필요하다. 빠른 준비를 위해 플레이어 1명이 원하는 대로 모눈을 채우도록 한다. 그런 다음 다른 1명은 색깔을 선택하고 두 번째로 진행한다(또는 색깔 선택을 양보하고 먼저 진행한다). 다른 대안으로는 미리 색깔을

지정하고 번갈아 가며 빈 모눈에 방울을 배치하는 방법이 있다. 대신 플레이 속도가 느리다.

이제 매 턴마다 물감 방울 중 하나를 터뜨린다. 방울은 두 가지 방법으로 터질 수 있다. 혼자 터지든가, 아니면 모든 이웃까지 삼키며 터진다. 어느 쪽이든 영향을 받는 칸을 그 색으로 채운다. 그 칸들은 이제 게임에서 제거된다. 절대 턴을 건너뛰지 말고 번갈아 가며 터뜨려야 한다. 터지지 않은 마지막 방울의 색깔이 승자다.

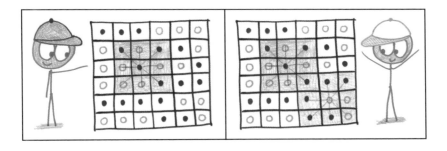

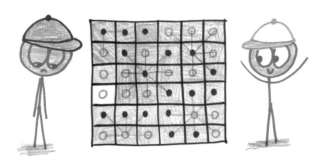

이 게임은 독특한 템포로 전개된다. 때로는 액셀러레이터를 밟고 속도를 올려서 가능한 한 많은 사각형을 터뜨리고 싶을 때가 있다. 그렇게 속도를 내며 내달리다 나중에는 브레이크를 밟아서 사각형 하나만 터뜨리며 추가 턴을 유도할 수도 있다.

더 복잡한 변종을 플레이하고 싶다면, 터지는 패턴을 다르게 하면 된다. 대각선(북서쪽, 북동쪽, 남서쪽, 남동쪽으로 터짐) 또는 직교(북쪽, 남쪽, 동쪽, 서쪽으로 터짐) 두 가지 다른 폭발 패턴을 추가로 허용하는 것이다. 이 옵션을 활용할 경우 이웃 중 4개는 그대로 두고 4개는 터뜨린다.

3D 틱택토

길이, 너비, 높이에 관한 게임

여러분이 뛰어난 VR 기술로 가득 찬 미래에 이 글을 읽는 것이 아니라면(그런 미래에도 사람들은 여전히 책을 읽을까?) 〈3D 틱택토〉3D Tic-Tac-Toe 게임에서 3차원을 연상하는 것이 조금 힘들지도 모르겠다. 정육면체를 그릴 수 없으니 대신 게임의 각 층을 나타내는 4×4 정사각형 4개를 그린다.

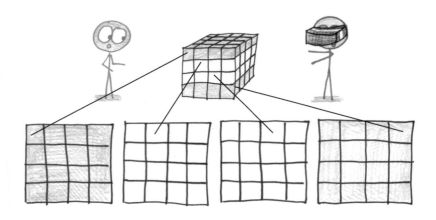

번갈아 가며 X와 O를 놓는다. 일렬로 4개를 먼저 만드는 사람이 이긴다. 게임판의 모든 층을 가로지르는 일렬 4개에 주의하라. 너무 늦게서야 발견할 때가 많으니까.

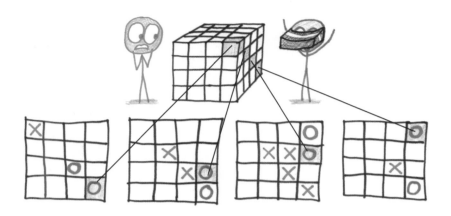

전략적 통찰을 위해 일렬 4개가 칸을 통과함으로써 승리하는 수를 세어 칸의 가치를 측정할 수 있다. 표준 틱택토 게임에서 집계하는 방식은 아래 그림과 같다.

각 칸을 통과하는 승리의 수

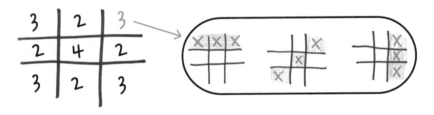

동일한 방법을 3D 게임에 적용하면 매우 흥미로운 패턴이 나타난다. 이 중 가장 좋은 사각형은 바깥쪽 게임판의 꼭짓점과 가운데 게임판의 가운데 사각형이다.

상단

하단

여기에서 메타 게임을 생각해보는 것도 재미있다. 3차원으로 확장할 수 있는 다른 고전 게임으로는 무엇이 있을까? 〈3D 배틀십〉Battleship(10×10 모눈에 각자 전함을 배치하고 안 보이는 상대방의 전함을 짐작으로 맞춰서 침몰시키는 게임—옮긴이) 같은 게임은 거의 조정할 필요가 없다. 〈3D 점과 상자〉 같은 것들은 규칙을 만들기는 쉽지만(열두 번째 꼭짓점을 그리면 육면체를 획득한다.) 시각화하기는 어렵다(각 층 사이에 선을 그리는 방법을 부디 찾을 수 있기를). 그리고 〈3D 콩나물〉 같은 일부 게임은 아예 진행되지 않는다.

이런 게임 만들기를 시작하는 데 도움이 될 만한 조언은 다음과 같다. 〈3D 틱택토〉 게임은 〈3D 사목〉 게임으로 전환할 수 있다. 각 기호가 그냥 수직열의 바닥으로 '떨어지면' 된다. 이는 다음 둘 중 하나의 경우다. 수직열의 맨 아래 칸으로 가거나 기존 기호 바로 위에 놓는다.

이제 시도해보라!

제2부

숫자 게임

"나쁜 수 하나가 좋은 수 40개를 무효화한다."

INTRO

각 오하시라. 왜냐하면 이제부터 모든 숫자가 흥미롭다는 것에 대해 숨 막히게 **빡빡한** 철학적 증명을 시작할 것이기 때문이다.

모든 숫자는 흥미롭다. 예외는 없다. 각 숫자마다 차례대로 축복을 내리고 싶지만(1은 가장 외로운 수, 2는 유일한 짝수 소수, 3은 〈토이 스토리〉 중 최고) 그렇게 하다가는 녹초가 될 게 분명하다. 그러니 쭉 선을 따라가다가 어딘가에서 흥미롭지 않은 숫자에 도달했다고 가정하자.

흥미로움

그다지 흥미롭지 않음

독특한 펜토미노(정사각형 5개를 이어 붙인 모양으로 12가지가 있다. ― 옮긴이)의 수인 12에서 연속된 숫자로 만들 수 있는 유일한 육각형의 크기인 19(마방진과 비슷하나 숫자를 6각형으로 배열한 모양― 옮긴이), 그리고 561(가장 작은 절대 유사소수pseudoprime)[1]까지 올라가 보자. 그렇게 어린아이처럼 독특하고 아이스크림 선디처럼 특별한 온갖 숫자를 만난 뒤에 지루한 숫자와 맞닥뜨린다. 이 수를 가지고 세제곱을 해본다. 팩토리얼을 해본다. 쓰리 도그 나이트Three Dog Night 밴드에게 최상급 앨범을 받아서 줘본다. 그래도 아무 소용없다. 이렇게 지루한 것은 본 적이 없는 것 같다. 여기까지 올라오는 동안 처음으로 흥미롭지 않은 수를 만났다. 놀랍지 않은가? 충격적이지 않은가? 여러분은 이것을 뭐라고 할지… 어, 내가 말하려던 단어가 뭐더라…. 바로 이것이다.

'흥미롭다?'

흥미롭지 않은 숫자가 있다면 그중 첫 번째 숫자가 있을 것이다. 그러나 첫 번째 흥미롭지 않은 숫자는 참으로 매우 흥미롭다. 그런데 논리는 이런 역설을 금지한다. 따라서 모든 숫자는 흥미로워야 한다. 전문가 가라사대 QED(라틴어 'quod erat demonstrandum'의 약자. 증명을 끝낼 때 쓰는 말로 '보여줘야 할 것을 보여줬다'라는 뜻이다. ― 옮긴이)다.

흥미로움

비정상적으로 흥미롭지 않아서 흥미로움

위키백과에서는 이 증명을 '반쯤 웃김'이라고 하는데, 위키백과의 가혹한 표준에 따른 평가임을 감안하자. 그래도 나는 이것이 수학의 정신에 관한 무언가를 포착한다고 믿는다.

바쁘고 일정에 쫓기는 사람들 수백만 명이 스도쿠를 위해 매일 아침 15분을 할애하는 것과 같은 이유로 숫자에 끌린다. 식탁에 음식을 차리거나 주머니에 비트코인을 넣기 위해서가 아니라, 단순히 숫자라는 직물로 짜여진 패턴에 대한 호기심을 해소하기 위해서 하는 일 말이다.

모더니즘 건축가 르코르뷔지에Le Corbusier는 "신들은 무대 뒤에서 숫자를 가지고 놀고 있다."라고 말했다. 신들의 놀이에 참여하려면 약간의 상상력이 필요하다. 적절한 사례를 들어보자. 최근 내 머리를 간질이는 게임이 있다. '완전수'라 불리는 것으로 시작하는데, 완전수 각각은 재미있는 속성을 갖고 있다. 자신을 제외한 약수를 모두 더하면 다시 원래 수가 된다.

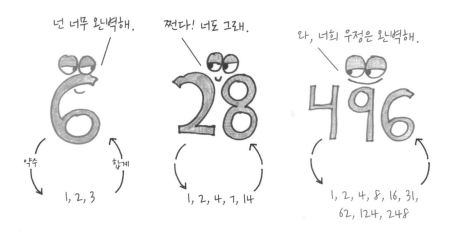

요점이 뭐냐고? 오, 장담컨대 요점은 없다. 근사한 이름에도 불구하고 완전수는 이론적으로 쓸모가 없으며 실제로는 훨씬 더 쓸모없다. 그냥 이름만 멋지고 귀엽게 정의되었을 뿐이다. 수학자 존 리틀우드John Littlewood는 "완전수는 결코 좋은 일을 한 적이 없다. 하지만 별로 나쁜 일을 한 적도 없다."라고 말했다. 내 고등학교 동창 줄리언이 순수 수학에 대해 하는 말과 마찬가지다. "어이, 적어도 수학자들이 길거리로 내몰리지는 않게 하잖아."

명확히 해두자면, 일반적인 숫자는 완전수가 아니다. 어떤 수(자신을 제외한)의 약수의 합은 자신보다 작거나('부족한' 수) 더 크다('넘치는' 수).

완전수는 모든 것이 완벽히… 모호하다. 고대 그리스인들이 아는 완전수는 4개뿐이었다. 그러다 12세기에 이르러 이집트인 이스마일 이븐 팔루스Ismail ibn Fallūs가 3개를 더 발견했다. 1910년에는 총 9개가 되었다. 전직 대통령의 랩소리를 조작할 수 있을 만큼 강력한 컴퓨터가 있는 오늘날까지도 우리는 총 51개의 완전수를 발견했을 뿐이다. 2,500년 동안 계속해온 사냥치고는 빈약한 승리다.

어떤 축구 팀의 통산 득점이 51골이라고 해보자. 그 팀이 팬을 유지한다는 건 상상하기 어려운 일이다.[2] 그렇다면 완전수는 어디에서 재미를 찾을 수 있을까? 거의 이길 수 없는 게임을 하는 이유는 무엇일까?

아, 믿음이 적은 자들아. 모든 숫자가 흥미롭다는 사실을 이미 잊었느냐. 우리는 완전에 집착할 필요가 없다. 대신 오래된 아무 숫자나 잡아서 그 숫자의 약수를 찾고 합계를 계산한다. 그런 다음 이렇게 나온 새 숫자를 잡고 모든 작업을 다시 수행한다. 이렇게 계속 진행할 때 나열되는 숫자들을 등분 수열이라고 한다.

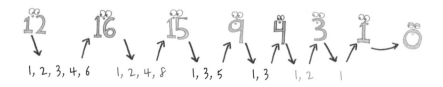

1, 2, 3, 4, 6   1, 2, 4, 8   1, 3, 5   1, 3   1, 2   1

이 게임은 비밀 연결 시스템을 드러낸다. 모든 숫자는 첩보망 속의 요원처럼 새로운 숫자를 가리킨다. 우리는 느와르 영화의 탐정이 된 것처럼 수의 선을 따라가며 일련의 정보원에게서 정보를 캐낼 수 있다.

셜록 홈즈와 위대한 등분 모험

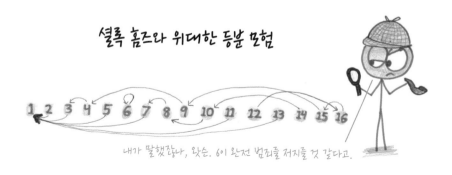

내가 말했잖나, 왓슨. 6이 완전 범죄를 저지를 것 같다고.

이 게임은 자연스러운 질문을 던진다. 일단 시작된 등분 수열은 어디에서 끝날까? 예를 들어 소수는 모두 1로 곧장 보내진다(다른 약수가 없기 때문이다). 완전수는 자기 자신을 추천하는 순환 고리로 이어진다. 28은 여러분을 28로 보내는 28로 여러분을 보낸다. 그리고 어떤 숫자는 서로 추천하는 쌍을 형성한다. 220은 여러분을 284로 보내고, 284는 여러분을 다시 220으로 보낸다. 이런 쌍은 '친화수'라는 사랑스러운 이름을 가지고 있다.

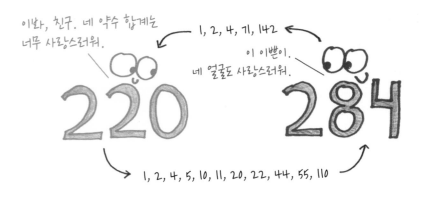

이봐, 친구. 네 약수 합계는 너무 사랑스러워.

1, 2, 4, 71, 142

이 이쁜이. 네 얼굴도 사랑스러워.

220

284

1, 2, 4, 5, 10, 11, 20, 22, 44, 55, 110

수학자들은 이 행복한 커플들을 찾기 위해 수 세기를 보냈다. 흥미롭게도 두 번째 쌍(1,184와 1,210)은 발견하기 어려웠다. 데카르트Descartes, 페르마Fermat, 오일러 같은 거물들은 모두 그것을 간과했고, 결국 열여섯 살짜리 학생이 발견했다. 오늘날에는 10억 개가 넘는 친화수 쌍이 알려져 있다.

그렇다면 이 순열이 끝나는 방법은 이게 전부일까? 그럴 리가. 어떤 순환은 같은 수가 계속 반복되고(예를 들어 $6 \to 6 \to 6 \to 6\cdots$), 또 어떤 순환은 두 숫자가 서로 반복된다($1{,}184 \to 1{,}210 \to 1{,}184 \to 1{,}210\cdots$). 더 많은 숫자가 포함된 순환도 있는데 코어 게이머는 이 숫자들을 '사교수'라고 부른다. 다음은 그 두 가지 예다.

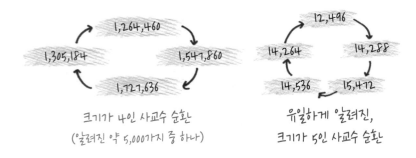

1,264,460

1,305,184

1,547,860

1,727,636

크기가 4인 사교수 순환
(알려진 약 5,000가지 중 하나)

12,496

14,264

14,288

14,536

15,472

유일하게 알려진,
크기가 5인 사교수 순환

나는 이런 순환 사교수를 찾는 프로그램을 짜고 나서 '엄청난 음모'를 발견했다. 한 순환 안에 28개나 되는 사교수가 들어 있었던 것이다. 나는 어쩌다가 지금까지 알려진 가장 큰 순환을 발견했고, 앞선 수많은 수학자가 그랬듯 이 행운을 거의 믿을 수 없었다. 다시 말하지만 한 주기에 28개의 사교적인 숫자가 들어 있다는 것은 엄청난 음모다. 나는 알려진 가장 큰 주기를 우연히 발견했다. 모든 숫자가 흥미롭다는 것을 증명하는 데 있어 20명 이상의 따분하고 서로 무관한 민간인들이 비밀 도당을, 정수 세계의 프리메이슨을 형성하고 있음을 발견하는 것보다 더 좋은 증거가 있을까?

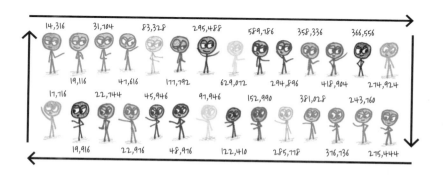

이 게임에 대해서만 계속해서 나불대는 책을 따로 쓸 수 있을 정도다. 여러분은 어떤 숫자(2나 5 같은)는 다른 어떤 수의 추천도 받지 않는 '불가촉천민'이라는 비극적인 상태에 있다는 사실을 아는가? 138 같은 숫자는 179,931,895,322나 될 정도로 하늘 높이 치솟아 올라갔다가 이카루스처럼 바닥으로 추락한다는 것을 알아차렸는가? 중력을 완전히 벗어나 영원히 하늘로 올라가는 숫자가 있는지 궁금해한 적이 있는가? 어쩌면 그런 숫자가 있을 수도 있다. 우리는 아직 알지 못한다. 꽤 작아 보이는 276과 같은 숫자 몇 개는 운명을 알 수 없다. 그 숫자들의 등분 수열은 우리의 능력을 넘어선 것이다. 마치 비행기가 저 멀리 사라지고 언제 돌아올 것인지 또는 돌아오기나 할 것인지 알 수 없도록 흔적을 남기지 않는 것과 같다.

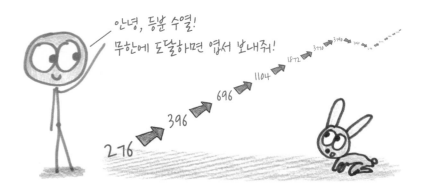

이 게임이 언젠가는 실용적인 응용 분야를 만들어낼 수 있을까? 그럴 것 같지는 않다. 그런데 다시 한번 상기시키자면, 수학자 하디G. H. Hardy는 현재 인터넷 보안의 기초를 형성하는 소수에 대해서도 같은 말을 했다. 이처럼 정수론은 놀이에서 시작하지만 심오함으로 끝날 때가 꽤 있다.

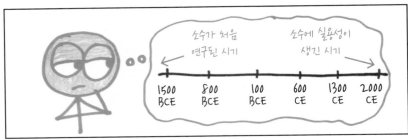

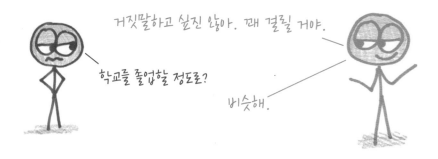

거짓말하고 싶진 않아. 꽤 걸릴 거야.

학교를 졸업할 정도로?

비슷해.

어쩌면 우리의 목표 없는 등분 수열 게임이 강력하고 수익성 있는 과학으로 성장할지도 모른다. 연금술에서 성장한 화학이 연금술 그 자체보다 더 마법같이 변한 것처럼. 그때까지는 열여섯 살짜리 소년이 발견해주기를 기다리는 놀라운 음모와 순환, 불가촉천민의 놀이터인 숫자의 나라에서 여러분을 초대하는 5개의 게임과 함께 뛰어 놀아보자.

제7장

젓가락

일본 학교 운동장에서 태어나 전 세계 학생들을 매료시키다

태양이 우주를 삼킬 때까지 '순환하는 수'의 손가락 게임

2020년 초에 〈젓가락〉 게임을 우연히 발견하고 매혹된 나는 중학생들에게 이 게임을 가르쳐주려고 했다. 학생들은 마치 내가 하이파이브를 설명하고 있다는 듯한 반응을 보였다. 이 게임은 그냥 오래된 뉴스 정도가 아니었다. 너무나 고대의 뉴스였기 때문에 이것을 '뉴스'라고 부르는 것조차 어색할 정도다. 나는 그제야 이것이 세대 간 패턴이라는 것을 알아차렸다. 이 게임은 1995년 이후에 태어난 사람들에게는 낡은 모자처럼 느껴질 테고, 1990년 이전에 태어난 사람들에게는 듣도 보도 못한 아주 생소한 것일 터다. 유선 전화와 비슷하지만 그 반대.

〈젓가락〉 게임은 어떻게 그토록 빠르고 완벽하게 학교를 휩쓸었을까? 글쎄, 여러분이 그런 질문을 하고 있다면 아마 나만큼이나 나이가 많지 싶다. 그럼 여러분은 정말 제대로 된 선물을 받고 있는 것이다.

게임 방법

무엇이 필요할까?

양손이 있는 플레이어 2명 이상. 다음과 같이 시작한다.

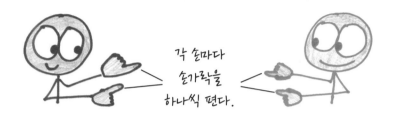

각 손마다
손가락을
하나씩 편다.

목표는 무엇일까?

상대의 손가락을 모두 제거하기

규칙은 무엇일까?

1. 번갈아 가며 상대방의 손 중 하나를 여러분의 손으로 건드린다. 이렇게 하
   면 자신의 손은 바뀌지 않지만 상대방의 손은 여러분이 편 손가락 수만큼 손
   가락이 추가된다.

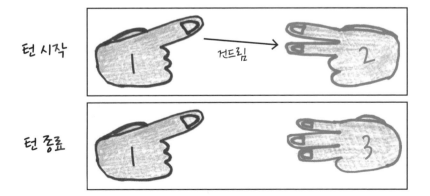

턴 시작

건드림

턴 종료

2. 다섯 손가락이 다 펴지면 손이 '아웃'되고 0으로 재설정된다(주먹을 쥔 상태).
   이 손은 건드릴 수도 없고 건드려질 수도 없다.

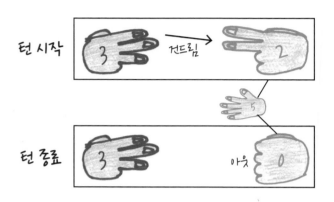

3. 손의 손가락 수가 5를 넘는다면 아웃되지 않는다. 거기서 5를 빼고 계속
   플레이한다.

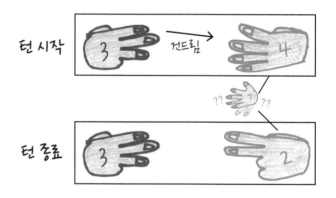

4. 여러분의 턴에는 상대방의 손을 건드리는 대신 두 손 사이에서 손가락을
   옮길 수 있다. 이를 나누기라고 하며 제거된 손을 되살리거나 살아 있는 손
   을 제거할 수도 있다.

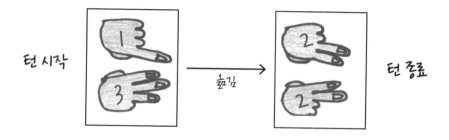

턴 시작 → 옮김 → 턴 종료

5. 양손이 '아웃'되면 게임에서 탈락한다. 마지막으로 남은 사람이 승자다.

젓가락 챔피언   젓가락 멍청피언

맛보기 노트

게임 내내 손은 항상 15가지 상태 중 하나에 있게 된다. 이는 상대방도 마찬가지다. 즉 2인용 게임은 모두 $15 \times 15 = 225$개의 상태가 있다.[3]

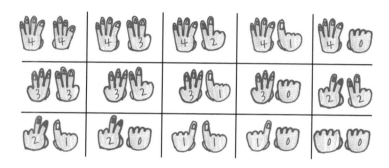

이런 게임에서 수학적 분석은 다음 두 가지 결과 중 하나를 산출할 것이다. 확실한 전략으로 한 플레이어의 승리가 보장되는 결과다. 또는 그런 전략이 없어서 충분히 숙련된 플레이어끼리는 항상 비기는 결과다.

〈젓가락〉 게임은 이 두 가지 경우 중 어디에 속하는 게임일까? 공교롭게도 후자다. 그러나 아홉 번의 수를 둔 다음에는 게임판이 채워지는 틱택토와 달리 완벽하게 플레이되는 〈젓가락〉 게임은 손이 손을 두드리는 영원한 순환 고리가 지속될 수 있다. 누군가가 실수를 하거나 태양이 지구를 삼킬 때까지, 아니면 종이 울리고 쉬는 시간이 끝날 때까지.

게임의 유래

이 게임은 수십 년 전 일본에서 왔다. 그 외에는 알기 어렵다. 여러 세대의 플레이어(대부분 미국 출신)를 대상으로 한 온라인 설문 조사에서 단 1명만이 2000년 이전에 게임을 배웠다고 보고했다. 유쾌하고 흥미로운 책 《함께 놀자: 전 세계의 100가지 게임》Play with Us: 100 Games from Around the World의 저자 오리올 리폴Oriol Ripoll은 이 게임이 2000년대 초에 자신의 고향인 카탈로니아에서 유행했다고 말했다. 그리고 이 시기는 〈젓가락〉 게임이 전 세계적으로 퍼진 시기와 일치한다.

젓가락은 〈손가락 체스〉, 〈칼〉, 〈마법 손가락〉, 〈나누기〉 등 여러 이름으로 불린다. 미네소타주 세인트 폴에 있는 나의 학생들은 이 게임을 〈막대기〉라고 불렀다. 어떤 사람들은 다섯 손가락을 모두 펴면 젓가락을 떨어뜨리기 때문에 지는 위치가 되었다고 생각해서 이 게임이 실제 젓가락을 쥐는 법에 대한 게임이라고 주장하기도 했다.[4]

왜 중요한가

〈젓가락〉게임을 만든 익명의 아이들은 정수론의 기본 도구 중 하나를 재창조한 셈이다. 여러분은 학교에서 숫자에 끝이 없다는 것을 배운다. 숫자가 아무리 크더라도(10억, 1조, 유비조조) 항상 그보다 더 큰 숫자를 만들 수 있다. 그러나 젓가락의 거칠고 울퉁불퉁한 세계에서는 하나의 숫자가 최고의 위치를 차지한다. 이 숫자는 현존하는 가장 큰 숫자로 기네스 세계 기록을 보유하고 있다.

내가 말하는 숫자는 바로 4다. 4 더하기 4는 무엇일까? 8이라고 하지 마시라. 〈젓가락〉에는 8이라는 개념이 없다. 차라리 4 더하기 4를 '어제의 한 줌' 또는 '내일의 잿빛 입자'라고 말하는 편이 낫다. 사실 바르셀로나에서 교토에 이르기까지 모든 어린이가 답하듯 진정한 합계는 '4 + 4 = 3'이다.

혼란스러운가? 그럴 필요 없다. 다음은 덧셈 요소에 대한 편리한 참조표다.

하지만… 8은 어떻게 된 거야?
분명히 여기 있었는데?

이런, 그 오래된 숫자는 몇 년 전에
불타 없어졌어….

덧셈표

	1	2	3	4
1	2	3	4	0
2	3	4	0	1
3	4	0	1	2
4	0	1	2	3

이것은 그냥 덧셈표가 아니다. 〈젓가락〉게임이 허용하는 모든 덧셈이 들어 있는 덧셈표다.[5] 더 계산할 것이 없다. 여러분이 학자를 꿈꿨다면 다른 곳에서 연구 문제를 찾아야 한다. 그럼 곱셈은 어떨까? 모든 곱하기를 반

복되는 덧셈으로 취급하면(예를 들어 4×3은 $4 + 4 + 4$가 됨) '매우 포괄적인 〈젓가락〉 곱셈표'가 된다.[6]

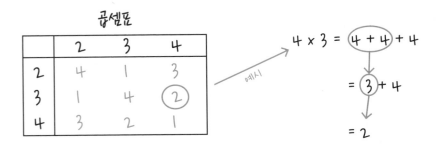

수학자들은 〈젓가락〉 수학을 나머지 연산이라는 이름으로 부른다. 또는 더 구체적으로는 5의 나머지 연산이다. 아이디어는 간단하다. 모든 숫자를 마지막 5의 배수로부터의 거리로 바꾸는 것이다.

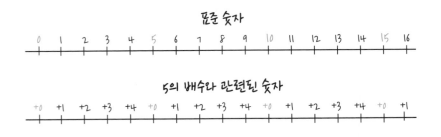

〈젓가락〉은 순환되는 게임이다. 왜냐하면 나머지 연산은 오직 다섯 가지 옵션만 존재하는 순환 고리의 세계, 무한 순환의 우주이기 때문이다. "5의 배수보다 5 더 많다?" 이것은 그냥 '다음 배수'보다 0 더 많은 것이다. "5의 배수보다 1 더 적다?" 이는 '이전 배수'보다 4 더 많은 것이다.

0, 1, 2, 3, 4 이것이 전부다.

나머지 연산은 온갖 곳에서 나타난다. 예를 들어 국제 은행 계좌 번호_{IBAN}

를 요청할 때 유효한 번호를 제공했는지 어떻게 알 수 있을까? 두 숫자를 바꾸거나 오타를 냈거나 아니면 그냥 공짜로 돈을 벌기 위해 키보드로 아무렇게나 입력했을 수도 있잖은가? 그렇다고 모든 IBAN을 포함하는 목록을 유지하기는 쉽지 않다. 그렇다면 컴퓨터는 여러분이 입력한 숫자가 진짜인지 아닌지 어떻게 구분할까?

알고 보면 쉽다. 모든 진짜 IBAN은 97로 나누면 나머지가 1이 나온다. 오타(또는 횡설수설)는 잘못된 나머지를 생성한다. 이 멋진 묘수는 IBAN에만 쓰이는 것이 아니다. 유사한 절차를 통해 신용카드, 주민등록번호, 심지어 패스트푸드 영수증의 설문 코드까지 보호할 수 있다. 여전히 나머지 연산을 가장 대담하게 적용한 예는 가장 친숙한 예이기도 하다. 바로 시간 표시다.

우리의 시계는 12의 나머지 연산으로 작동한다. 즉 9시 더하기 7시는 손가락이 20개인 외계인이 추측할 만한 16시가 아니라 4시. 달력에서도 이 연산이 작동한다. 과거 또는 미래의 임의의 날짜에 대해 암산으로 요일을 계산하는 파티 묘기를 본 적이 있는가? 그 묘기는 7의 나머지 연산에 의존한다(한 주는 7일이기 때문이다).

시간은 무한한 손가락을 가진 생물이다. 그러나 우리 같은 인간에게는 반

윌리엄 카를로스는 "시간은 우리 모두가 방향을 잃는 폭풍과 같다."고 했어.

윌리엄 카를로스에겐 더 좋은 시계가 필요했어.

복하는 시간, 순환하는 시간, 패턴이 유한한 시간(무한한 반복이긴 하지만)을 상상하는 편이 더 쉽다. 우리는 시간이라는 끝없는 게임을 우리의 어린 손에 맞게 다시 만들었다.

일본의 학교 운동장에서 태어난 〈젓가락〉 게임은 대륙에서 대륙으로 퍼져 나갔고, 시간을 재기보다는 시간을 즐겁게 보내는 데 관심이 있는 아이들의 환영을 받았다. 전 세계가 게임의 즐거움을 맛본 후에야 어른들은 지혜를 얻었다. 그리고 아이들이 장난기 넘치는 독창성으로 숫자의 순환에 대한 오래되고 근본적인 진실과 마주했음을 인식했다. 또한 왠지 모르게 곱셈표를 암기하기가 더 쉬워졌다는 것도 알게 됐다.

변종과 연관 게임

7의 나머지 젓가락

〈7의 나머지 젓가락〉Chopsticks Mod N은 6, 7 또는 99와 같이 손의 손가락 수가 다른 것처럼 플레이한다. 연필과 종이를 사용하고 싶어질 것이다.

잘라내기

〈잘라내기〉Cutoff의 경우 나머지 연산을 사용하는 대신 손가락이 5개 이상인 손은 즉시 '아웃'이다.

미제르

〈미제르〉Misere는 뒤집힌 게임이다. 두 손이 모두 아웃되면 이긴다.

한 손가락 패배

〈한 손가락 패배〉One-Fingered Defeat의 경우 손 중 하나가 '아웃'되고 다른 손에 손가락이 하나만 남아 있으면 패배한다. 양손이 모두 아웃되는 것도 여전히 패배로 간주한다.

햇살

〈햇살〉Suns은 각 손마다 하나가 아닌 4개의 손가락으로 시작한다. 흥미롭게도 게임을 하는 동안 이 시작 상태(손가락 4개)로 돌아가는 법이 없다.

좀비

〈좀비〉Zombies 게임에선 3인 이상 게임에서 탈락할 경우 한 손가락으로 계속 플레이한다. 여러분의 턴에 여러분은 상대를 건드릴 수 있지만 다른 사람은 그 누구도 여러분을 건드릴 수 없다.

제8장

수연

폭풍우 구름처럼 뒤틀리고 넝쿨처럼 얽히는 재미

덩굴이 경쟁하는 게임

이 책을 쓰면서 내가 테스트한 모든 게임 중 가장 열광적인 평가를 받은 것이 〈수연〉Sequencium, 數延이다. 아마도 이 숫자들이 이전에는 여러분이 본 적 없는 신선한 행동을 하기 때문일 것이다. 숫자들이 정돈된 형태로 서 있지 않고 지성이 있는 식물의 굶주린 덩굴손처럼 사방으로 꿈틀거리며 기어다닌다. 수백 개의 게임을 디자인한 월터 조리스가 〈수연〉 게임을 자신의 걸작으로 여기는 것도 어찌 보면 당연한 일이다.

게임 방법

무엇이 필요할까?

각각 다른 색의 펜을 사용하는 2명의 플레이어와 6×6 모눈. 더 긴 시간 동안 게임을 하려면 8×8 모눈(또는 가운데 칸이 검게 칠해진 7×7 모눈)을 사용해 보라.[7] 각 플레이어는 아래 그림처럼 모눈에서 숫자 1, 2, 3으로 시작한다.

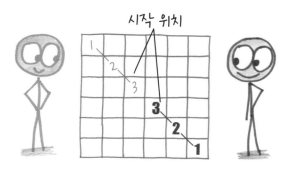

목표는 무엇일까?

상대방보다 더 높은 최고 숫자에 도달하기.

규칙은 무엇일까?

1. 매 턴마다 (1)기존 숫자 중 하나를 선택하고 (2)여기에 1을 더해서 (3)인접한 칸에 새 숫자를 쓴다. 대각선은 인접한 것으로 간주된다.

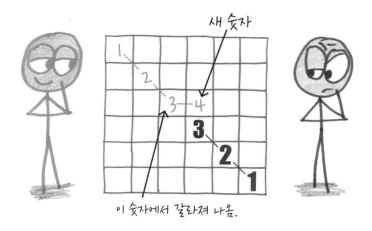

2. 공간이 있는 한 기존의 어느 숫자에서나 새 숫자가 갈라져 나올 수 있다. 또한 대각선을 따라 기존 경로를 건너도 괜찮다.

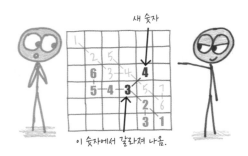

3. 한 플레이어가 수를 둘 수 없게 되더라도 게임판이 채워질 때까지 플레이한다.

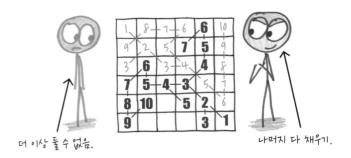

4. 결국 누구든 가장 높은 숫자를 쓴 사람이 승자다.

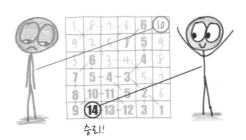

익숙해지면 '맛보기 노트'에 설명된 규칙 변경을 채택해보는 것도 좋다.

맛보기 노트

나는 이 게임을 무척 좋아한다. 그러니 내가 주제 넘게 참견하는 것을 허락해주길 바란다. 대부분의 순수 전략 게임과 마찬가지로 〈수연〉도 첫 번째 플레이어가 유리하다. 그러나 그것이 반드시 파멸을 의미하지는 않는다. 어쨌든 사람들은 〈체스〉를 즐기지 않는가. 첫수를 두는 플레이어가 이길 확률이 약 55퍼센트임에도 말이다.

그러나 〈체스〉와 달리 〈수연〉 게임은 두 번째 플레이어에게 게임을 망치는 대처법을 제공한다. 첫 번째 플레이어의 수를 그대로 복사하는 게 그 방법이다. 게임판을 180도 회전했을 때 대칭적으로 플레이하면 무승부가 보장된다.

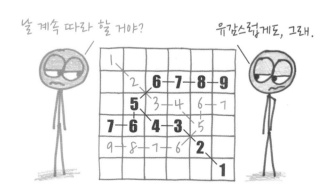

이 전략을 무효화하기 위해서 다음과 같은 간단한 조정을 권한다. 첫 번째 플레이어의 첫수는 일반적으로 둔다. 그런 다음 두 번째 플레이어의 첫수부터 시작해서 각 플레이어가 턴마다 '두 번의 수를 둔다.

게임 디자이너이자 플레이 테스터인 조 키센웨더는 "대칭을 깨면 게임의 보석을 갖게 된다. 자신의 영역을 방어하는 데 집중하는가, 아니면 상대를 차단하는 데 집중하는가? 여러분은 그들에게 다가가 '접전'하는가, 아니면 여러분의 공간 밖으로 그들을 밀어내려 하는가?"라며 다음과 같이 덧붙인다. "이 게임은 고전적인 느낌이 든다. 왜 옛날 사람들은 이 게임을 생각해내지 못했을까?"

게임의 유래

시대를 초월한 느낌에도 불구하고 〈수연〉 게임은 21세기에 월터 조리스의 이상하고 풍요로운 마음에서 태어났다. 그는 저서 《전략 게임 100가지》100 Strategic Games를 출판한 이후 몇 년 동안 계속해서 퍼즐, 종이접기 디자인, 기괴한 예술 프로젝트, 심란한 만화, 새로운 게임(그중 하나가 〈수연〉이다.)을 대량 생산했다. 그의 작품은 너무 이상하고 매력적이어서 나는 그를 '조리스 선'이라고 부를 만하다고 생각한다. 그는 방사선을 방출하는 일종의 인간 펄서다.

어쨌든 내가 조리스에게 자신이 디자인한 모든 게임 중 가장 좋아하는 게임이 뭔지 물었을 때 그는 전혀 주저하지 않고 대답했다. 〈수연〉 게임은 이전에 책으로 출판되지는 않았지만 그의 왕관에 박힌 가장 큰 보석이다.

왜 중요한가

공정한 시스템을 설계하는 데 있어 순서를 정하는 것보다 더 큰 문제는 없다.

턴 받기에 대한 표준적인 접근 방식을 보고 싶다면 쉬는 시간에 학교 운동

먼저 가시죠!

아니, 당신이 먼저 가시죠.

사양하지 말고.

아니, 당신이야말로 사양하지 말아요.

제가 당신 몸을 밀어서 억지로 들어갔다고
생각하시고 들어가시죠.

하, 당신의 기사도 정신은 감동적입니다만,
차라리 죽고 말죠.

장에 들러 2명의 주장이 팀원을 고르는 것을 지켜보라.[8] 네가 뽑고, 내가 뽑고, 다시 네가 뽑고, 내가 뽑고, 또 네가 뽑고… 계속 이런 식으로 한다. 아주 사소한 선택도 진지하게 진행된다.

이 절차는 간단하고 쉬우며 매우 불공평하다. 처음 시작하는 사람이 명백히 유리하다. 상대는 1순위 지명. 나는 그보다 못한 2순위. 다음 턴에도 이 차이는 계속 유지된다. 상대는 3순위 지명, 나는 그저 그런 4순위. 여기서 공식적인 항의를 제기하기도 전에 상대는 5순위를 지명하면서 더 앞서 나가고, 나에게는 하찮은 6순위만 남는다.

이렇게 작은 유리함이 축적되어 '선수 유리'first-player advantage라는 큰 유리함으로 작용한다. 이 특징은 게임 세계 전반에 걸쳐 폭풍우 구름처럼 뭉글거리며 공정성을 끊임없이 위협한다.

체스를 예로 들어보자. 나처럼 서투른 초보자에게는 충분히 밸런스가 잡혀 있는 게임이다. 그러나 상위 플레이어의 경우 후수인 흑과 선수인 백 사이의 차이는… 음, 명명백백하다. 이에 대해 그랜드 마스터 에브게니 스베시니코프Evgeny Sveshnikov는 다음과 같이 썼다. "하는 일 자체가… 달라진다. 백은 이기려고 노력해야 하는 반면 흑은 무승부를 위해 노력해야 한다!" 선수는 자유롭게 공격할 수 있고 후수는 수비부터 시작한다. 역시 그랜드 마스터인 에핌 보골류보프Efim Bogoljubov는 "내가 백이면 백이라서 이긴다. 내가 흑이면 내가 보골류보프라서 이긴다."라고 말한 적이 있다. 그의 패기는 사랑스럽다.

이런 예는 끝도 없이 많다. 선수 유리는 〈사목〉, 〈모노폴리〉, 〈리스크〉, 〈헥스〉, 〈체커〉, 〈바둑〉(이 게임은 전문가가 선수 유리를 대략 6~7점의 가치로 정량화한 경우다.) 그리고 〈수연〉의 흰개미처럼 기초를 갉아먹는다. 그런데 왜 정의가 우리의 손이 닿지 않는 곳에 있기라도 한듯 불의에 안주하고 있을까? 왜 정당한 수학의 철퇴를 내려치지 않는 걸까?

게임 플레이의 턴과 같은 무형의 자원까지 포함해서 자원 배분 문제는 본질적으로 숫자다. 공정성에 대한 우리의 탐구가 수학이라는 냉정하고 불편부당한 무기로 귀결되는 것은 놀라운 일이 아니다. 웨인 슈미트베르거R. Wayne Schmittberger는 그의 저서 《고전 게임을 위한 새로운 규칙》New Rules for Classic Games에서 선수 유리를 무력화할 영리한 시스템 몇 가지를 수집·분석했다.

첫째, 자유 시장 해결책이다. 플레이어들이 선수를 둘 권리를 입찰한다. 예를 들어 〈수연〉을 플레이하다 "나한테 선수를 양보하면 네 점수에 1점을 얹어줄게."라고 말하는 것이다. 그러면 상대 플레이어는 입찰액을 올리거나("나한테 양보하면 네 점수에 2점을 얹어줄게.") 내 입찰을 수락하거나 할 수 있다.

시스템 #1: 입찰

둘째, 메타 해결책이다. 각 역할별로 한 번씩, 게임을 두 번 플레이하고 점수를 합산한다. 충분히 공정하게 들리지만 아이러니하게도 이 방법은 두 번째 플레이어(두 번째 게임에서 선수를 두는 플레이어)에게 유리할 수 있다. 두 번째 게임은 목표가 좀 더 분명해지므로 그에 따라 전략을 조정하는 것이 가능하다.[9]

시스템 #2: 역할 바꾸기

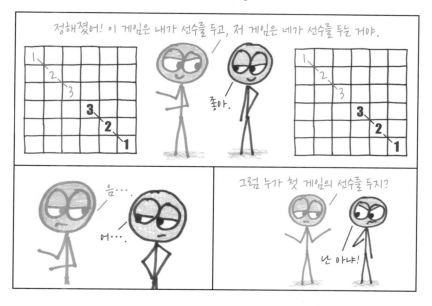

셋째, 파이 규칙 또는 '내가 자르고 네가 고른다'로 알려진 고전적인 수학적 해결책이다. 이 아이디어는 디저트를 먹을 때 나왔다. 한 사람이 간식을 2개로 자르고 다른 사람은 그중 더 나아 보이는 쪽을 선택한다. 자르는 사람은 더 작은 쪽을 받는다는 걸 알고 있으므로 완벽한 평등을 위해 노력할 것이다. 〈수연〉에 이 절차를 적용하려면 1명이 양편 모두에 대해 첫수를 둔다. 그런 다음 다른 사람이 어느 쪽으로 플레이할지 정한다.

시스템 #3: "내가 자르고, 네가 고른다."

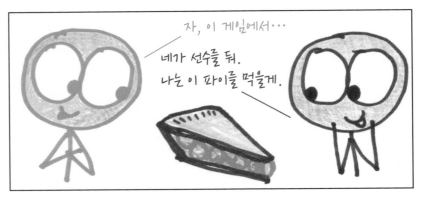

이 모두가 영리한 아이디어. 그러나 〈수연〉에서는 밸런스를 잡는 네 번째 방법이 가장 낫다. 그 방법은 '턴 받기'의 의미 자체를 바꾸는 것이다. 아마도 이 말은 급진적으로 들릴 터다. 하지만 정말로 그럴까?

모세의 십계명도 불타는 덤불(기독교에서 신이 불타는 덤불의 모습으로 계시를 내렸다는 성경 내용에서 따온 말.—옮긴이) 플레이어가 항상 한 턴씩 번갈아 진행하라고 명령하지 않았다.

예를 들어 판타지 스포츠 리그는 'ㄹ자' 드래프트를 실행할 때가 많다. A가 선택한 다음 B, C가 차례대로 선택한다. 그리고 나서, C, B, A, A, B, C 순으로 번갈아 가며 차례가 이어진다. 한 턴이 지날 때마다 '선수'를 두는 플레이어가 달라지는 것이다. 마치 성경 구절과 같다. "나중 된 자로서 먼저 되고 먼저 된 자로서 나중 되리라."

〈수연〉에서 이 방법은 마법처럼 작동한다. 두 번의 수를 둘 때마다 여러분은 상대방의 마지막 기습에 대응한 다음 자신의 공격을 개시할 수 있다.

공정하게 말하자면, 이 제도에도 결점이 있다는 뜻이다. 여기서는 본질적으로 선수 유리를 번갈아 가며 받고 있다. 네가 먼저 받으면 다음은 나, 그럼 너, 그럼 나 이런 식이다. 하지만 이러면 '선수 유리를 먼저 받는다'는 선수 유리가 생긴다. 그 유리함을 맛볼 수 있는 기회가 첫 번째 수든 일곱 번째 수든, 아니면 아흔세 번째 수든 간에 항상 선수가 먼저 맛보게 된다.

추상화의 수준은 올라갔지만 오래된 문제는 똑같다. 이 선수 유리의 선수 유리가 실제 게임의 밸런스를 망칠까? 아마 아닐 것이다. 하지만 여러분의 친근한 이웃인 수학자의 기분을 망칠 수는 있다. 다행히도 여기엔 더 강력한 해결책이 있으니, 그것은 바로 모든 수준의 추상화에서 완벽한 균형을 보장하는 '턴 받기 시스템'이다.

시작할 때 한 플레이어가 턴('0'으로 표시됨)을 받은 다음, 다른 플레이어가 턴('1'로 표시됨)을 받는다.

네 턴 ── 이 ── 내 턴

그다음에는 지금까지의 순서를 복사한 뒤 '너'와 '나'의 역할을 바꿔서 다음 턴을 진행한다.

첫 2턴 ― 01
10 ― 다음 2턴

그런 다음 이 절차를 반복한다. 지금까지의 순서를 복사하고 '너'와 '나'의 역할을 바꿔서 그만큼 턴을 수행한다.

첫 4턴 ― 0110
1001 ― 다음 4턴

그런 다음 다시 그렇게 반복 한다.

첫 8턴 ― 01101001
10010110 ― 다음 8턴

그리고 또다시

첫 16턴 ― 0110100110010110
1001011001101001 ― 다음 16턴

그리고 또다시, 게임이 끝날 때까지 반복한다.

0110100110010110100101100110 1001
1001011001101001 0110100110010110

이 퇴폐적인 수학 조각은 수 이론가가 개발하고 체스 마스터가 재발견했다. 오늘날 이것은 '투에–모스 수열'로 알려져 있다. 이 수열은 상상할 수 있는 가장 공정한 턴 받기다. 선수 유리의 밸런스를 잡을 뿐만 아니라(1이 0보다 앞선 만큼 0도 1보다 앞선다). 선수 유리의 유리의 밸런스도 잡고(10이 01보다 앞선 만큼 01도 10보다 앞선다). 유리의 유리의 유리의 밸런스도 보장한다(1001이 0110보다 앞선 만큼 0110도 1001보다 앞선다). 그렇게 끝없이 계속된다. 만일 공평한 분배의 수학에 관한 책이 있다면 이렇게 말할 것이다. "턴 받는 턴을 받는 턴을 받는…."

오늘날에는 턴을 받는 모든 곳(승부차기, 테니스 타이브레이크, 에티오피아 식당에서 음식 한 입씩 먹기)에서 수학자들이 순진한 민간인들의 손에 투에–모스 수열을 쥐여주고는 지나치다 싶을 정도로 환하게 승리의 미소를 짓는 모습을 볼 수 있다.

적절한 사례를 들어보자. 커피포트 바닥에 있는 액체가 위에 있는 것보다 더 진하다는 것을 알아차린 적이 있는가? 어쨌든 두 잔의 농도를 똑같이 맞추려면 투에–모스 스타일로 조금씩만 따른다. 왼쪽 머그잔에 찔끔, 오른쪽 머그

잔에 찔끔, 오른쪽 머그잔에 찔끔, 왼쪽 머그잔에 찔끔, 그렇게 번갈아 가며 계속한다. 커피가 너무 차가워져서 새 포트로 커피를 끓여야 할 때까지.

실제 응용 사례가 조금 있긴 하지만 투에-모스 수열은 장난스러운 추상화 혹은 이상적인 게임의 예시 정도로 보기를 바란다. 이 수열은 〈수연〉과 같은 실없는 게임도 완벽한 공정성의 이론적 구조를 밝히는 데 도움이 될 수 있음을 보여준다. 원래 더 높은 수준의 이해로 가는 도로는 놀이로 포장되는 법이다. 어쨌든 투에-모스 〈수연〉 게임을 플레이하고 싶다면 앞으로 할 턴을 종이에 표로 작성할 것을 권장한다. 플레이하다 보면 필연적으로 순서를 까먹고 헤맬 텐데, 그럴 때 절망하지 않을 것도 권장한다.

변종과 연관 게임

3인용

삼각형 게임판과 'ㄹ자' 턴 순서를 사용한다. 꼭짓점을 공유하는 모든 삼각형은 인접한 것으로 간주된다.[10] 아래 그림의 게임판은 워밍업으로 적합하고, 더 풍성한 게임을 하기 위해서는 삼각형을 몇 줄 더 추가하는 것이 좋다.

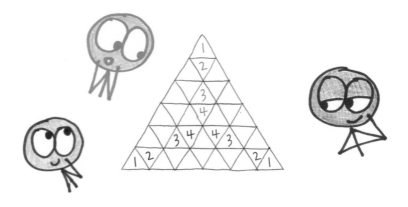

4인용

더 큰 모눈(8×8 또는 10×10)에서 플레이하고, 각 플레이어마다 하나씩 꼭 짓점에서 사슬이 뻗어 나온다. 턴은 'ㄹ자 드래프트' 순서다.

자유 시작

빈 게임판으로 시작하고 플레이어가 원하는 곳에 초기 숫자가 연결된 세 칸을 배치할 수 있다(제안해준 미하이 마루세아크Mihai Maruseac에게 감사드린다).

신선한 씨앗

이 게임에서는 언제든지 아무 빈칸에 1을 넣을 수 있다. 이것은 2턴 짜리 수로 간주한다(제안해준 앤디 주엘에게 감사드린다).

정적 대각선

이것은 대각선 이동의 힘을 약화시키기 위해 케이티 맥더못Katie McDermott이 제안한 흥미로운 규칙 변경이다. 가로 또는 세로로 플레이할 때는 평소처럼 숫자가 증가한다. 그러나 대각선으로 플레이할 때는 숫자가 동일하게 유지된다. 이 규칙을 사용하는 경우 기본 게임의 서로 반대편 꼭짓점에서 1-2-3으로 뻗어나간 형태가 아닌 1 하나만 놓고 게임을 시작하는 편이 좋다.

제9장

33에서 99 사이

가끔은 약자가 승리하는 게임도 있다

더하기, 빼기, 곱하기, 나누기… 그리고 가끔 격노하며 끝

아버지와 아들이 거실 바닥에 누워 유튜브 기차 동영상을 보며 친족만이 가능한 유대감 형성을 하고 있다. 그러다 시계를 본 아들은 벌떡 일어나 수학 숙제를 꺼낸다. 그 문제는 간단해 보이는 질문 하나로 구성되어 있다.

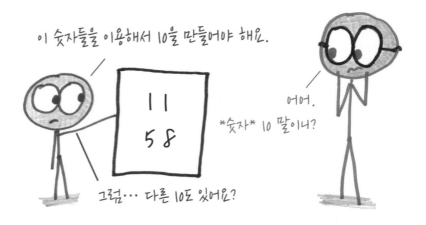

아버지는 머리를 긁적이면서 눈살을 찌푸린다. 아들에게 무의미한 심부름을 시켜서 밖으로 내보낸 아버지는 몰래 넥서스7 태블릿을 꺼내 구글에서 답을 검색한다.

맞다, 이건 태블릿 광고다. 그래도 유튜브에서 300만 조회 수를 기록했으며, 일본에서 바이럴 센세이션을 일으킨 광고다. 입소문을 탄 이유는 문제가 피상적인 초등학교 수업보다 더 까다롭기 때문이다. $8+5-1-1$이나 $\frac{8}{1+1}+5$ 같은 답은 작동하지 않는다. 정확히 10을 맞춰야 하기 때문이다. 한편, 4개의 숫자를 모두 사용해야 하므로 $1+1+8$ 또는 $5\times(1+1)$ 같은 수식도 사용할 수 없다.

시도해보라. 궁금한 분들을 위해 답은 각주에 달아두겠다.[11] 문제를 풀다 보면 이런 퍼즐을 게임으로 확장함으로써 '간단한 수학'이 의미하는 것에 대한 여러분의 고정관념이 흔들리는 경험을 하게 된다. 그 도전을 기꺼이 받아들이기를 권한다.

게임 방법

무엇이 필요할까?

2~5명의 플레이어(더 많아도 괜찮음), 각자 연필과 종이를 사용한다. 5개의 표준 주사위(시뮬레이션하기 쉽다. 인터넷에서 '주사위 굴리기'를 검색해보라.)와 타이머. 한 라운드에 1분 또는 2분을 권장하지만 여러분이 하고 싶은 대로 정하면 된다. 시간 압박 없이 게임을 진행할 수도 있다.

목표는 무엇일까?

목표한 수에 최대한 가까워지되 목표한 수를 넘기면 안 된다.

규칙은 무엇일까?

1. 한 플레이어가 선이 되어 33에서 99까지, 그 사이에서 그 라운드의 '목표 숫자'를 발표한다. 그런 다음 주사위 5개를 굴리고 타이머를 켠다. 다시 말하지만 여러분이 재미를 느끼지 못한다면 시간 압박을 없애도 좋다.

2. 모든 플레이어는 5개의 주사위를 덧셈, 뺄셈, 곱셈, 나눗셈의 네 가지 연산으

로 조합해서 목표 숫자에 가까운 숫자를 만들어야 한다. 각 주사위는 정확히 한 번씩만 사용해야 하지만 연산은 선택과 반복이 자유롭다. 괄호도 허용된다. 최종 답은 목표값과 같거나 작아야 하며 정수여야 한다. 다만 중간 단계로는 분수가 허용된다.

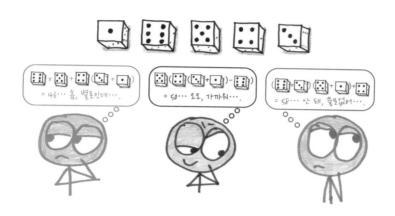

3. 타이머가 울리면 결과를 비교한다. 목표 숫자와 결과값의 차이가 곧 점수다. 따라서 점수가 낮을수록 좋다. 극복할 수 없는 차이가 나지 않게 하려면 한 라운드의 최대 점수는 10으로 제한한다.

4. 모든 사람에게 목표 숫자를 발표하고 턴이 동일하게 돌아갈 때까지 플레이한다. 마지막에 **점수가 가장 적은** 사람이 이긴다.

맛보기 노트

여러분은 영화를 감상하다가 수학에 대해 열심히 생각하는 사람의 머리 주위에 일시적으로 빛나는 숫자들이 맴도는 모습을 본 적 있는가? 실제로 자신이 그런 경험을 해보길 갈망한 적은?

나는 〈33에서 99 사이〉 게임이 여러분을 영화에 등장할 법한 수학 천재로 만든다고 말하는 게 아니다. 그러나 어느 정도 도움이 될 수는 있다. 연필과 종이를 잡고 숫자가 빙글빙글 춤을 추다가 실패한 조합을 만든 다음, 다른 조합을 시도하기 위해 분리된다고 상상해보라. 머릿속이 터질 것 같지만, 그래도 하늘을 나는 듯한 기분이 들 것이다.

게임의 유래

핵심 아이디어는 수 세기 전으로 거슬러 올라간다. 1700년대에는 "4개의 1을 잘 배치해 더하면 정확하게 12가 되도록 할 수 있다. 여러분도 그렇게 할 수 있는가?"[12]라는 퍼즐이 포함된 교과서가 있었다. 1881년에는 유명한 〈사사 퍼즐〉Four Fours Puzzle이 처음 출판되었고, 독자들에게 4개의 4를 사용해 1에서 100까지 모든 목표 숫자를 만들어보라며 도전을 독려했다(44, √4, 4!, 그리고 .4와 같은 창의적인 활용법이 필요하다).

1960년대에는 〈24 게임〉(목표 숫자가 항상 24임)이 상하이를 비롯한 중국의 여러 도시에 퍼졌다. 마침내 이 게임의 한 버전이 1972년 프랑스 TV에서 방영되기 시작했고, 몇 년 후 영국 TV에서 〈카운트다운〉이라는 이름으로 방송되었다. 나는 게임 디자이너 라이너 크니지아Reiner Knizia가 쓴《적절히 설명된 주사위 게임》Dice Games Properly Explained이라는 책에서 이 규칙 세트를 찾았다. 크니지아는 그 게임을 〈구십구〉라고 부른다.

왜 중요한가

수학의 문이 조금 더 넓게 열리고 나면 누가 들어와 번성할지 결코 알 수 없다. 여러분도 일반적인 수학 교실이 어떤 느낌인지 아마 알 것이다. 늘 같은 학생이 1등을 하고, 늘 같은 학생들이 뒤처지고, 늘 같은 학생들이 오답을 먹고 있는 악어 낙서를 한다. 교사가 채점된 시험지를 돌려주는 모습을 보면 승자 대 패자, A 대 F, '수학자' 대 '수포자'라는 대결 분위기를 맛볼 수 있다.

나는 수학이 이렇게 될 필요는 없다는 걸 말하려고 이 책을 썼다. 미네소타의 교사인 제인 코스틱Jane Kostik이 고등학교 정규 수업에서 〈24 게임〉The 24 Game(〈33에서 99 사이〉의 변종)을 소개한 적이 있다. 제인의 목표는 소박했다. 그저 학생들의 불안정한 산술 능력을 조금이나마 향상시키려는 의도였다. 그런데 학생들은 게임에 사로잡혔다. 조합을 통한 경쟁은 정답에 대한 경로가 단일한 폐쇄형 질문에서는 결코 불가능한 방식으로 피를 끓어오르게 했다. 그들의 함성과 박수 소리가 너무 커서 교사 반대편 끝에 있는 미적분학 반의 학생들이 문간에 서서 지켜볼 정도였다. 제인은 "결국 미적분학 반이 우리 반에게 도전을 신청했다."라고 말했다.

학교는 아이들을 수학 성적에 따라 분류한다. 그리고 지금 가장 상위 반이 가장 하위 반에 뛰어들어 전쟁을 선포한 것이다. 그것은 마치 하키 대표팀이 입부 시험에 탈락한 오합지졸 아이들과 시합하기로 결정한 것과 같다. 그런데도 약자가 승리를 쟁취하는 훌륭한 스포츠 영화의 전통에 따라 제인의 학급이 이겼다.

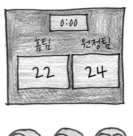

여기는 수학 경기장. 여러분은 방금 리그 순위표와 구구단 곱셈표를 동시에 새로 써야 하는 놀라운 이변을 목격했습니다.

대부분의 수학 문제는 익숙한 형식을 따른다. "다음과 같은 계산이 있다. 결과는 무엇인가?" 〈33에서 99 사이〉는 대본을 뒤집는다. "다음과 같은 결과가 있다. 계산은 무엇인가?" 4개의 연산을 통해 5개의 숫자를 결합하는 방법은 수천 가지이기 때문에 모든 가능성을 다 확인할 수는 없다. 그러면 직관, 창의성, 그리고 때때로 번뜩이는 천재성을 발휘할 수 있는 문이 열린다. 수학 애호가라고는 전혀 생각도 못 했던 사람들에게 들불처럼 퍼진 유행은 말할 것도 없다.

영국 TV 쇼 〈카운트다운〉을 예로 들어보자. 방영 시간의 절반이 〈33에서 99 사이〉의 변형을 플레이하는 데 사용된다. 틈새시장처럼 보이는 이 오락 프로그램은 7,000편 이상 방송되었다. 기네스 세계 기록의 편집장은 그것을 "영국 대중문화의 초석이다."라고 말했으며, 재치 있는 응수, 끈적끈적한 디저트,

r을 발음하지 않는 관습과 동등한 위치에 놓여 있다고 말했다.

전형적인 〈카운트다운〉 퍼즐은 다음과 같다. 이 퍼즐은 2010년에 방영되었다. 2명의 참가자가 매우 높은 목표 숫자를 달성하기 위해 6개의 숫자를 결합하려고 노력한다.[13]

30초 후 한 참가자는 패배감에 어깨를 떨구고 다른 참가자는 아주 가까이 갔다고 선언한다.

진행자는 "훌륭하다."라며 말을 잇는다. "더 나아질 수 있을까요, 레이철?"

이 시점에서 참가자의 작업을 기록해온 게임의 얼굴마담 레이철 라일리 Rachel Riley는 "네, 가능하죠."라고 가볍게 말한 후 다음과 같은 놀라운 성취를 뚝딱 이루어낸다.

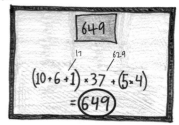

레이철 라일리는 〈카운트다운〉의 전임자 캐럴 보더먼Carol Vorderman과 마찬가지로 독특한 인물이다. 빠른 암산으로 경력을 쌓아 가십 기자에게 쫓기는 유명인이 되었다. 그녀의 직업적 의무는 다음과 같다. (1)아름다워야 한다, (2)매력적이어야 한다, (3)국영 텔레비전에 나와 복잡한 산술 문제를 눈부신 속도로 풀어야 한다. 나는 오래전에 1번과 2번을 마스터했지만 3번 항목에서 레이철의 기교에 버금가려면 몇 년이 걸릴 것이다.

자, 여러분이 진부하고 경직된 교육을 받은 사람이라면 이 중 어느 것도 '진짜' 수학이 아니라고 주장할 수 있다. 수학자들 세계에는 "수학자가 숫자에 약하다."는 농담이 있다. 어쩌면 이 고백이 외부인들을 혼란스럽게 할지도 모르겠다. 외과 의사가 손이 둔하다고 호소하거나 시인이 문맹임을 자랑하거나 릭 애슬리Rick Astley(영국의 유명 가수— 옮긴이)가 여러분을 실망시킬 것이라고 선언하는 것처럼 들릴 수도 있다. 하지만 수학자는 음악가라기보다는 오히려 악기 튜너에 가깝다. 수학은 계산법이 아니라 추상화 혹은 문제 해결에 관한 기술이다.

그런 의미에서 〈33에서 99 사이〉 게임은 실제로 표준 교과 과정보다는 수학의 본질에 더 가깝다. 아무리 바보라도 계산기만 있으면 $(10+6+1) \times 37 + (5 \times 4)$를 계산할 수 있다. 그러나 1, 4, 5, 6, 10의 다양한 조합을 탐색해 그 조합의 합계에 37을 곱했을 때 목표인 649와의 차이가 조합에서 빠진 나머지 숫자의 곱과 정확히 같다는(심호흡하자) 결과를 산출하려면 무엇이 필요할까? 여기에는 전략이 필요하다. 기술이 필요하다. 적지 않은 영감이 필요하다. 또는 적어도 넥서스7 태블릿이 필요하다.[14]

변동과 연관 게임

24 게임

〈24 게임〉은 〈33에서 99 사이〉의 고압, 고 경쟁 버전이다.

1. 타이머를 24초로 설정하되 아직 시작하지는 마라.
2. 주사위 4개를 굴린다(10면 주사위가 이상적이지만 6면 주사위도 괜찮다). 4개의 주사위 모두를 사용하고 연산은 원하는 대로 사용해 목표 숫자 24를 달성한다.
3. 가장 먼저 달성한 사람은 '24!'를 외친다. 그런 다음 타이머를 시작한다. 다른 모든 사람에게 해결책을 찾을 시간이 24초 주어진다.
4. 시간이 지나기 전에 해결책을 찾은 사람(맨 처음 찾은 사람 포함)은 1점을 얻는다. 실수로 '24!'를 외쳤고 답이 틀렸다면, 1점을 뺀다. 먼저 5점을 얻는 사람이 게임에서 승리한다.

은행원

〈은행원〉Banker 게임은 〈33에서 99 사이〉가 크니지아의 《적절히 설명된 주사위 게임》에 수록된 버전이다. 이 게임은 필요한 주사위가 하나뿐이지만 확률에는 더 큰 역할을 한다. 또한 각 연산을 정확히 한 번만 사용해야 한다는 제약 조건이 추가된다.

다음은 각 턴이 진행되는 방식이다.

1. 주사위를 굴리고 그 값을 표시한다.
2. 주사위를 다시 굴린다. 이전 값에 새 숫자를 더하거나 빼거나 곱하거나 나누면 새 값이 된다(나눌 때 나머지는 무시한다).
3. 네 가지 연산을 모두 한 번씩 사용할 때까지 이 작업을 계속한다. 어떤 연산도 두 번 이상 사용할 수 없다. 최종값이 그 라운드의 점수다.

합의된 턴 수만큼 플레이한다. 총점이 가장 높은 사람이 이긴다.

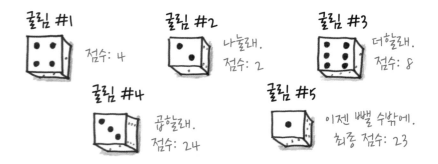

숫자 상자

교육자 매릴린 번스Marilyn Burns가 대중화한 〈숫자 상자〉Number Boxes 게임은 〈33에서 99 사이〉를 뒤집은 것이다. 이 게임에서는 연산을 제어할 수 없다. 대신 숫자가 결합되는 순서는 제어할 수 있다. 게임을 시작하려면 각 플레이어

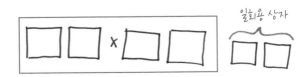

가 연산 배치가 동일한 빈 상자들의 복사본을 그린다. 옆에 있는 여분의 '일회용' 상자도 포함해야 한다. 다 그리면 아마도 아래 그림과 비슷할 것이다.

그런 다음 누군가가 주사위를 굴리고(10면 주사위가 이상적이지만 6면 주사위도 괜찮다.) 모든 플레이어가 결과 숫자를 빈칸에 쓴다. 숫자 2개는 일회용 상자에 넣어 건너뛸 수 있다. 모든 상자를 채운 후 계산을 한다. 승자는 미리 정해진 목표(예를 들어 2,500)에 가장 가까운 사람이다.

수학 교육자 제나 레이브Jenna Laib는 이 게임을 '궁극의 카멜레온'이라고 부른다. 적절한 연산을 선택하면 모든 수준의 수학에 적용할 수 있기 때문이다.

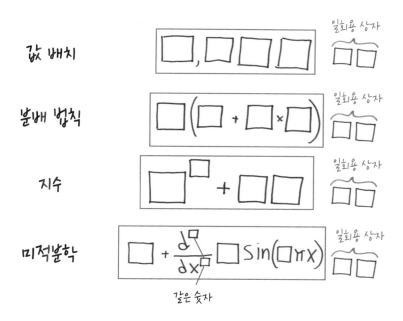

제10장

동전 돌리기

동전 돌리기로 경제생활을 위한 수학적 개념을 이해하다

변화를 만드는 게임

오해하지 말고 들으시라. 여러분은 동전 한 닢보다도 가치가 없다. 실제로는 그보다 더 형편없다. 재무부가 여러분을 주조하려면 여러분 자신의 가치보다 비용이 더 많이 들기 때문에 굳이 따지자면 여러분의 가치는 0 미만이다. 여러분은 음수로 된 동전인 셈이다. 여러분을 강제로 은퇴시키고 가격을 반올림해 가장 가까운 값인 10원으로 만드는 것이 더 나을지도 모른다.

하지만 〈동전 돌리기〉 게임에서는 예외다. 여기서는 여러분 같은 칙칙한 구리 동전도 빛날 기회를 얻는다. 이 게임은 제목이 곧 핵심 전략이기도 하다. 게임 제작자인 제임스 어니스트James Ernest는 "동전을 최대한 살려라."라고 조언한다. 그러니 우리는 동전을 살릴 것이다. 때가 되면 동전이 우리를 살려주기를 바라면서.

게임 방법

무엇이 필요할까?

플레이어 2~6명과 한 병 가득한 동전.

목표는 무엇일까?

마지막까지 동전을 가진 사람이 돼야 한다.

규칙은 무엇일까?

1. 각 플레이어는 10원짜리 4개, 50원짜리 3개, 100원짜리 2개, 500원짜리 1개
   로 시작한다.

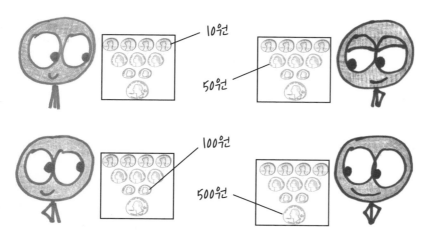

2. 매 턴마다 동전 하나를 탁자 중앙에 놓는다. 그런 다음 총 가치가 여러분
   이 넣은 동전보다 명백히 적은 액수만큼 동전을 받을 수 있다. 예를 들어 100원
   을 넣으면 거스름돈으로 최대 90원을 회수할 수 있지만, 어떤 수(특히 게
   임의 첫 번째 수)는 거스름돈을 전혀 받을 수 없다.

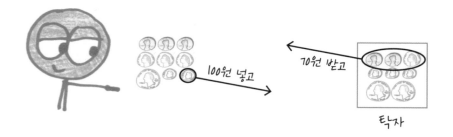

100원 넣고

70원 받고

탁자

3. 마지막까지 동전을 가지고 있는 플레이어가 승자다.

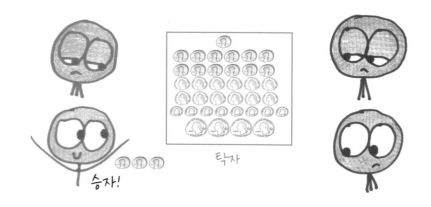

승자!

탁자

맛보기 노트

첫 번째 필수 요건은 분명하다. 거스름돈을 최대한 많이 가져가는 것이다. 890원으로 시작하고 매 턴마다 최소 10원을 잃기 때문에 이론적으로 최대 89턴 동안 지불 능력을 유지할 수 있다. 그러나 100원에 60원, 500원에 150원과 같이 최대 금액보다 적은 거스름돈을 받을 때마다 여러분의 턴은 줄어든다. 최악의 시나리오는 거스름돈을 전혀 받지 못하는 상황이다. 이럴 경우 단 10턴 만에 파산하게 된다.

10원짜리로 구매할 수 있는 것은 정확히 한 턴이다. 10원짜리를 넣으면 거스름돈은 전혀 없다. 한편 50원으로는 최대 5턴을 살 수 있지만, 40원을 거스름돈으로 가져갈 수 있는 드문 시나리오에서만 가능하다. 만일 거스름돈으로 받을 10원짜리가 없으면 50원으로 한 턴을 구매하는 셈이 된다. 이와 동일한 패턴이 100원과 500원에도 적용된다. 사실 동전의 가치가 높을수록 최대 턴 수만큼 뽑아낼 가능성이 줄어든다.

다음과 같은 전략도 가능하다. 먼저 10원짜리부터 낸다. 그리고 100원과 500원은 적절한 거스름돈을 받을 수 있을 때를 위해 아껴둔다. 그럼 게임 이름을 오백 원 돌리기로 변경해야 할까?

아니다. 그런 식으로 접근했다간 상대가 월스트리트의 독수리처럼 10원, 50원을 낚아채서 여러분은 어쨌든 빈약한 거스름돈만 받게 된다. 그래서 게임을 할 때는 신중한 절충안이 필요하다. 매 턴의 손실을 최소화하되 작은 동전을 너무 빨리 써버리지는 말자. 거스름돈 챙기는 데 이렇게나 정교함이 필요하다는 것을 그 누가 알았을까?

게임의 유래

이 게임은 칩애스 게임즈Cheapass Games의 창립자이자 소유주인 제임스 어니스트가 고안했다. 그는 "〈동전 돌리기〉는 가장 오래되고 가장 단순한 타이틀 중 하나다."라고 말했다. 한때 어니스트는 이 게임 제목을 회사 명함 뒷면에 인쇄하기도 했다.

이 게임은 또한 가능한 한 적은 동전을 사용해 거스름돈을 받는 장르의 모든 퍼즐을 떠올리게 한다. 예를 들어 일반적인 주화를 사용하면 890원을 만들기 위해서 최소 9개의 동전(500원 1개, 100원 3개, 50원 1개, 10원 4개)이 필요하다. 사실 1,000원이 더 쉽다. 500원짜리 2개만 사용하면 되니까. 퍼즐을 하나 내보자. 990원 미만에서 가장 많은 동전이 필요한 금액은 얼마이며, 그때 필요한 동전은 몇 개인가?[15]

어떤 주화 퍼즐은 화폐 체계 자체와 연동된다. 한국 화폐로 10원에서 990원까지의 모든 금액을 만들려면 총 500개의 동전이 필요하다(현재 발행되는 동전 중 가장 적은 금액인 10원 단위로 계산한 것이다. 357원 같은 금액은 포함하지 않았다.―옮긴이). 액면가를 변경함으로써, 즉 10원−50원−100원−500원 체계를 포기하고 다른 네 가지 가치 모음을 선택함으로써 이 숫자를 줄일 수 있을까?

결과적으로는 할 수 있다. 50원 동전을 30원 동전으로 교체하기만 해도 필요한 총합에서 40개의 동전이 깎인다. 그리고 10원, 40원, 110원, 390원짜리의 동전과 같은 일부 색다른 조합은 훨씬 더 효과적이다. 그래도 초코바를 구매할 때마다 세계 경제가 멈추는 일이 없도록 재무부가 이런 체계를 채택하지 않은 것에 감사하자.

여기 숙련된 컴퓨터 프로그래머가 도전해보기 좋은 과제가 있다.

10원부터 990원까지의 모든 금액을 만드는 데 사용되는 총 동전 개수가 가장 적은, 네 가지 액면가 체계는 무엇일까?

이것이야말로 문명의 기반이다. 나는 이 게임을 과장하려는 것이 아니다. 여러분이 〈동전 돌리기〉 게임을 버리더라도, 운 좋게 몇 번의 혁신을 이루면 생존 가능한 사회를 유지할 수 있다. 내가 말하려는 바는 〈동전 돌리기〉가 우리의 경제생활을 가능하게 하는 수학적 개념을 생생히 재현한다는 점이다.

태초에 '단순한 토큰'이 있었다. 전 세계의 고대 사회에서는 양, 염소, 슈퍼볼 반지와 같은 소유물을 기본 점토 토큰으로 추적했으며, 각 토큰은 단일 상품을 나타낸다. 토큰 하나가 양 한 마리. 토큰 둘이 양 두 마리. 토큰 셋이 양 세 마리. 토큰 넷이… 어어, 잠들지 마시라. 이것이 바로 양을 셀 때의 위험이다.

이 일대일 대응 체계는 아마 문명이 처음으로 숫자를 이해한 방법이리라.

1단계: 양 동전

넌 값어치가 얼마나 돼? | 양 단위. 당연하잖아.

다음은 '복잡한 토큰'이 생겼다. 중국과 메소아메리카 등의 고대 사회에서는 단순한 토큰으로 만족했지만, 수메르 사람들은 새로운 아이디어를 내놓았다. 화폐 하나가 양 여러 마리를 나타내는 것이다. 이 토큰이야말로 가축 경제

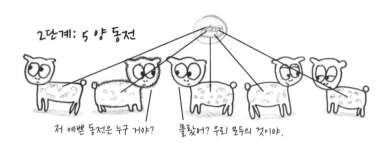

2단계: 5 양 동전

저 예쁜 동전은 누구 거야?   몰랐어? 우리 모두의 것이야.

에서의 50원, 100원, 500원짜리와 다름없었다.

셋째가 '추상화'다. 이 단계 이전에는 6에 대한 부동 기호가 없었다. 숫자는 특정 수량과 관련해서만 표현되며 각 수량은 '양 일곱 마리', '염소 일곱 마리'GOAT, Greatest Of All Time(역사상 최고의 인물이라는 뜻. 철자가 같아서 염소goat라고 부르는 농담이 있다. — 옮긴이)를 위한 '일곱 개의 슈퍼볼 반지'처럼 단일 기호로 표시되었다. 그래서 숫자 7은 그것이 열거하는 상품과 분리될 수 없었다.

그러나 시간이 지남에 따라 '양 세 마리'는 2개의 분리된 기호로 표시되고 '염소 세 마리'와 3이라는 기호를 공유했다. 이렇게 수학의 결정적인 특징인 '숫자'의 추상적 개념에 도달한다. 양 세 마리가 아니다. 염소 세 마리가 아니다. 뭔가의 3개가 아니다. 그냥 '셋'이다.

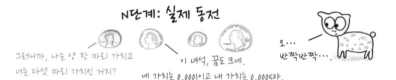

N단계: 실제 동전

그러니까, 나는 양 한 마리 가치고 너는 다섯 마리 가치인 거지?

이 녀석, 꿈도 크네. 네 가치는 0.0001이고 내 가치는 0.00005야.

오··· 반짝반짝···.

숫자의 기원 이야기에는 마지막 반전이 있다. 수메르인들은 얼마 안 가 토큰을 점토 봉투 안에 넣기 시작했고 봉투 속 내용물을 표시하기 위해 젖은 점토에 기호를 찍어 표시했다. 고고학자 드니스 슈만트–베세라트Denise Schmandt-Besserat는 이 관행이 수메르 수학뿐만 아니라 그 못지않게 심오한 것, 즉 수메르 문자를 탄생시켰다고 주장했다. 다시 말해 인간이 지닌 문해력의 전통은, 적지 않은 부분이 양의 부기 덕분이라는 것이다.[16]

물론 매우 단순화한 설명이다. 이것이 글자 발명으로 이어진 유일한 경로는 아니다. 우리는 한때 복잡한 토큰을 통화로 여겼지만 이는 사실이 아니다. 이 복잡한 토큰은 교역에 사용되지 않았기 때문이다. 그런 토큰은 원장 또는 은행 계좌와 비슷했다. 동전이 아니라 소유권 기록이었다.

그런데도 오늘날 화폐를 사용하는 모든 사회는 그 토큰에 상당한 빚을 지고 있다. 최소한 병에 가득한 동전만큼은 말이다.

변종과 연관 게임

기타 시작 주화

앞서 언급한 동전으로 시작하는 대신 다음과 같은 대안을 시도해보라(이들 모두 게임 제작자인 제임스 어니스트가 제안했다).

이름	시작 시 동전	동전 수	금액
고전	1, 1, 1, 1, 5, 5, 5, 10, 10, 25	10	64¢
서로소	1, 1, 1, 1, 4, 4, 4, 7, 7, 13	10	43¢
달린	1, 1, 1, 3, 3, 3, 10, 10, 20	9	52¢
10 없음	1, 1, 1, 1, 5, 5, 5, 25	8	44¢
설탕	1, 1, 2, 2, 5, 5, 10	7	26¢
테일러	1, 1, 1, 5, 5, 10	6	23¢

또는 실제 국가 통화에서 영감을 얻은 다음 액면가를 사용할 수도 있다.

국가	시작 시 동전	동전 수	가치	설명
지부티	1, 1, 1, 2, 2, 2, 5, 5, 10	9	29¢	미국 화폐는 이래서 재미가 없다. 2단위 동전은 전 세계적으로 일반적이다.
칠레	1, 1, 1, 1, 5, 5, 5, 10, 10, 50	10	89¢	대부분의 화폐에는 20이나 25단위 동전이 있다. 둘 다 없는 경우는 몇 안 된다.

국가	시작 시 동전	동전 수	가치	설명
부탄	1, 1, 1, 1, 5, 5, 5, 10, 20, 25	10	74¢	대부분의 화폐에는 20이나 25단위 동전이 있다. 둘 다 있는 경우는 거의 없다.
아제르바이잔	1, 1, 1, 1, 3, 3, 3, 5, 5, 10	10	33¢	쿠바, 키르기스스탄과 함께 3단위 동전을 사용하는 몇 안 되는 국가 중 하나다.
마다가스카르	1, 1, 1, 2, 2, 2, 4, 4, 4, 5, 5, 10	12	41¢	내가 찾은 유일한 4단위 동전이 있는 나라. 마다가스카르여, 찬란하라!

물론 자신만의 조합으로 게임을 즐길 수도 있다. 무엇을 선택하든 모든 플레이어가 동일한 용돈으로 시작해야 한다.

새로운 거스름돈 규칙

이 두 가지 흥미로운 변종은 조 키센웨더가 제공했다.

1. 완벽한 거스름돈: 합계가 여러분이 넣은 동전 이하인 동전 조합을 회수할 수 있다. 하지만 거스름돈 동전의 액면가는 여러분이 넣은 동전보다 더 낮아야 한다. 예를 들어 100원을 넣으면 50원짜리 2개는 회수할 수 있지만 100원짜리는 회수할 수 없다.
2. 완벽을 넘어선 거스름돈: 원래 넣은 동전보다 액면가가 낮은 동전은 금액과 상관없이 모두 회수할 수 있다. 예를 들어 100원을 넣고 50원짜리 3개와 10원짜리 5개를 가져갈 수 있다.

조 키센웨더가 제안한 이 변종 퍼즐 중 하나가 끝없는 게임으로 이어질 수 있을까? 그렇지 않다면 변종 게임이 지속될 수 있는 최대 턴 수는 얼마일까?

뒤집기

〈뒤집기〉Flip는 제임스 어니스트의 2인용 주사위 게임이다. 라운드를 시작하기 위해 각 플레이어는 '표준 주사위 5개'를 굴린다. 합계가 가장 낮은 플레이어가 먼저 시작한다. 그런 다음 매 턴마다 다음 중 하나를 수행할 수 있다.

1. 상대방의 주사위 중 하나를 건드린다. 상대방은 이제 그 주사위를 테이블 중앙에 놓고 그 대가로 방금 넣은 주사위보다 총합이 명백히 적은 주사위 조합을 중앙에서 가져올 수 있다. 예를 들어 5를 잃었다면 대가로 합계가 4 이하인 주사위는 모두 받을 수 있다(때로는 그런 주사위가 없을 수 있다).
2. 자신의 주사위 중 하나를 뒤집는다. 주사위의 반대편에 있는 두 숫자의 합은 항상 7이다. 따라서 뒤집으면 1은 6으로, 2는 5로, 3은 4로(또는 그 반대로) 된다.[17]

옵션 #1: 건드리기   옵션 #2: 뒤집기

제일 마지막까지 주사위를 보유한 플레이어가 그 라운드의 승자가 되며 남은 주사위의 총합을 점수로 얻는다. 먼저 50점에 도달하는 사람이 게임에서 승리한다.

제11장

예언
스스로를 훼손하는 예언은 얼마나 짜릿한가?

자기충족적(그리고 자기패배적) 예언에 관한 게임

예언은 단순한 예측이 아니다. 행동이다. 심지어 예측하려던 미래를 골치 아 픈 쪽으로 바꿀 수도 있다.

예를 들어 출산을 앞둔 부부에게 "여러분의 아기는 아빠를 죽이고 엄마와 결혼할 것이다."라고 말한다면 어떨까? 그 이야기를 들은 부모는 양육 방식이 크게 바뀔 수밖에 없을 터다. 마찬가지로 수백만 명의 청중에게 "이 주식의 주 가가 하늘을 찌를 것입니다!"라고 말하면 추가 구매가 유발되어 주가가 상승 할 가능성이 높다.

그러니 이름을 부를 수 없는 사악한 마법사에게 아기 마법사(별자리 중 '사자자 리')가 그의 몰락을 초래할 것임을 알리고자 한다면, 그 전에 자신의 예언이 가진 인과적 의미를 고민해보자. 이 모든 것이 자기충족적(그리고 자기패배적) 예언에 대한 우아한 사례 연구인 〈예언〉의 배경이다.

게임 방법

무엇이 필요할까?

각각 다른 색 펜을 사용하는 2명의 플레이어. 그리고 4~8개의 행과 4~8개의 열이 있는 직사각형 모눈(정사각형이 바람직하지만 필수는 아니다.)이 그려진 종이.

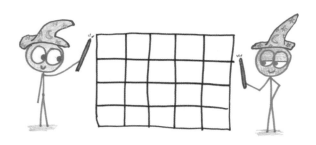

목표는 무엇일까?

행이나 열 어딘가에 숫자를 써서 해당 행이나 열에 얼마나 많은 숫자가 나타날지 정확하게 예측한다.

규칙은 무엇일까?

1. 번갈아 가며 빈칸에 숫자나 X를 표시한다.

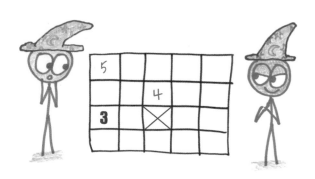

2. 각 숫자는 일종의 예언이다. 즉 해당 행이나 열에 결국 몇 개의 숫자가 나타
   날지에 대한 예측이다. 따라서 사용 가능한 가장 작은 숫자는 1이고 가
   장 큰 숫자는 행 또는 열의 길이(둘 중 더 큰 수)다. 한편 X는 단순히 자리
   를 채우고 거기에 숫자가 나타나지 않도록 한다.

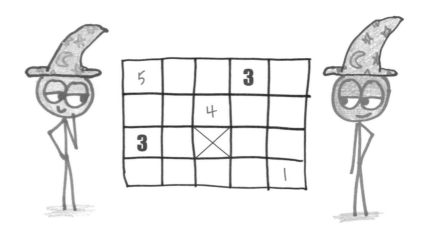

3. 반복되는 예언을 피해야 한다. 따라서 한 행이나 열에는 어떤 숫자도 두
   번 나타날 수 없다.

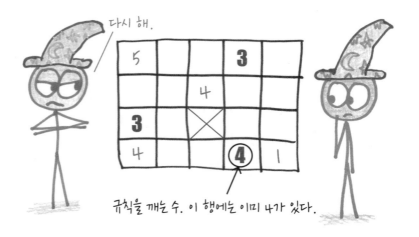

규칙을 깨는 수. 이 행에는 이미 4가 있다.

4. 어떤 숫자를 넣든 반복되는 예언이 되어서 칸을 채울 수 없게 되면 X로 표시한다. 이것은 무해한 장부 정리로 보고, 턴으로 간주하지 않는다.

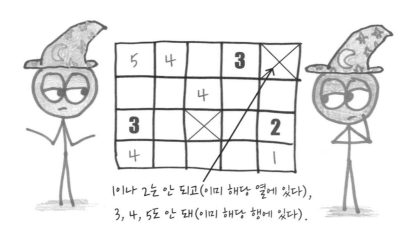

1이나 2는 안 되고(이미 해당 열에 있다),
3, 4, 5도 안 돼(이미 해당 행에 있다).

5. 게임판이 가득 찰 때까지 플레이한다. 그런 다음 각 행에 나타나는 숫자를 센다. 해당 행에서 올바른 예언을 한 사람은 그 예언 숫자만큼 점수를 얻는다. 그런 다음 열에 대해 동일한 작업을 수행한다.

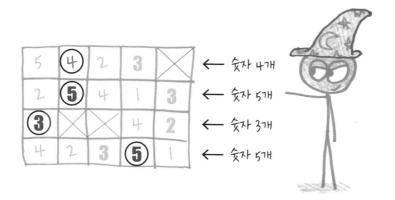

← 숫자 4개
← 숫자 5개
← 숫자 3개
← 숫자 5개

하나의 예언은 두 번 득점할 수 있다는 점에 주목하라. 행에서 한 번, 열에서 한 번이다. 한편 어떤 행이나 열에는 올바른 예언이 아예 없을 수도 있다.

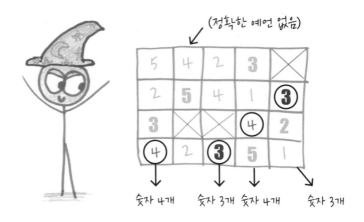

(정확한 예언 없음)

숫자 4개   숫자 3개 숫자 4개   숫자 3개

6. 더 많은 점수를 얻은 사람이 승자다.

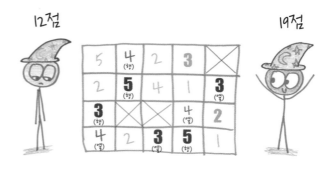

12점   19점

맛보기 노트

게임에서 가장 달콤하고 고통스러운 순간은 예언이 스스로를 망칠 때 발생한다. 다음 행을 보자.

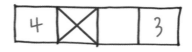

이 행은 2개 또는 3개의 숫자로 끝난다. 3은 이미 선언된 상태이므로 초록색 플레이어는 2를 배치하기를 원할 것이다. 그러나 이 숫자를 넣는 것은 무의미한 행위이며, 자신을 부정하고 라이벌의 3을 유효화한다. 이것은 예언자들의 고전적인 난제다. 세상의 내용을 설명하면 그 내용이 변경되므로 설명이 거짓이 된다. 그런 순간들은 스스로를 열거하는 문장을 떠올리게 한다. 이 문장들은 외부 대상이 아니라 그 자신에 대한 언어의 목록이다.

첫 번째 공개된 예를 살펴보자.

"오직 바보만이 자기 문장이 a 10개, b 3개, c 4개, d 4개, e 46개, f 16개, g 4개, h 13개, i 15개, k 2개, l 9개, m 4개, n 25개, o 24개, p 5개, r 16개, s 41개, t 37개, u 10개, v 8개, w 8개, x 4개, y 11개, 쉼표 27개, 아포스트로피 23개, 하이픈 7개, 느낌표 1개로 되어 있음을 검증하는 데 애를 먹는다!" "Only the fool would take trouble to verify that his sentence was composed of ten a's, three b's, four c's, four d's, forty-six e's, sixteen f's, four g's, thirteen h's, fifteen i's, two k's, nine l's, four m's, twenty-five n's, twenty-four o's, five p's, sixteen r's, forty-one s's, thirty-seven t's, ten u's, eight v's, eight w's, four x's, eleven y's, twenty-seven commas, twenty-three apostrophes, seven hyphens and, last but not least, a single !"

-리 샬로스

이 문장은 자기 자신을 정확하게 설명한다. 어마어마하다. 리가 이 문장을 어떻게 구성했는지 상상하려고 하면 내 뇌가 꽈배기처럼 꼬여버린다. 이 문장에 나오는 글자의 수를 세서 문장 안에 넣으면 문장의 글자 수가 바뀌기 때문이다. 내 말의 의미를 이해하려면 다음에 나오는 간단한 자체 설명 차트를 작

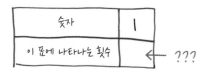

숫자	1
이 표에 나타나는 횟수	← ???

성해보라.

일단은 1이 하나 있다. 그런데 두 번째 줄에 1을 채우려 하면 또 다른 1이
나타나서 자신의 신발 끈을 밟고 넘어지는 셈이 된다. 아마도 그것을 2로 대
체해야 할 것이다. 그러나 그렇게 하는 순간 두 번째 1은 사라지고 우리의 2는
거짓이 된다.

여기에 있는 모든 예언은 스스로를 훼손한다. 결국 이 표는 채울 수 없다.

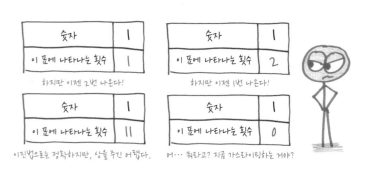

2가 들어가는 열을 추가하면 도움이 될까? 아니다. 그렇게 추가한 두 번째
줄을 채우려는 시도 역시 스스로를 훼손하기 때문이다. 마치 "아무도 이 예언
을 말하지 않을 것이다."라고 예언하는 것과 같다.

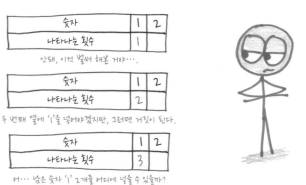

그런 차트가 가능하기는 할까? 가능하다. 하지만 최소 4개의 열이 필요하다. 다음에 한 가지 해답이 있다. 나머지는 직접 알아보기를 바란다.[18]

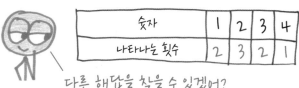

숫자	1	2	3	4
나타나는 횟수	2	3	2	1

다른 해답을 찾을 수 있겠어?

〈예언〉을 플레이할 때마다 내 마음은 자기 자신을 계속 호출하는 재귀 루프recursive loops에 빠진다. 나의 다음 움직임이 스스로를 훼손하게 될까? 어느 순간 숫자가 사실처럼 확실하게 느껴진다. 다음에는 꿈속의 논리처럼 증발한다. 〈예언〉은 결과적으로 말해 정신착란을 일으킬 것 같은 전략적 깊이를 가진 게임이다.

게임의 유래

이 게임은 앤디 주엘이라는 사랑스러운 친구가 만들었다. 2010년 대니얼 솔리스Daniel Solis는 1,000년 게임 디자인 챌린지Thousand-Year Game Design Challeng를 시작했다. 1,000년 동안 지속될 수 있는 단순하고 심오하며 지속적인 게임을 만든다는 목표로 시작된 챌린지다. 여기 참가한 앤디 주엘은 〈예언〉을 제출했는데, 이 게임은 크기가 조금 다른 자신의 보드 게임에서 추출한 것이다.

2020년으로 빠르게 이동해보자. 〈예언〉은 내 플레이 테스터들이 가장 좋아하는 게임 중 하나였다. 그뿐만 아니라 주엘 자신도 전략 게임에 대한 눈부신 지식을 갖추었으며 재치 있고 겸손하며 매우 협조적임을 이메일을 통해 보

여주었다.[19]

〈예언〉이 1,000년간 지속되기 위해서는(안 될 게 뭐 있나?) 연필, 종이, 심지어 숫자도 필요하지 않다. 필요한 것은 긁어서 누적 점수를 표시할 약간의 흙이다. 주엘은 이렇게 말했다. "우리 후손에게 셈이라는 개념 자체를 전달하는 것도 피해야 한다면, 이 게임 속 숫자들에 대한 접근성이 낮다는 점은 다른 무수한 문제들과 마찬가지로 문제가 될 것임을 겸허히 인정한다."

왜 중요한가

역설적이면서 자기 설명적인 숫자를 가지고 노는 것은 컴퓨터 시대를 여는 데 도움이 되었다. 거슬러 올라가면 이것은 1800년대 후반 수학자들이 거대한 프로젝트에 착수했을 때부터 시작된 이야기다. 학문 전체의 논리적 토대를 다지기 위해서였다.

그들은 방대하게 펼쳐진 수학적 아이디어를 일종의 흔들리지 않는 탑으로 재구성하기를 바랐다. 각 층은 아래층 위에 견고하게 놓여 있다. 그리고 이 구조

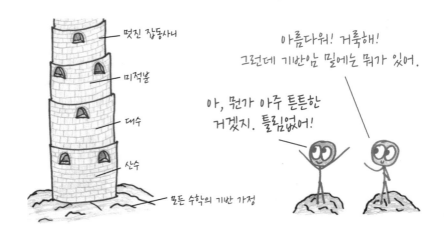

가 반박할 수 없는 기반암, 즉 모든 수학적 정리가 유도되는 일련의 단순한 가정에까지 내려갔다. 물론 결정적인 단계는 올바른 가정을 선택하는 것이다.

일종의 텅 빈 가방인 공집합에서 시작하는 것이 전형적인 시도다. 이것을 숫자 0이라고 치고 거기서부터 쌓아 나간다. 공집합을 포함하는 집합을 '1'이라고 부를 수 있다. 1과 공집합을 포함하는 집합을 '2'라고 부를 수 있다. 2, 1, 공집합을 포함하는 집합을 '3'이라고 부를 수 있다 등등. 이런 방식으로 상상할 수 있는 모든 숫자, 모양, 방정식 포함될 때까지 일련의 집합의 집합의 집합을 복잡성이 증가하는 논리적 구조로 구축한다. 모든 수학은 집합에 대한 몇 가지 간단한 가정에서 시작된다.

정의하고자 하는 숫자	숫자의 집합으로 정의됨	집합의 집합으로 정의됨
0		{ } (안에 아무것도 없음)
1	{ 0 }	{ { } }
2	{ 0 1 }	{ { } { { } } }
3	{ 0 1 2 }	{ { } { { } } { { } { { } } } }

안타깝게도 수십 년 동안 이런 시도는 무너지고 또 무너져왔다. 역설이 계속 발생하는 바람에 수학자들은 기본 가정을 변경해야 했다. 그러나 새로운 가정은 새로운 역설을 낳거나 수학이라는 탑을 지탱하기에는 기반을 너무 약

하게 만들었다. 마침내 1930년에 쿠르트 괴델Kurt Gödel이라는 논리학자가 왜 모두가 그토록 많은 어려움을 겪고 있는지를 보여주었다. 실상 이 프로젝트 자체가 불가능한 꿈이었음을 증명한 것이다.

그의 주장은 이렇다. 먼저 수학 탑의 기반으로 삼기 위해 기본 산술을 다룰 수 있는 가정 집합 하나를 아무거나 선택한다. 그러면 괴델은 이런 가정이 "0은 0과 같다."라는 식의 진술을 어떤 숫자(예를 들어 243,000,000)로 인코딩할 수 있는 일종의 언어를 생성할 수 있음을 보여줄 것이다. 마지막으로 괴델은 자기 자신을 인코딩한 숫자를 참조하는 특정 진술을 생성한다. 말하자면 바로 이런 것이다. "이 숫자가 있는 진술은 참임을 증명할 수 없다."

한마디로 말해 "이 진술은 참임을 증명할 수 없다."라는 말은 정말로 참임을 증명할 수 없다. 만일 증명했다면 그 진술이 거짓이 될 것이기 때문이다. 한편 그것이 거짓임을 증명하는 것은 그 진술이 참임을 증명할 수 없음을 의심의 여지 없이 확실히 보여줄 것이다. 그러나 그렇게 되면 그 진술은 참이다! 참

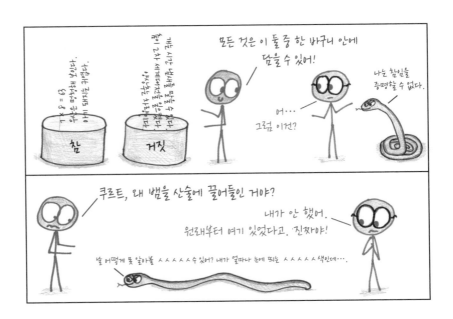

임을 증명하는 것이 불가능하고, 거짓을 증명하는 것도 불가능하다. 그러므로 그런 진술은 증명의 범위를 넘어 쿠르트 괴델이 '결정 불가능'이라고 부르는 무시무시한 세 번째 범주에 속해야 한다.

학자들은 수학의 기반을 찾기를 바랐지만, 괴델은 이 희망에 다이너마이트를 설치했다. 어떤 가정을 하든지 항상 증명할 수 없는 진술, 즉 수학의 탑이 결코 도달할 수 없는 높이가 있음을 확인시켜준 것이다. 세기의 가장 야심 찬 수학적 프로젝트는 자기 자신을 설명하는 숫자에 의해 좌절당했다.

괴델의 폭탄 테러 이후, 다른 수학자들은 잔해에서 무언가를 인양하려고 애를 썼다. 동료 앨런 튜링Alan Turing은 어떤 진술이 참인지 혹은 거짓인지를 결정할 수 있나, 없나를 결정하는 데 도움이 되는 일종의 '자동 참 결정기' 역할을 하는 기계를 구상했다. 이것이 우리가 오늘날 컴퓨터라고 부르는 것이다.

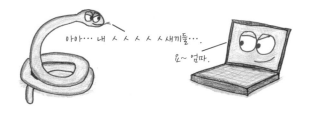

나는 〈예언〉 게임을 플레이할 때마다 이 혈통이 생각난다. 자신을 설명하는 숫자, 자신과 모순되는 숫자, 논리적 매듭, 자기 참조 순환 루프self-referential loops…. 이것들은 그냥 개그용 소재가 아니라 컴퓨터 시대가 시작된 원시 수프다.

괴델은 자기 참조 숫자를 거짓말쟁이의 역설에 비유했다. 이 오래된 뇌 자극기의 가장 단순한 형태는 다음과 같은 진술이다. 이 진술은 거짓이다. 이것은 참일 수가 없다. 그렇지 않다면 우리는 그 진술을 받아들이고 거짓이라고 선언해야 한다. 그러나 거짓일 수도 없다. 그렇지 않다면 우리는 그 진술의 내용을 거부하고 그것이 참이라고 선언해야 한다. 따라서 이 진술은 회색 안개 속에 떠 있다. 사실이 아니고 거짓도 아니며, 살아 있지 않고 죽지도 않았으며, 세금이 부과되지 않지만 면세도 아니다. 못다 이룬 소원이 있는 일종의 의미론적 유령이다.

하지만 쿠르트 괴델이 나서며 상황이 달라졌다. 그 덕분에 수천 년 동안 가난한 논리학자들을 괴롭히던 이 고대의 역설은 트랜지스터 상자 속으로 기어들어갔다. 그리고 거기서 우리 모두에게 귀신을 씌워야 한다는 진정한 소명을 깨달았다.

변종과 연관 게임

이국적인 게임판

모눈이 아니라 겹치는 영역 모음에서 플레이할 수 있다. 다음은 5개의 영역 각각이 16개의 칸으로 구성된 예다.

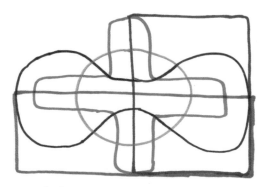

각각 16칸으로 구성된 5개의 영역

다인용

이 게임은 3~4인용으로도 잘 작동한다. 그냥 큰 게임판을 사용하면 된다
(예를 들어 7×7).

X 예언

각 숫자를 행이나 열에 있는 X의 수에 대한 예측으로 취급한다. 숫자의 수
가 아니다.

스도쿠 게임판

〈스도쿠 게임판〉Sudoku Board은 아마도 가장 멋진 플레이 방법일 것이다. 미
해결 스도쿠 퍼즐을 게임판으로 사용하라. 각 예언은 행과 열뿐만 아니라 그
것이 속한 3×3 정사각형에도 적용된다. 기존 숫자는 어느 플레이어의 것도
아니다.

베리의 역설

〈베리의 역설〉The Berry Paradox을 보자. 좋아, 이건 게임이 아니다. 나는 그냥

'자기 참조 숫자'라는 판도라의 상자에서 마지막으로 튀어나온 악마를 보여주고 싶었을 뿐이다. 이 역설은 숫자가 클수록 일반적으로 설명하는 데 더 많은 문자가 필요하다는 단순한 관찰에서 시작된다. 예를 들어 14는 두 글자('십사')로 설명할 수 있지만 2,744(이천칠백사십사)는 일곱 글자가 필요하다('십사의 세 제곱'은 '이천칠백사십사'보다 짧다). 사서인 베리G. G. Berry는 '스물다섯 글자 미만으로 정의할 수 없는 가장 적은 양의 정수'라는 이름을 지정해 이 아이디어를 확장했다. 뭔지는 몰라도 마치 이 숫자가 존재해야 하는 것처럼 완벽하게 합리적으로 들린다…. 스물네 글자로 정의했다는 사실을 깨닫기 전까지는 말이다. 이 게임은 정의 자체가 자신을 훼손한다.

제12장

다양한 숫자 게임

불가촉천민의 놀이터인 숫자의 나라에서 놀아보기

숫자와 관련된 가장 자극적인 7종의 게임

내가 이 책을 쓰기 시작했을 때는 더도 덜도 말고 섹션당 5개의 게임을 소개하고 강조하기로 마음먹었다. 그것이 영광스러운 내 의도였다. 그렇다면 이 계획을 포기한 이유는 무엇일까? 작고 멋진 숫자 게임이 워낙 다양하고 수없이 많이 늘어서 있던 탓이다. 이들을 차마 외면할 수 없었다. 그래서 이 자극적인 시식 코너에서 7개의 게임을 속사포처럼 제공하기로 마음먹었다.

평범

중앙값에 관한 게임

〈평범〉Mediocrity은 3인용 게임이며 두 남매와 한 친구가 식당 냅킨 위에다 한 것이 첫 플레이다.[20]

각 플레이어는 비밀리에 0에서 30 사이의 정수를 고른다.[21] 그런 다음 고른 숫자를 동시에 공개하고 중앙값(즉 중간) 숫자를 고른 사람이 그 숫자만큼의 점수를 얻는다. 두 사람이 같은 번호를 선택하면 다른 번호를 선택한 플레이어가 둘 중 어느 플레이어에게 점수를 줄지 결정한다.

승자! 10점 획득

하지만 잠깐! 또 다른 반전이 있다. 미리 정한 라운드(예를 들어 5라운드)를 플레이하는데 최종 승자는 가장 많은 점수를 얻은 사람이 아니라 가장 중간에 있는 점수를 얻은 사람이다. 이 게임의 공동 발명가인 더글러스 호프스태터Douglas Hofstadter가 말했듯 그것이 '전체의 정신이… 부분의 정신과 일치하기 위한' 유일한 방법이다.

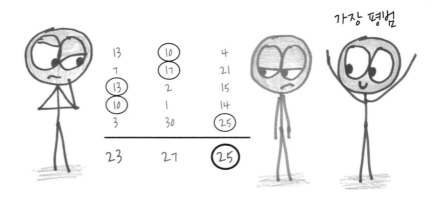

마지막으로 몇 가지 권장 사항이 있다. (1)점수가 전략에 영향을 미치므로 누구나 언제든 볼 수 있게 유지하는 편이 좋다. (2)플레이할 사람의 수가 홀수이기만 하면 게임은 작동한다.[22] 플레이할 사람의 수가 짝수라면 매번 15를 고르는 가상의 플레이어를 끼워 넣으면 된다. (3)진정으로 마음을 사로잡는 경험을 하고 싶다면 5개의 게임으로 구성된 토너먼트를 플레이하고, 이긴 게임 수가 중간인 사람이 토너먼트에서 승리하는 것으로 해보자.

블랙홀

갑작스러운 붕괴에 관한 게임

월터 조리스가 개발한 〈블랙홀〉Black Hole은 2인용 2색 게임이다. 이 게임에서는 한 수 한 수마다 긴장감이 고조되다가 폭발적인 마무리로 절정에 이른다. 이 게임의 우주론적 정확성은 보증할 수 없지만, 마지막 남은 한 칸으로 승리와 패배가 엇갈리는 퍼즐 같은 풍미는 보장할 수 있다. 게임을 시작하려면 아래 그림처럼 동그라미 21개가 여섯 줄로 구성된 피라미드를 그린다. 그런 다음 각자 턴을 받아서 원하는 동그라미에 숫자 1을 쓴다. 그런 다음 매 턴마다 2, 3, 4⋯ 이렇게 계속한다.

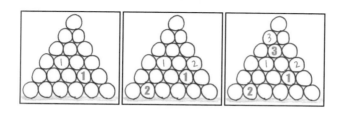

둘 다 10에 도달하면 빈 동그라미 하나가 남는데, 이것이 블랙홀이다. 블랙홀은

인접한 모든 동그라미를 즉시 파괴한다. 남은 수의 합이 더 큰 사람, 즉 블랙홀에 잃은 양이 적은 사람이 승자다.

무척 단순한 게임인데도 이 게임의 전략적 직관을 계발하기는 쉽지 않다. 여러분은 높은 숫자를 위한 자리를 '예약'할 수 없다. 그랬다간 상대방이 그 자리를 채워버릴 테니 말이다. 어떻게든 상대방이 채우고 싶어 하지 않는 자리를 남겨두어야 한다. 아마도 상대방이 채우면 여러분의 숫자를 보호하게 되는 그런 자리이리라. 그러나 그런 자리를 너무 많이 남겨두어도 안 된다. 그랬다간 그중 하나가 여러분의 패착이 될 것이기 때문이다.

옴짝달싹

15들의 게임

〈옴짝달싹〉Jam 게임은 워낙 단순해서 겨우 22개의 문장 성분으로 설명이 가능하다. 번갈아 가며 1부터 9 사이의 숫자를 차지한다. 그 누구든 한 숫자를 두 번 차지할 수 없다. 셋을 더하면 15가 되는 숫자를 먼저 차지하는 플레이어가 승자다.

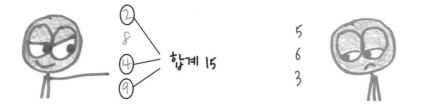

〈옴짝달싹〉 게임은 틱택토를 연상시키는데 그것은 우연이 아니다. 실제로 틱택토이기 때문이다. 정확히 말하자면 1967년 어느 심리학 논문에서 밝혔듯 이 게임은 틱택토의 동형사상isomorphism(2개의 수학적 대상물 위에서 정의된 함수 가 준동형사상homomorphism이며, 동시에 일대일 대응일 때 동형사상이라고 한다.)이 다. 1부터 9까지의 숫자를 마방진 모양(모든 행, 열, 대각선의 합이 15가 되는)으 로 배열하면 대응 관계가 명확해진다. 두 게임은 구조적 유사품이며 서로 다 르게 변장한 일란성 쌍둥이다.

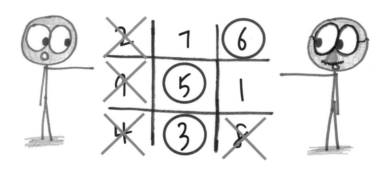

본질적으로 인간은 추상적으로 생각하지 않는다. 오히려 정반대다. 우리는 식욕, 백일몽, 아찔한 주술을 경험하는 동물이다. 그리고 TV에 〈푸드 네트워 크〉(음식을 주제로 하는 미국의 전문 방송국―옮긴이)가 켜져 있을 때면, 이 모든 것을 한꺼번에 경험하기도 한다. 우리는 생각을 구체적으로 한다. 이것이 바로 동형사상이 중요한 이유다. 동형사상은 하나의 특정 집합에서 다른 집합으로 우리를 이동시킨다. 동형사상은 경험의 섬 사이에 놓인 추상적 다리다.

　말이 나온 김에 밝히자면 틱택토와 동형인 또 다른 게임이 있다. 내가 〈두 목님의 헛간〉Sir Boss's Barn이라고 부르는 게임이다. 다음 문장을 적는 것으로 게임을 시작한다. "사실 보스의 헛간은 두엄 위에 지어졌네."In fact, Sir Boss's Barn was built on rot. 그런 다음 번갈아 가며 단어를 차지한다. 'in', 'sir', 'built'와 같이 공통 문자(i)가 포함된 세 단어를 차지하면 승리한다.

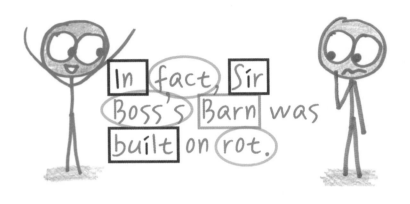

　꼭 이 문장만 사용할 필요는 없다.[23] 이 게임의 재미 중 나머지 절반은 틱택 토와 동형사상인 자신만의 단어 세트를 만드는 것이기 때문이다.

rot	fact	built		fat	as	pan		tug	us	pun
on	barn	In		if	spit	in		at	gasp	an
Boss	was	Sir		fop	so	not		tip	his	gin

　여러분도 다른 단어 조합을 찾아보기 바란다. 만일 좋은 걸 찾아냈다면 나에게도 알려주시길.

그림이 예쁜 게임

〈스탈리테어〉Starlitaire는 이 책에서 소개하는 것 중 약간 이례적인 게임이다. 규칙이 없는데다 이길 수도 질 수도 없는 1인용 시간 때우기 게임이라서다. 그런데도 수학 예술가인 비 하트Vi Hart(바이럴 유튜브 동영상으로 이 아이디어를 대중화한 사람)가 이것을 게임이라고 불렀던 것은 옳았다고 생각한다. 왜냐고? 게임은 본질적으로 구조화된 놀이인데 〈스탈리테어〉가 바로 그런 것이기 때문이다.

이 게임은 원하는 만큼 많은 점을 원형으로 찍는 것으로 시작한다. 그런 다음 여러분이 선택한 규칙에 따라 연결을 시작한다. 예를 들어 매번 2개의 점을 건너뛰는 것이다. 그러면 마법처럼 아름다운 패턴이 나타난다.

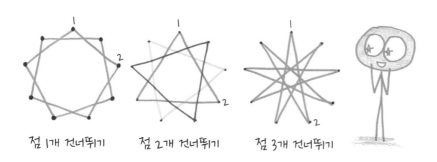

점 1개 건너뛰기　　　점 2개 건너뛰기　　　점 3개 건너뛰기

기하학적으로 보이지만 게임의 진정한 구조는 숫자다. 이 별들은 소인수 분해의 중력 법칙을 따른다. 예를 들어 12개의 점을 사용하면 서로 분리된 모양 몇 개가 포개지는 때가 많다. 그러나 13개의 점을 사용하면 이런 일이 발생하지 않는다. 왜 그런 것일까? 13은 소수고 12는 소수가 아니기 때문이다.

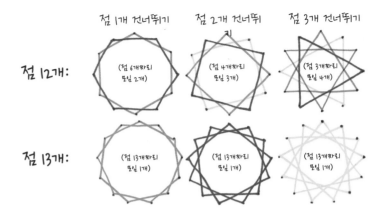

수학 자체와 마찬가지로 〈스탈리테어〉는 무궁무진한 놀이터이자 시작도 끝도 없는 게임이다. 여러 색깔, 서로 다른 간격의 점 또는 더 복잡한 연결 규칙을 사용해보자. 예를 들어 '1개 건너뛰고, 2개 건너뛰고, 1개 건너뛰고, 2개 건너뛰고' 이런 식으로. 그저 별들 사이에서 자기 자신을 잃지 않도록 조심만 하면 된다.

수학자 레오폴트 크로네커Leopold Kronecker는 "정수 이론가는 연꽃을 먹는 사람과 같다."라고 경고했다. "이 음식을 맛보면 절대 포기할 수 없다."

모눈자물쇠

배열 채우기 게임

스탠퍼드 교육 센터 유큐브드YouCubed에서 협찬해준 게임 중 나는 굳이 은근히 경쟁적인 〈모눈자물쇠〉Gridlock 게임을 채택했다. 2개의 표준 주사위(시뮬레이션하기 쉽다. 인터넷에서 '주사위 굴리기'를 검색해보자.)와 각 플레이어마다 10×10 모눈종이가 필요하다.

목표는 게임이 끝나기 전에 모눈을 최대한 많이 채우는 것이다. 매 턴마다 2개의 주사위를 굴린다. 4와 5가 나왔다고 치자. 그러면 모눈의 아무 곳이나 4×5 직사각형으로 색칠해야 한다. 직사각형이 게임판에 맞지 않으면 그 턴을 잃는다. 두 플레이어가 연속으로 턴을 잃으면 게임이 종료되고 모눈에 색칠된 칸이 더 많은 사람이 이긴다.

여기서 잠깐! 이 게임에선 한 가지 반전이 있다. 원할 때마다 자신의 게임판 대신 상대방의 게임판에 직사각형을 그릴 수 있다는 점이다.

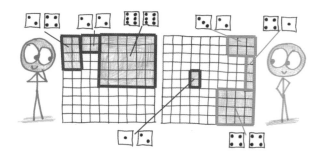

왜 상대방의 게임판을 채워주냐고? 음, 그림에서 알 수 있듯이 적의 게임판 중앙에 작은 직사각형 하나를 그리면 테트리스처럼 게임판을 꽉꽉 채우려던 상대방의 전체 계획을 망칠 수 있으니까.

세금징수원

신중히 공제하는 게임

〈세금징수원〉Tax Collector 게임은 반세기 동안이나 프로그래밍 입문 연습용으로 활용되어왔다. 로버트 모니어트Robert Moniot는 그 시기를 '황금시대'라고 불렀는데, 이미 15년이나 전의 일이다. 〈세금징수원〉 게임은 1인용이지만 그 저 퍼즐 모음은 아니다. 그보다는 무자비한 상대인 자동 세금징수원과 겨루는 진짜 게임이라 할 수 있다. 게임을 시작하려면 특정 상한선(예를 들어 12)을 정한 뒤, 그 이하의 모든 정수를 적는다. 그런 다음 매 턴마다 숫자 하나를 차지하고 그만큼 점수에 추가한다. 그러면 세금징수원은 나머지 숫자 중에서 그 수의 모든 약수를 받는다.

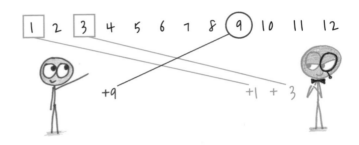

문제는 매 턴마다 세금징수원이 반드시 무언가를 받아야 한다는 것이다. 예를 들어 이 시점에서 5는 유일한 약수(즉 1)가 이미 사라졌기 때문에 선택할 수 없다. 약수가 남아 있지 않은 숫자만 남을 때까지 게임을 계속 진행한다. 게임이 끝나면 남은 숫자는 세금징수원이 모두 가져간다. 물론 목표는 세금징수원을 이기는 것이다.

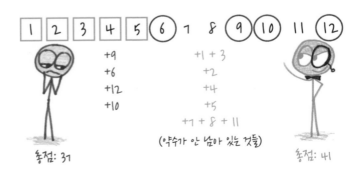

초보자에게 좋은 전략은 '탐욕스러운 알고리즘'이다. 매 턴마다 가장 많은 점수를 얻는 숫자를 선택한다. 예를 들어 상한이 15인 게임에서 가장 좋은 첫 번째 선택은 13이다(실질적으로 12점을 획득한다).

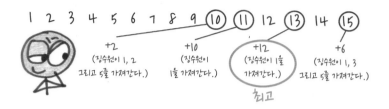

그러나 이 전략은 때때로 더 좋은 수를 간과하는 단점이 있다. 예를 들어 13을 선택한 후 가장 탐욕스러운 선택은 15다(7점 획득). 하지만 그렇게 하면 9를 선택할 수 없어서 나중에 세금징수원에게 선물로 주게 된다. 먼저 9를 선택한 다음 15를 선택하는 편이 좋다. 숫자가 많지 않다면 트럼프 카드를 사용해 선택 사항을 추적할 수 있다. 예를 들어 한계선이 12인 경우 2에서 10까지의 카드와 에이스=1, 잭=11, 여왕=12를 추가하면 된다. 이 게임은 특히 비틀즈의 〈세금징수원〉Taxman을 들으면서 플레이하기를 적극 추천한다.

사랑과 결혼

위태로운 파트너십에 관한 게임

〈사랑과 결혼〉Love and Marriage이라는 짝짓기 게임은 '사랑과 결혼을 주제로 한 좋은 대화형 교실 게임을 찾던 중학교 교사'의 요청으로 제임스 어니스트가 만들었다. 최소 15명의 플레이어가 필요하며 괴짜 파티나 교실 파티에 적합하다.

　n명(예를 들어 27명)의 플레이어가 플레이할 때는 1에서 n + 10(아까의 예에서라면 1에서 37)까지 번호가 매겨진 카드 한 벌을 만드는 것으로 시작한다. 또한 100, 95, 90, 85, 80 등 5씩 내려가는 숫자가 매겨진 칸이 늘어선 점수 트랙을 만든다. 각 점수 칸마다 2장의 카드를 넣을 수 있는 충분한 공간을 남겨둔다.[24]

　라운드를 시작하기 전에 덱deck을 섞고 각 플레이어에게 카드를 1장씩 준다. '시작'이라는 말과 함께 모든 사람은 3분 동안 파트너를 찾아서 쌍을 이룬 카드를 점수 트랙에서 숫자가 가장 높은 빈칸에 놓는다.

여러분의 점수는 다음 기준에 따라 계산된다.

1. **빠른 결혼:** 여러분의 카드가 들어간 칸 숫자가 기본 점수이기 때문에 가급적 빨리 결혼하는 편이 좋다. 일찍 결혼한 사람은 90점이나 85점 같은

점수를 얻는 반면, 늦게 결혼한 사람은 15점, 10점 같은 점수를 얻는다.

2. **잘 맞는 결혼:** 가능한 한 파트너와 숫자 차이가 적은 편이 좋다. 기본 점수를 두 숫자의 차이로 나누기 때문이다. 예를 들어 25와 28이 결혼하면 기본 점수를 3으로 나눈다.

3. **상향 결혼:** 각 결혼에서 더 낮은 숫자는 보너스 5점을 받는다. 높은 숫자는 보너스를 받지 못한다.

100 | 20 | 16 | $\dfrac{100}{4}$ = 각각 25점 (16을 가진 사람은 +5)

95 | 31 | 36 | $\dfrac{95}{5}$ = 각각 19점 (31을 가진 사람은 +5)

90 | 7 | 10 | $\dfrac{90}{3}$ = 각각 30점 (7을 가진 사람은 +5)

결혼에 대해 비판적인 견해를 지지하지는 않지만, 이 게임이 주는 긴장감은 마음에 든다. 갑자기 빨리 결혼하고 싶고, 잘 맞는 사람과 결혼하고 싶고, 그래도 이왕이면 더 조건이 좋은 사람과 결혼하고 싶다.

이런 충동이 서로 맞서며 까다로운 질문을 던진다. 예를 들면 이런 식이다. 1은 좋은 카드일까? 일단 상향 결혼은 보장된다. 그러나 가장 비슷한 숫자(예를 들어 2, 3, 4)는 자신 또한 상향 결혼하기를 바라며 여러분을 거부할 수 있다. 실제 결혼과 마찬가지로 어떤 전략도 그 하나만으로는 '좋다' 또는 '나쁘다'고 단정할 수 없다. 전략의 가치는 다른 모든 사람이 어떤 선택을 하느냐 하는 전체적 맥락에 따라 달라진다.

제3부

조합 게임

"시작은 책처럼, 중간은 마술사처럼,
마지막은 기계처럼 플레이하라."

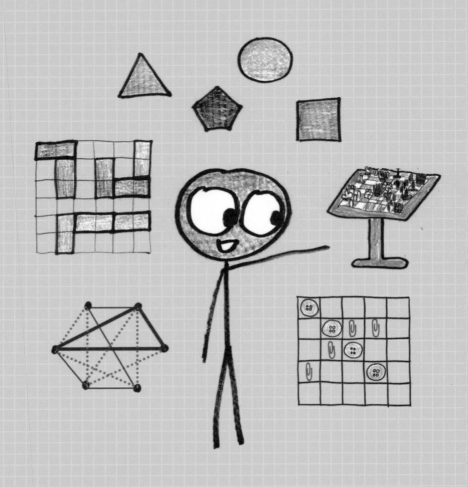

라프 코스터Raph Koster(게임 디자이너이자 베스트셀러 작가이며 내가 항상 이름을 '랄프'라고 잘못 표기하는 사람)에 따르면 모든 게임은 네 가지 핵심 과제 중 하나를 구현한다.

게임의 네 가지 핵심 과제

1. 신체 반응 마스터하기.

즉 축구에서 헤딩하기,
〈슈퍼 마리오 브라더스〉에서
점프 타이밍 잡기 등.

2. 다른 사람 이해하기.

즉 포커에서 블러핑하기,
마피아 게임에서 거짓말
알아내기.

3. 확률에 대한 본능적인
오류 극복하기.

즉 블랙잭에서 베팅할 것인지,
〈야찌〉에서 주사위를
다시 굴릴 것인지.

4. NP 난해로 인식되는 문
제를 체득법으로 해결하기.

즉… 잠깐, 뭐라고?

라프의 사중주는 조금 이상하게 들릴 수 있다. 그는 세 가지 간단한 진리와 불가해한 전문용어 한 조각을 제공한다. 마치 가장 흔한 반려동물의 이름을 대라는데 '개, 고양이, 물고기, 그리고 윤리적 지침의 유연함'이라고 대답하는 것과 같다. 그러나 라프의 말이 정확히 맞다. 조합의 복잡성과 우리의 본능적인 재미 사이에는 으스스한 연결이 있다. 괴이하고 무의식적인 일관성을 통해 우리는 특별한 중간 지점을 찾는다. 해답을 찾기는 어렵지만 일단 찾으면 검증하기는 쉬운 퍼즐이다.

이 패턴을 설명하려면 '복잡성 이론'이라는 컴퓨터 과학의 한 분야가 필요하다. 여기서는 간단한 질문을 던진다. 어떤 문제를 더 크게 만들면 얼마나 더 어려워질까? 잘 알려진 여행하는 외판원 문제를 생각해보자. 다음 지도에서 4개 도시를 모두 통과해 출발한 곳으로 돌아갈 수 있는 가장 짧은 여행길은 무엇일까?

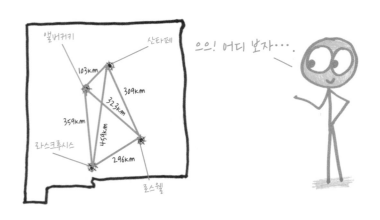

앨버커키에서 시작해 산타페, 로스웰, 라스크루시스를 거쳐 돌아오거나 (1,067킬로미터), 산타페, 라스크루시스, 로스웰을 거쳐 돌아오거나(1,181킬로미터), 로스웰, 산타페, 라스크루시스를 거쳐 돌아올 수도 있다(1,450킬로미터). 믿거나 말거나지만 어쨌든 실제로 선택할 수 있는 것은 이 세 경로뿐이다.

이것 말고도 21개의 순환 고리를 더 작성할 수 있지만, 각 순환 고리는 시작점이 다르거나 방문 도시가 역순이다. 물론 이런 점만 빼면 이 셋 중 하나와 동일하다. 따라서 최단 경로는 앨버커키에서 산타페, 로스웰, 라스크루시스를 거쳐 다시 앨버커키로 돌아오는 것이다. 이렇게 하면 문제 해결!

그런데 여기에 도시 3개를 더 추가하면 어떻게 될까? 이 버전에는 고려해야 할 순환 고리가 360개가 된다. 손으로는 해결하기 힘들지만 컴퓨터로는 빠르게 작업할 수 있다.

여기서 더 나아가면 어떨까? 예를 들어 뉴멕시코의 37개 도시를 모두 넣는다면?

이제 경로는 거의 20정 개, 즉 2×10^{41}개가 된다. 이 모든 경로를 탐색할 수 있는 방법은 없다. 로스앨러모스 국립 연구소의 슈퍼컴퓨터라도 10^{41}개의 지푸라기를 얹은 낙타 등처럼 무너질 것이다. 이것이 수학에서 잔인하고 근본적인 패턴인 '**조합 폭발**'이다. 항목 몇 개를 추가했을 뿐인데 조합은 끝도 없이 많아진다.

가능한 모든 조합을 확인해 문제를 해결하는 것을 **무차별 대입**brute force이라고 하는데, 이는 조합 폭발 덕분에 당밀로 목욕하는 나무늘보보다 느리다. 무차별 대입으로 10개 도시 문제를 1초 만에 풀 수 있는 컴퓨터가 20개 도시 문제를 푸는 데는 1만 년도 부족할 것이다. 복잡성 이론가는 무차별 대입 알고리즘이 "기하급수적인 시간에 실행된다."라고 할 것이다. 이것은 '극도로 느림'을 의미하며 여러분의 컴퓨터 과학자 친구가 점심 약속에 늦었을 때 유용하게 쓸 수 있는 전문용어다.

운 좋게도 무차별 대입보다 더 나은 옵션이 있다. 때로는 그냥 나은 정도가 아니라 훨씬 낫다. 숫자를 곱하거나 물건들을 크기별로 정렬하는 것 같은 문제가 가장 빨리 풀 수 있는 종류다. 이는 '다항polynomial 시간'을 의미하는 P라는 범주에 속한다.

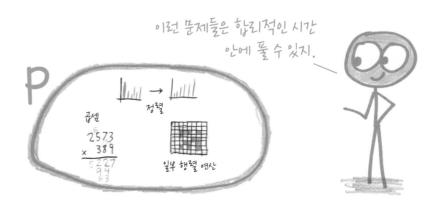

이보다 더 큰 범주는 NP(비결정론적nondeterministic 다항 시간)다. 이런 문제의 경우 해답은 빨리 검증할 수 있다. 하지만 해답을 찾아내는 것도 빠르다고는 보장하기 어렵다. 우리가 좋아하는 많은 게임과 퍼즐이 이 범주에 속한다. 〈스도쿠〉가 좋은 예다. 해답은 찾아내기 어렵고 영리한 연역법이 필요하지만 검증하기는 쉽다. 모든 행, 열, 3×3 상자에서부터 9까지의 숫자를 확인하기만 하면 되기 때문이다.

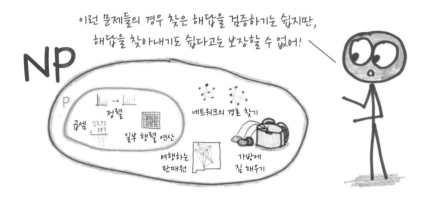

이런 문제들의 경우 찾은 해답을 검증하기는 쉽지만,
해답을 찾아내기도 쉽다고는 보장할 수 없어!

이쯤에서 100만 달러의 상금이 걸린 수학의 심오한 미해결 문제인 P 대 NP 문제를 언급해야 할 것 같다. P와 NP는 정말로 다른가, 아니면 아무도 모를 뿐 사실은 같은가에 대한 문제다. 전문가 대부분은 그 둘이 다르다고 생각한다. NP의 성가신 도전은 P의 쉬운 선택보다 훨씬 더 어렵게 느껴지기 때문이다. 그러나 아무도 그것이 맞다는 걸 증명하지는 못 했다. 아직 발견되지 않은 뛰어난 알고리즘이 이런 모든 NP 문제를 한 번에 해결할 가능성은 희박하다. 이 문제가 해결될 때까지는 복잡성과 재미 사이의 불가사의한 대응 관계가 유지될 것이다. 어쨌든 우리의 뇌는 설탕, 가십, 번쩍이는 화면에 끌리는 것처럼 NP 난해에도 끌린다.

타일 슬라이드를 하는 〈피프틴 퍼즐〉(4×4칸에 15개의 타일과 빈칸 하나가 있고, 타일을 하나씩 움직여 숫자나 그림을 맞추는 게임― 옮긴이)을 예로 들어보자. 이것은 1880년 데뷔해서 세계적인 열풍을 일으킨 장난감이다. 〈뉴욕타임스〉는 이렇게 보도했다. "최근에 정직하고 부지런했던 수천 명의 사람이 이 장난감의 치명적인 매력에 굴복했다. 사업과 가족을 등한시하며 사기를 떨어뜨리는 상자를 들여다보며 온종일 시간을 보내고 있다."

〈피프틴 퍼즐〉은 한 세기 동안 가장 인기 있는 퍼즐이었지만, 1980년에 또 다른 조합 장난감인 〈루빅스 큐브〉에게 자리를 내주었다. 얼마 안 돼 루빅스를 주제로 한 책들이 〈뉴욕타임스〉의 베스트셀러 목록에서 1, 2, 5위를 차지했다. 이 큐브는 마침내 인류 역사상 가장 많이 팔린 장난감이 되었으며, 이후에도 계속 팔려나가서 거의 4억 개가 넘게 판매된 기록을 보유하고 있다. 미국 ABC 방송사는 심지어 토요일 아침에 〈놀라운 루빅스 큐브〉Rubik, the Amazing Cube라는 제목의 만화를 방영하기도 했다.[1]

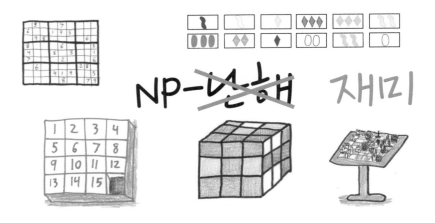

나는 대수 교사이기 때문에 대중이 추상 수학을 얼마나 좋아하는지 이미 알고 있다. 사람들이 평행 주차와 박제 다음으로 좋아하는 취미다. 그렇다면 다른 면에서도 살펴보자. 멀쩡한 인간을 그처럼 성가신 퍼즐로 끌어들이는 요인은 무엇일까? 나는 'NP 난해'라는 사이렌의 노래를 범인으로 지목한다. 찾기는 느리지만 확인은 빠른 해답의 감질나는 복잡성 말이다. 어떤 무의식적 수준에서 우리의 게임 플레이 본능은 일종의 수학적 본능, 즉 깊은 조합의 바다를 알아보는 능력이다. 모든 게임은 어떤 수준에서든 조합적 요소가 있다.

게임	여러분이 조합하는 것	_____ 수록 더 낫다
포커	카드	에이스가 많을
스크래블	글자	단어가 그럴듯할
젠가	블록	안정할수록
트위스터	사지	내장이 덜 뒤틀릴
도미노	도미노	도미노가 많을
인류를 해치는 카드	공격적 언사	플레이를 적게 할

다음 페이지에서부터는 조합의 재미난 세계로 여러분을 초대한다. 상대방이 생각도 못 한 수로 여러분을 물리쳤지만 돌이켜 봤을 때 그 수의 탁월함이 명백하게 느껴진다면 안심하시라. 여러분은 방금 NP 난해를 현실에서 경험한 것이다.

제13장

심

6개의 점으로 온 우주에 두통을 선사하는 방법

우리는 모두 점이며 서로 연결되어 있다

〈심〉은 이 게임을 처음 분석한 앨버커키의 수학자 구스타브 시먼스Gustavus Simmons의 이름에서 따왔다. 또한 여러분도 곧 알겠지만 너무나 '심플'하기 때문에 붙은 이름이기도 하다. 그런데도 이 게임은 '램지 이론'Ramsey theory이라는 거칠고 광활한 수학에 기원하고 있다. 램지 이론은 1903년에 태어나 1930년에 사망한 프랭크 램지Frank Ramsey의 이름을 따서 명명되었다. 몇 년 안 되는 활동 기간 동안 그는 경제 이론, 확률 이론, 논리적 역설 분야를 발전시켰다. 램지는 심지어 역사가들이 '참아주기 힘든 성격'이라고 묘사하는 철학자 루드비히 비트겐슈타인Ludwig Wittgenstein과도 친구가 되었다. 그러나 이런 모든 성취에도 불구하고 램지의 이름을 딴 이론이 다루는 문제는 아주 사소한 듯 보인다. 램지 이론은 특정 모양의 존재를 보장하려면 정확히 몇 개의 점이 필요한지 묻는다.

혹시 이런 질문이 바보 같아 보이는가? 인정할 수밖에 없다. 혹은 심플하게 들리는가? 여기서 주의할 것이 있다. 절대 이름에 속지 마라.

게임 방법

무엇이 필요할까?

각각 색이 다른 펜을 가진 플레이어 2명, 그리고 다음과 같이 그려진 점 6개.

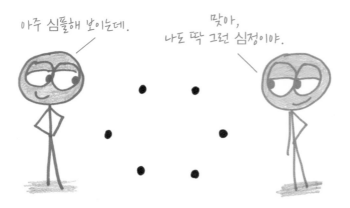

목표는 무엇일까?

자신보다 상대방이 먼저 삼각형을 그리게 한다.

규칙은 무엇일까?

1. 둘이서 번갈아 가며 유색 펜을 사용해 2개의 점을 연결한다.

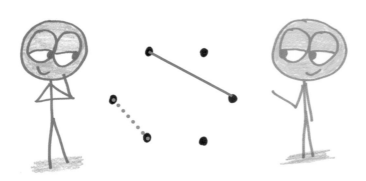

선이 몇 개는 교차할 것이다. 괜찮다. 각 점은 최대 5개의 연결, 즉 다른 모든 점과 한 번씩 연결이 가능하다.

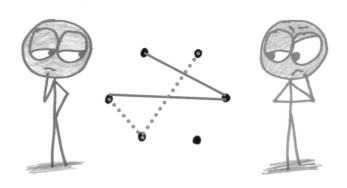

2. 상대가 자기 색깔로 완전한 삼각형을 만들면 '심'이라고 외치고 세 점 각각에 S-I-M이라는 기호를 붙인다. 축하한다. 여러분이 이겼다!

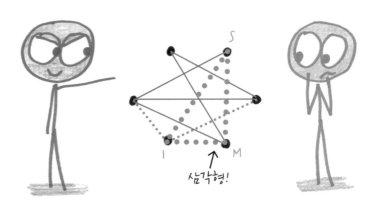

삼각형!

3. 여러분이 자신의 색으로 삼각형을 완성했다 해도 절망하지 마시라. 상대방이 눈치채지 못하고 그냥 다음 수를 두었을 경우, 여러분은 자기 삼각형을 직접 가리키며 승리를 '훔칠' 수 있다.

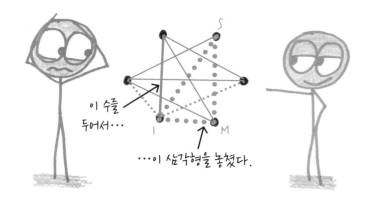

4. 그러나 이런 단색 삼각형이 없는 상태에서 'S—I—M'이라고 외치면 즉시
게임에서 패배한다.

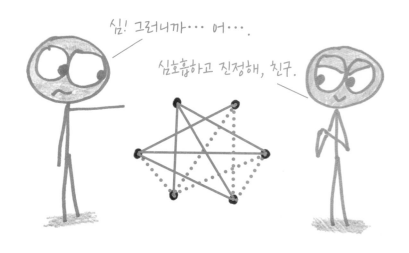

맛보기 노트

〈심〉이 처음 혀에 닿을 때는 시럽처럼 달콤하다. 수를 둘 곳이 잔뜩 있다.

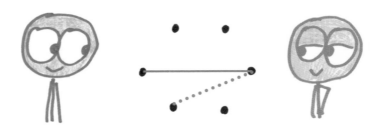

그러나 곧 숙성된 와인처럼 음울한 복잡성이 발현된다. 구체적으로 말하면 게임판이 '교란' 또는 '미끼' 삼각형으로 어수선해질 수 있다는 뜻이다. 그것들은 **삼각형**처럼 보이지만(실제로 삼각형이다.) '심'으로 여겨지지 않는다. 왜냐하면 이 게임에서 삼각형은 원래 찍힌 점 3개를 한 색으로 연결해야 하기 때문이다.

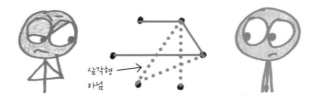

점 6개로 그릴 수 있는 삼각형은 20개다. 그러니 회피해야 할 함정이 많다. 여러분은 세계에서 가장 작은 범죄 현장을 조사하는 것처럼 격렬하게 집중해서 게임판을 응시하다가… 외칠 것이다. 아하!

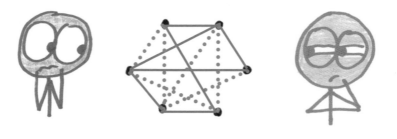

보이는가? 파란색이 삼각형을 만들었다. 다음 그림처럼 강조해보자.

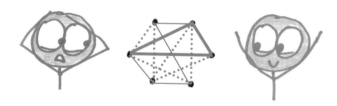

이제 보이는가? 나는 경고했었다. 점 6개도 꽤 까다로울 수 있다.

게임의 유래

이 게임은 램지 이론에서 비롯된 것이다. 여기서 요점은 단순한 설정이 엄청난 복잡성을 야기할 수 있다는 점이다. 다음은 〈심〉에 대해 처음 출간된 해답집에서 간략하게 발췌한 것이니 예로 살펴보자.

규칙 2. 두 번째 이후의 모든 수에 대해 적어도 하나의 중립 변이 있을 때, 이 중립 변들만 고려해서 다음 규칙을 우선순위에 따라 적용한다.

(1) 유효한 수, 즉 안전한 수를 최소화한다.
(2) 패배자의 생성을 최소화한다(유효 및 가상).
(3) 가상적으로 안전한 수를 최소화한다.
(4) 혼합 삼각형을 최대 숫자로 완성한다.
(5) 부분 혼합 삼각형을 최대한 생성한다.
(6) 유효한 패배자의 생성을 최소화한다.
그런 다음 앞의 규칙을 만족하는 변 중 하나를 색칠한다.

어···.
뭐?

《매스매틱스 매거진》Mathematics Magazine에 실린 이 논문은 보장된 승리 전략을 자세히 설명한다(플레이어 2의 경우). 그러나 게임이 빠르고 제한적임에도 이 전략은 암기하기에 너무 복잡하다. 하지만 괜찮다. 램지 이론은 승리하는 방법에 관한 것이 아니라 동점이 불가능한 게임을 디자인하는 방법에 관한 것이다. 다시 말해 누군가가 이기도록 보장하는 이론이다.

〈심〉에 국한해 말하자면, 누군가가 삼각형의 세 변을 모두 한 가지 색깔로 그리는 것이 보장되어야 한다. 이때 필요한 점은 몇 개일까? 점 6개면 충분하지만(이유는 나중에 살펴보자.) 5개로는 충분하지 않다. 오각형으로 시작하는 〈심〉은 무승부로 끝날 수 있다.

램지 삼촌의 게임 가게 진열대에는 〈심〉만 있는 것이 아니다. 새 게임을 만들고 싶다면 그냥 목표를 변경하기만 하면 된다. 지는 모양이 점 3개가 모두 연결된 삼각형이 아니라 점 4개가 모두 연결된 것이라면? 다시 말해 빨간색 또는 파란색으로 된 일종의 교차 사각형(일반적으로 교차 사각형은 두 대변과 두 대각선으로 된 나비넥타이 모양을 뜻하지만, 여기서는 네 변에 대각선까지 포함해서 선분 6개로 된 사각형을 말한다.—옮긴이)이라면 어떨까? 이 모양을 보장하려면 점이 몇 개나 필요할까?

알고 싶다면 말해주겠다. 마법의 숫자는 점 18개다. 알고 싶지 않다면 미안하다. 그래도 어쨌든 18개다.

저 어딘가에 교차 사각형이 있다는 뜻이야?

보기만 해도 멀미 나지만··· 그래.

〈심〉 게임이 두통 유발자라면 이 교차 사각형 변종은 두개골을 손도끼로 내려치는 것이라 할 수 있다. 이 게임은 놓을 수 있는 수 153개, 가능한 4점 조합 3,060개, 그리고 너무나 많은 교차점이 있어서 현실적으로는 플레이가 불가능하다. 그런데도 램지는 다이얼을 훨씬 더 높일 수 있다. 하나의 색깔로 연결된 점 4개 대신 점 5개를 피해야 한다면 어떻게 될까? 즉 지는 모양이 외곽선을 두른 별이라면 어떨까? 이 게임에서 승부를 보장하는 점은 몇 개일까?

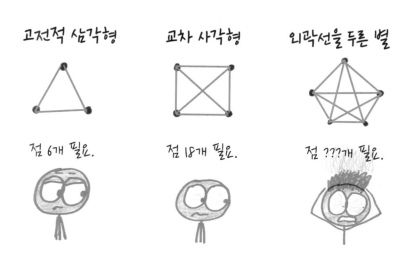

고전적 삼각형

점 6개 필요.

교차 사각형

점 18개 필요.

외곽선을 두른 별

점 ???개 필요.

까다로운 질문이다. 이 게임을 분석하는 것은 너무 어려운 나머지 반세기 동안 연구해왔는데도 아무도 답을 알지 못한다. 점 42개로 부족하다는 것은 알려져 있다. 점 48개면 충분하다는 것도 안다. 그 이상 자세한 것에 대해서는 아직도 더듬거리며 찾고 있다. 질문하기는 아주 쉽지만 대답하기는 너무 어려워 휘청할 수밖에 없는 질문이다.

"나는 램지 이론이 우주여행 문명을 개발하는 대부분의 행성에서 발명된다고 믿는다."라고 수학자 짐 프롭은 읊었다. "실제로 램지 이론의 충동 중 하나는 밤하늘을 올려다볼 때 생생하게 경험할 수 있다. 별의 기하학적 패턴을 관찰하고 이런 궁금증을 느끼는 것이다. '하늘에 얼마나 많은 별이 있어야 겉보기에 의미 있어 보이는 이 패턴들이 반드시 나올 수밖에 없게 되는가?'" 헝가리 수학자 에르되시 팔Erdős Paul은 외계인이 지구를 방문해 점 5개짜리 외곽선을 두른 별 문제를 1년 안에 못 풀면 우리를 말살하겠다고 서약하는 것을 상상한 적이 있다. 에르되시 팔은 "세계 최고의 지성들과 가장 빠른 컴퓨터들을 결집하면 1년 이내에 그 값을 계산해낼 수도 있을 것이다."라고 말했다.

하지만 다음 단계는 어떨까? 모두 자신의 색으로 연결된 점 6개를 피하려고 하는 램지 게임 말이다. 외계인이 이것도 풀라고 요구하면 마찬가지로 필요한 숫자를 계산할 수 있을까? 에르되시 팔은 낙관적이지 않았다. '선제공격을 하는 것 외에는 선택의 여지가 없다'는 것이 그의 견해다.

바로 이것이 램지 이론이다. 보잘것없는 게임이 밑바닥 없는 웜홀로 이어지는 땅, 겨우 6개의 점만으로도 온 우주가 두통을 앓을 수 있는 곳이다.

왜 중요한가

우리는 모두 점이다. 1950년대에 헝가리의 사회학자 스잘라이 샨도르Szalai Sandor는 아이들 집단을 관찰하다가 이상한 패턴을 발견했다.[2] 정원 20명 정도인 반에서는 언제나 네 사람 모두가 서로 친구인 집단이나 네 사람 중 아무도 친구가 아닌 집단을 발견할 수 있었던 것이다. 이 군집은 무엇으로 설명할 수 있을까? 왜 이렇게 우정과 소외의 신비한 사중주가 나올까? 그것은 아이들의 나이 때문일까? 그 학교의 특수한 문화 때문일까? 네모난 가운데 정원이 있기 때문일까?

그러다가 어떤 생각이 샨도르를 강타했다. 어쩌면 이것은 전혀 사회학적 사실이 아닐 수도 있다. 어쩌면 수학적인 것일지도 모른다.

샨도르는 자신도 모르게 〈심〉의 교차 사각형 버전을 플레이하고 있었다. 점 대신 '아이', 파란색 대신 '친구', 주황색 대신 '친구가 아니다'를 활용하면서.

'소셜 네트워크'는 문자 그대로 사회적 관계망이다. 여러분이 아는 모든 사람은 점이다. 노드node 또는 정점vertex이라고도 한다. 우리는 다양한 종류의 연결을 공유한다. 파란색은 지인을 뜻하고 낯선 사람과의 관계는 주황색이다. 언젠가 악수를 한 사이면 파란색, 그렇지 않다면 주황색. 같은 언어를 쓰면 파란색, 몸짓으로 소통해야 하면 주황색.

이런 면에서 〈심〉 게임은 6인 집단에 대한 연구가 된다. 6명으로 구성된 모든 집단에는 '3명의 공통 친구' 또는 '3명의 공통 비친구'가 포함될 것임이 보장된다. 왜 그런지 이유를 알아보려면 6명 중 1명을 선택하고 이 사람을 도로시(또는 줄여서 도티)라고 부르자. 그런 다음 다른 사람과 도티와의 관계를 연필로 표시한다. 파란색은 친구, 주황색은 친구가 아니다.

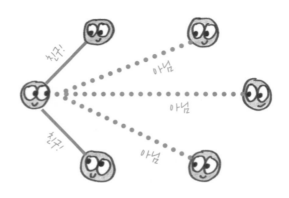

전체 연결이 5개라면 그중 적어도 3개는 반드시 같은 색상이어야 한다. 나는 주황색으로 했지만 어느 쪽이 3개든 상관없다. 이 세 사람 중 누구라도 주황색 연결을 공유한다면 도티와 그 쌍이 우리가 말한 집단이 된다. 그들 중 누구도 서로 친구가 아니다.

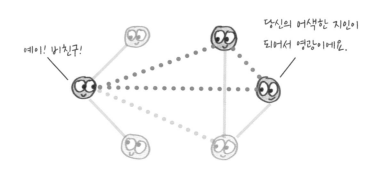

예이! 비친구!

당신의 어색한 지인이 되어서 영광이에요.

한편 이 3명 중 어느 누구도 주황색을 공유하지 않는다면, 모두 파란색 연결을 공유할 수밖에 없다. 즉 이 경우에도 우리가 말한 집단이 된다. 이 3명은 공동 친구다.

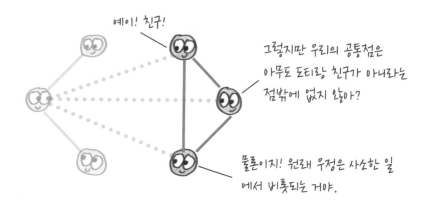

예이! 친구!

그렇지만 우리의 공통점은 아무도 도티랑 친구가 아니라는 점밖에 없지 않아?

물론이지! 원래 우정은 사소한 일에서 비롯되는 거야.

인류학자 로빈 던바Robin Dunbar는 인간의 두뇌가 오직 한정된 수의 관계(150

내외)만을 관리하도록 진화했다고 주장했다. 이는 수렵 채집 부족의 대략적인 규모다. 이 수치는 현대 도시 거주자에게는 별것 아닌 것처럼 들릴지도 모른다. '내 링크드인LinkedIn 연락처는 두 배나 많은데 이 정도는 링크드인에서 별것도 아니야'라고 생각할 수 있다. 우리 조상들은 그렇게 좁은 세상에서 어떻게 살았을까? 외로움과 지루함에 삶이 시달리고 모든 사람이 친구의 전 애인과 데이트하는 상황에서 말이다.

자, 생각해보자. 150명으로 구성된 부족에는 1만 1,000개 이상의 개인적 관계, 50만 개 이상의 삼각형, 2,000만 개 이상의 교차 사각형이 있다. 이건 시작일 뿐이다. 잠재적 파벌, 분열, 동맹의 다양성을 보면 입이 다물어지지 않을 정도다. 150명으로 구성된 사회 세계는 결코 심플하지 않다. 복잡하다는 말도 부족하다. 불가해하다고 해야 할 정도다.

그건 그렇고, 여러분은 에르되시 팔이 '우리가 결코 찾지 못할 것'이라고 말한 숫자를 알겠는가? 즉 전체가 주황색 또는 파란색인 점 6개짜리 집단을 보장하는 데 필요한 점의 수 말이다. 이 수는 102에서 165 사이인 것으로 알려져 있는데, 이는 수렵 채집 부족의 크기와 거의 같다. 우리 인간은 수십, 수백 개로 된 네트워크에서 살도록 진화했다. 너무 방대해서 수학으로는 결코 완전히 파악할 수 없는 작은 부족 안에서 살도록 말이다.

변종 및 연관 게임

윔심(3인용)

세 번째 플레이어를 추가하고 싶은가? 그렇다면 〈윔심〉Whim Sim을 해보자. 세 번째 색을 도입할 수는 있지만, 최종 삼각형을 보장하려면 점이 17개나 필요하므로 게임판이 매우 지저분해진다. 이보다 더 쉬운 옵션이 있다. 두 가지 색깔만 쓰되, 각자 턴을 받으면 그때그때의 기분에 따라 사용할 펜 중 하나를 선택하는 것이다.

짐심(2인용)

〈짐심〉Jim Sim은 2인용 게임이다. 수학적으로 보면 점을 어떻게 배열하는지는 중요하지 않다. 이것은 연결에 관한 게임이라서 자리 배치를 바꾼다 해도 누가 누구와 친구인지는 바뀌지 않는다. 하지만 시각적인 배열은 다르다. 6개의 점으로 만들어진 어떤 형태는 다른 것보다 더 큰 두통을 유발한다.

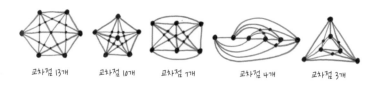

교차점 13개   교차점 10개   교차점 7개   교차점 4개   교차점 3개

나에게는 최악의 골칫거리가 '미끼 삼각형'이다. 원래의 점 6개를 연결할 때가 아니라 선들의 교차점이 만들어내는 삼각형 말이다. 이런 의미에서 표준 육각형 게임판은 13개의 교차점과 90개의 미끼 삼각형이 생기는 고약한 공격자다. 이것이 바로 내 아버지 짐 올린Jim Orlin이 새로운 형태를 제안한 이유다. 위의 그림 맨 오른쪽에 보이는 삼각형 안의 삼각형 게임판이 그것이다. 교차점을 최소화해(겨우 3개다. 미끼 삼각형 수도 최소화해 12개다.) 나는 이 변종을

〈짐심〉이라고 명명했다. 그렇다고 〈짐심〉이 두통을 일으키지 않는다는 말은 아니다. 약간 더 참을 만할 뿐이다.

림심³(대중용)

글랜 림Glen Lim이라는 사람이 수학 캠프에서 몇 년 동안 〈심〉의 변형 게임을 해왔다고 이메일을 보내왔다. 그것이 바로 〈림심³〉Lim Sim이다. 참가자를 서너 집단으로 나눈 다음 화이트보드나 모눈지에 점을 많이(15~20개 정도) 그린다. 각 팀은 자신의 턴에 게임판 앞으로 가서 할당된 색깔을 사용해 한 쌍의 점을 연결한다. 시간 제한(예를 들어 턴당 15초) 덕분에 게임에 긴장감이 더해지는데, 특히 게임 후반부로 가면 각 팀이 어떤 점을 연결해야 하는지 미친 듯이 외치게 된다. 삼각형의 수가 가장 적은 팀이 이긴다고 할 수도 있고 가장 많은 팀이 이긴다고 할 수도 있다.

제14장

티코
험프리 보가트와 마릴린 먼로도 사랑한 달콤한 게임

오래된 부품으로 새 게임을 만들다

고인이 된 마술사 존 스카니John Scarne는 "〈체스〉와 〈체커〉 중 어느 쪽이 나은
지는 수 세기 동안 두 게임의 수백만 추종자들 사이에서 논쟁의 대상이었다."
라고 썼다. 나는 이것을 읽고 놀랐다. 마치 아리아나 그란데와 스매시 마우스
Smash Mouth(미국 펑크 록 밴드— 옮긴이)의 보컬 중 어느 쪽이 나은지에 대해 논
쟁하는 것처럼 들렸지만, 그다음에 나온 말만큼 놀랍지는 않았다. 스카니가
"티코의 등장으로 이 논쟁은 삼파전이 되었다."라고 선언한 것이다.

지금 뭐가 등장했다고?

〈티코〉는 몇 가지 고전 게임이 혼합된 간단한 보드 게임이다. 이 게임을 누
가 발명했을 것 같은가? 바로 존 스카니다. 이 마술사는 〈티코〉의 성공을 너
무나 확신한 나머지 자신의 외아들 이름도 티코로 지었다. 아들 티코가 이에
대해 한 설명이 또 대단하다. "만일 우리 아빠가 〈체커〉 게임을 발명했다면,
내 이름이 체커라는 데서 자부심을 느꼈을 것이다." 사실 나도 언젠가 내 딸이

'이상한 수학책 올린'이라는 이름을 지어줘서 고맙다고 말하면 기쁠 것 같다는 생각이 든다.

"〈티코〉는 의심할 여지 없이 높은 순위를 달성할 것이다."라며 스카니는 다음과 같이 결론지었다. "역대 최고의 게임 중 하나다."

글쎄… 판단은 여러분과 내 딸에게 맡긴다.

게임 방법

무엇이 필요할까?

플레이어 2명, 5×5 모눈(체스판 일부를 써도 되고 종이에 그려도 된다.) 그리고 각 플레이어마다 말은 4개씩 필요하다. 〈체커〉의 검정 대 빨강 말, 〈체스〉의 흑 대 백 폰, 10원짜리 대 100원짜리, 〈바둑〉의 검은 돌 대 흰 돌, 동전 대 피자, 루비 대 에메랄드.[4]

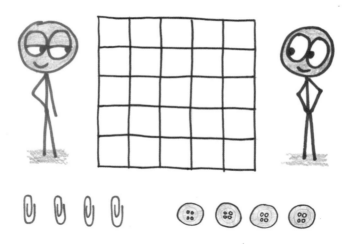

목표는 무엇일까?

말 4개를 일렬로 놓거나 사각형으로 놓기.

규칙은 무엇일까?

1. 둘이 번갈아 가며 모든 말이 놓일 때까지 빈자리에 말을 놓는다. 초보자가 실수할 때가 있긴 하지만, 게임의 이 단계에서는 승자가 나오지 않는다.

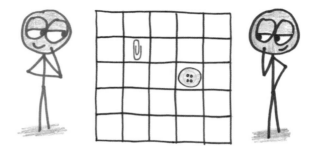

2. 이제 8개의 말이 모두 사용되었으므로 말 중 하나를 원하는 방향으로 한 칸

이동한다. 빈칸으로만 이동할 수 있다. 상대 말을 잡을 수도 없고 턴을 그냥 넘겨서도 안 된다.

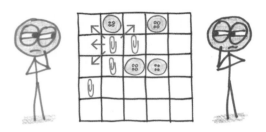

3. 승자는 말 4개를 일렬로 놓거나….

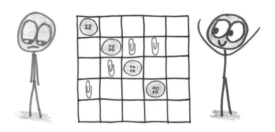

또는 정사각형의 꼭짓점 위치에 놓는다. 정사각형은 변이 수직 및 수평이면 어떤 크기든(2×2에서 5×5까지) 될 수 있다. '기울어진' 사각형은 허용되지 않는다.

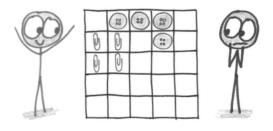

맛보기 노트

〈티코〉의 승리는 갑자기 찾아온다. 명확한 끝내기 수도 없고 적의 말을 점진적으로 포획하는 전략도 없다. 사실 깜짝 상자에 가깝다. 크랭크를 돌린다, 아무 일도 일어나지 않는다. 크랭크를 돌린다, 아무 일도 일어나지 않는다. 크랭크를… 팍! 승리!

'깜짝 없음' 규칙을 구현할 수도 있다. 즉 다음 수에서 승리를 위협하는 위치에 도달하면 〈체스〉에서처럼 '체크'를 외쳐서 상대에게 경고해야 한다. 이것은 한눈팔다가 게임이 끝나는 것을 방지해준다. 어느 쪽이든 〈티코〉 게임은 달콤한 간식 같으면서도 이따금 매운맛이 난다. 그릇에 가득 담긴 꿀로 볶은 견과류 30개 중에서 1개가 보이지 않는 와사비 코팅이 되어 있는 것과 같다.

게임의 유래

존 스카니는 1937년에 처음 〈티코〉 게임을 책으로 출판했으며 1960년대까지 계속 수정했다. 이는 애완 프로젝트이자 평생의 꿈이었고 스카니가 가장 간절히 원했던 적법성에 대한 필사적인 두드림이었다.

스카니는 지하 도박장 출신이었다. 미국 최고의 카드 마술사이자, 매우 유명한 탈출 마술사인 해리 후디니의 친구이자, TV 버라이어티 쇼의 고정 출연자가 되었음에도 초라한 과거가 그림자처럼 따라다녔다(적어도 스카니 자신은 그렇게 느꼈다). 그래서 스카니는 달콤하고 건전한 가족 게임인 〈티코〉를 선택했다. 속임수도 없고 마피아도 없는 게임을.

1950년대에 〈티코〉가 험프리 보가트와 마릴린 먼로 같은 유명 인사들의 관심을 끌면서 스카니의 담대한 야망이 실현될 것처럼 보이기도 했다. 그러나 전성기는 지나갔다. 오늘날 이 게임은 희미해져서 그저 소수의 전문 게이머에게 만 알려져 있을 뿐이다. 물론 지금은 여러분도 알게 되었지만. 어쨌든 스카니 가 바랐던 것처럼 〈체스〉를 대체하는 수준과는 거리가 멀다.

왜 중요한가

맥락 없는 조합은 의미가 없다. 원숭이 몇 마리가 영원히 타자기를 치다 보면 셰익스피어의 전체 작품을 재현할 것이라는 오래된 속담이 있다. 《로미오와 줄리엣》 같은 고전이든 《아테네의 타이먼》 같은 졸작이든 모든 텍스트는 결국 문자의 조합이라는 발상에서 나온 말이다.

그런데 여기엔 한 가지 걸림돌이 있다. 영어를 못하는 원숭이에게 '죽느냐 사느냐'라는 말은 '우위프느 ㅈㅡㅋ'나 'ㄹㅋ ㅋㅓㅈ', '대통령 선거에서 제3당에 게 투표'(미국은 실질적인 양당제로, 제3당 후보가 대통령이 될 가능성은 사실상 0이 다. ─옮긴이) 등과 마찬가지로 횡설수설에 불과하다. 글자의 조합이 아름다움 과 힘을 얻으려면 맥락, 즉 다른 글자 조합과의 관계 집합이 필요하다. 맥락이 없으면 원숭이에게 보이는 영문학, 영국인에게 보이는 원숭이 문학과 같다. 뒤 죽박죽 바닷속의 뒤죽박죽이다.

이쯤에서 〈티코〉로 돌아가 보자. 스카니의 설명에 따르면 〈티코〉는 오래된 고 전을 한데 엮은 프랑켄 게임이다. 스카니는 "나는 〈티코〉를 〈틱택토〉, 〈체커〉, 〈체스〉, 〈빙고〉, 이 네 가지 게임의 조합이라고 설명할 때가 많다."라고 썼다. "시작할 때 두는 수는 〈틱택토〉를 연상시킨다. 그리고 대각선 이동은 〈체커〉 를, 전진, 후진, 횡 이동은 〈체스〉를, 승리 위치는 〈빙고〉를 연상시킨다."

〈티코〉의 기원에 대한 이 이야기는 낭만적인 파트너를 구하려는 미친 과학 자를 노래한 조너선 콜튼Jonathan Coulton 의 가사를 생각나게 한다.

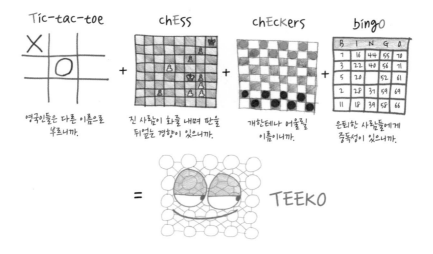

난 당신을 기쁘게 하려고 반 조랑말, 반 원숭이 괴물을 만들었어.

하지만 당신은 별로 좋아하지 않는 것 같아.

왜 그렇게 비명을 지르는 거야?

당신은 원숭이를 좋아하잖아.

당신은 조랑말을 좋아하잖아.

뭐 괴물은 좀 안 좋아할지도 모르지만….

만들면서 원숭이를 너무 많이 써버렸는지도 모르지만….

그래도 당신에게 선물하기 위해

조랑말까지 희생한 걸로 충분하지 않아?

조합을 통해 창작하려면 조합하는 요소를 이해해야 한다. 스카니에게는 조합하려는 요소들에 대한 이해가 부족했다고 생각한다. 오마르 하이얌Omar Khayyam(11세기 페르시아의 학자— 옮긴이)이 "우리는 사실 인생이라는 체스판에 있는 말에 불과하다."라고 썼을 때 그 이유가 '우리가 전진, 후진, 횡 이동하기 때문'이라고 생각했을까? 또한 〈체커〉 대 〈체스〉 경쟁을 부추기려던 스카니의 노력도 생각해보자. 그에 따르면 〈체스〉 옹호자의 핵심 주장 중 하나는 〈체스〉의 말이 더 많다는 것이다. 그런 거다. 그런 것을 주장이라고 한다. 말이 더 많으면 게임하기도 더 낫다. 타자기를 치는 원숭이도 두 시간 기한 안에 이보다는 더 강력한 문구를 만들 수 있을 것이다. 심지어 조랑말에 붙어 있는 반쪽짜리라 해도 말이다.

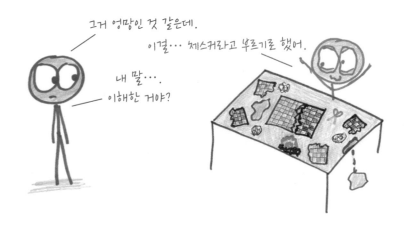

스카니는 〈티코〉의 '1,081,575가지의 서로 다른 플레이 위치'를 자랑했다. 이상하게도 그것은 낮은 값이다. 실제 숫자는 70배 더 크므로,[5] 스카니가 아마도 그의 생애에서 유일하게 자신을 과소평가한 사례일 것이다. 그러나 올바른 숫자를 사용하더라도 〈티코〉의 복잡성은 다른 경쟁 게임에 비해 미미하다.

조합을 이룬 숫자보다 더 중요한 것은 그 조합들이 어떻게 연관되어 있느냐다. 그것들은 서로에게 어떤 맥락을 생성하는가? 〈체스〉나 〈체커〉에서는 내러티브 아크(이야기가 클라이맥스까지 올라갔다가 결말로 내려오는 동안 만들어내는 호 모양의 긴장 수준. 우리말 기승전결에 가깝다.—옮긴이)를 만든다. 각 게임은 표준 시작 위치에서 출발해 복잡성의 정점에까지 이른다. 그 후 게임판이 비워지며 긴장이 축적되다가 수수께끼와 같은 마지막 수로 절정에 이른다. 한눈에 이야기가 얼마나 진행되었는지 정확히 알 수 있다.

게임	위치	만일 위치 하나가 원자 크기라면, 상태 공간의 크기는….
티코	7,500만 (즉 75,000,000)	세균
체커	50해 (즉 500,000,000,000,000,000,000)	집파리
체스	1,000정 (즉 10,000,000,000,000,000,000,000,000,000,000,000,000)	미국 오대호 중 하나
바둑	500아승기 (즉 500,000,000,000,000,000,000,000,000,000,000,000,000,000,000,000,000,000,000,000,000,000,000,000,000,000,000,000,000,000,000,000,000,000,000,000,000,000,000,000,000,000,000,000,000,000,000,000,000,000,000,000,000,000,000,000,000,000,000,000,000,000,000,000)	눈에 보이는 모든 우주를 모래로 채우고, 거기에… 그래, 포기다. 너무 커.

〈티코〉는 그렇지 않다. 진행 중인 게임을 보면 5수인지, 50수인지, 50만 수인지 알 수 없다. "〈체스〉와 〈체커〉는 서로 다른 단계를 통해 진행되는 느낌이 있다." 내 〈티코〉 플레이 테스트를 도와준 티머시 존슨Timothy Johnson은 이런 글을 썼다. "이 게임은 그렇지 않다. 결국 한 사람이 돌파구에 도달할 때까지 두 선수가 동일한 포지션의 끝없는 변형을 연구할 뿐이다."

〈티코〉에서는 조합에 역사가 없다. 맥락도 없다.

인정할 건 인정하자. 스카니가 가능한 모든 게임의 광대하고 위압적인 영역을 응시하고 규칙의 우아한 작은 조합을 뽑아냈다. 이는 창조적인 작업이다. 그러나 그는 자신의 게임이 피자를 먹는 주말이 생겨난 이후 가장 좋은 놀이라고 선언함으로써 결국 타자기 치는 원숭이처럼 불쌍한 상태에 놓이게 된다. 원숭이들에게는 《햄릿》도 수많은 문자 조합의 한 가지, 뒤죽박죽 바닷속의 뒤죽박죽, 원숭이 문학의 하나일 뿐이기 때문이다. 아무리 멋진 문학 작품도 이해하지 못하는 이들에게는 의미가 없다.

변종과 연관 게임

아치

가나 전통 게임인 〈아치〉Achi는 〈티코〉와 〈틱택토〉의 중간에 위치한다. 3×3 모눈에서 플레이하고 번갈아 가며 각각 4개의 말을 배치한다. 모든 말이 배치되면 〈티코〉에서와 같이 차례대로 이동한다. 승자는 연속으로 3개를 만드는 사람이다.

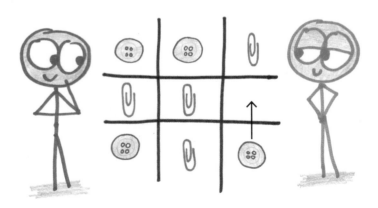

여왕뿐인 체스

〈여왕뿐인 체스〉All Queens Chess 게임은 엘리엇 루델Elliot Rudell이 디자인하고 해피 퍼즐 컴퍼니Happy Puzzle Company에서 출시했다. 〈티코〉와 비슷하지만 몇 가지 차이점이 있다. (1)각 플레이어는 말을 4개가 아니라 6개 가진다. (2)말들은 〈체스〉의 여왕처럼 움직인다. 즉 어느 방향으로든 원하는 만큼 움직인다. (3)4개를 일렬로 놓으면 승리한다. 정사각형으로 승리하지는 않는다. (4)말은 다음 그림과 같은 위치에서 시작한다.

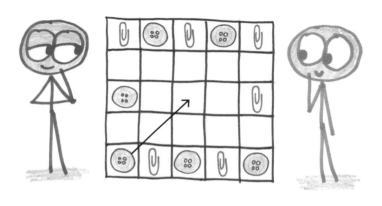

고전 티코

이 장에서는 스카니가 〈첨단 티코〉라고 부르는 변종을 소개했다. 원본과는 규칙 한 가지가 다르다. 유일한 승리 사각형은 2×2 변종뿐이다. 더 큰 것은 허용되지 않는다. 실질적인 차이는 작지만(어쨌든 큰 사각형을 통해 이기는 것은 어렵기 때문에) 이론적인 차이는 상당히 크다. 1998년 가이 스틸Guy Steele(미국의 컴퓨터 과학자. 여러 가지 프로그래밍 언어와 기술 표준을 설계했다. —옮긴이)은 컴퓨터 분석을 통해 양 팀이 완벽하게 플레이할 경우 〈첨단 티코〉는 첫 번째 플레이어가 승리하고 〈고전 티코〉Teeko Classic는 무승부가 됨을 알아냈다.

제15장

이웃
단순한 조합이 만들어내는 놀라운 다양성

숫자로 만드는 수제 파르페

나는 교실에서도 게임을 해왔고, 파티에서도 게임을 해왔다. 그리고 교실 게임이 파티에서 거의 작동하지 않는다는 것은 보편적으로 인정되는 사실이다.

그리고 새로운 사람을 만나면 서로의 최대공약수를 찾으세요!

파티가 시작되면 문자 줘요.

360 215 216 120 286

운 좋게도 나는 영광스러운 예외를 하나 알고 있다. 〈이웃〉은 폭풍 전야의 에너지, 봄 방학 전 금요일의 에너지, 딱 원하는 만큼만 열심히 생각하는 에너지를 가진 게임이다. 급우들, 친구들, 나아가 이웃들과도 플레이해보라.

게임 방법

무엇이 필요할까?

여러분이 원하는 만큼 많은 플레이어. 나는 30명까지 해봤지만 여러분이 더 높이(더 많은 플레이어)까지 도전할 수 있다고 확신한다. 물론 반대편 끝에서는 혼자 플레이하며 이전 최고 점수를 깨려고 시도할 수도 있다. 각 플레이어는 5×5 모눈과 펜이 필요하다. 전체 진행용으로 10면 주사위 하나도 필요한데 이건 온라인에서 쉽게 시뮬레이션할 수 있다(인터넷에서 '주사위 굴림'을 검색해보라). 아니면 카드 한 벌을 사용해도 된다(변종과 연관 게임 참조).

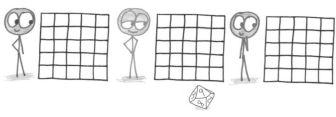

목표는 무엇일까?

이웃 칸에 동일한 숫자들 넣기.

규칙은 무엇일까?

1. 주사위를 굴려 결과를 발표한다. 모든 플레이어는 개인의 모눈 어딘가 빈 칸에 이 숫자를 쓴다.

2. 이것을 모눈이 가득 찰 때까지 25번 반복한다. 발표되는 각 번호를 그때마다
   적어야 한다. 나중을 위해 저장하거나 빈칸으로 놔두면 안 된다.

3. 이제 점수를 집계한다. 한 행이나 열 안에서 같은 숫자(예를 들어 4-4 또는
   7-7-7)가 이웃해 나타날 때마다 점수를 얻는다. 그런 일이 발생하면 두 수
   의 합계를 점수에 더한다.

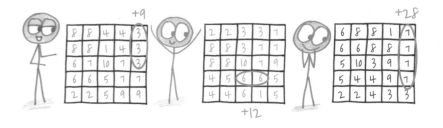

행별로 점수를 매긴 다음 열별로 점수를 매기는 편이 가장 쉽다.

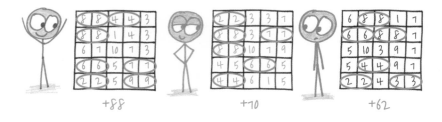

한 숫자가 두 번 계산될 수 있다. 행에서 한 번, 열에서 한 번.

4. 총점이 높은 사람이 승리한다.

맛보기 노트

〈이웃〉 게임이 흥이 돋기까지는 몇 수가 필요하지만, 일단 흥이 나면 훌륭한 템포를 유지한다. 마치 숫자들이 영토를 확장하기 위해 경쟁하고 여러분은 그 경쟁의 심판을 맡는 것처럼 느껴질 것이다. 어떤 가능성을 열어둘 것인가? 또한 어느 것을 억류할 것인가?

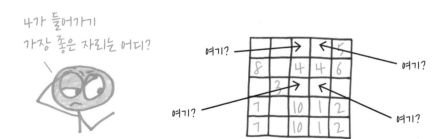

각 숫자가 두 번(행에 한 번, 열에 한 번) 득점할 수 있다는 사실이 전략적 압박을 만든다. 어떤 배열(예를 들어 3이라는 숫자 4개가 사각형으로 배열)이 다른 배열(예를 들어 똑같이 3이라는 숫자 4개가 일렬로 배열)보다 훨씬 더 가치가 있기 때문이다.

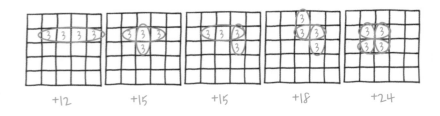

나를 끊임없이 놀라게 하는 것은 결과의 다양성이다. 게임을 수십 번 했지만 동점을 본 적이 없다. 각자 자신만의 파르페를 만들 때처럼 동일한 재료를 사용하지만 각기 다른 맞춤형 개인 요리가 나온다.

게임의 유래

〈이웃〉은 수십 년간 미네소타 주변 수학 교사들 사이에서 남몰래 통화하듯 속닥거리며 퍼졌다. 나는 2019년 맷 도널드Matt Donald에게(〈오 곱하기 오〉Five by Five 라는 이름으로) 배웠고, 도널드는 2015년 새라 반더워프Sara VanDerWerf에게 배웠다. 반더워프는 1991년 제인 코스틱Jane Kostik에게 배웠고, 코스틱은 1987년에… 아마도 워크숍에서 배웠을까? 확실치 않다. 땅다람쥐주the Gopher State (미네소타의 별명—옮긴이)는 비밀을 지킨다. 어쨌든 〈이웃〉 게임은 〈글자 연상〉Think of a Letter, 〈십자말풀이〉Crossword, 〈워즈워스〉Wordsworth 등 다양한 이름으로 알려진 고전적인 단어 게임에서 영감을 받은 게 분명하다. 이 게임은 다음과 같이 진행된다.

1. 모든 플레이어는 빈 5×5 모눈으로 시작한다. 플레이어는 번갈아 가며 선택한 문자를 부른다.

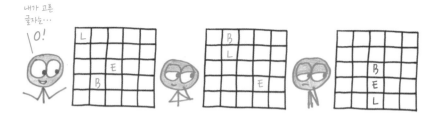

2. 여러분은 여러분의 보드에서 마음에 드는 빈자리에 방금 불린 글자를 쓴다. 목표는 가로 행을 따라 또는 수직열을 따라 단어를 형성하는 것이다.

3. 세 글자 및 네 글자 단어는 글자 수만큼 점수를 매기는 반면, 다섯 글자 단어는 두 배를(즉 10점을) 얻는다. 한 행이나 열에 들어갈 수 있는 단어는 하나뿐이다.

+52
다섯 글자 단어: 4
네 글자 단어: 0
세 글자 단어: 4

+56
다섯 글자 단어: 5
네 글자 단어: 0
세 글자 단어: 2

+49
다섯 글자 단어: 3
네 글자 단어: 1
세 글자 단어: 5

〈워즈워스〉가 어떻게 〈이웃〉 게임을 탄생시켰는지 상상하기는 어렵지 않다. 1970년대 혹은 1980년대에 미네소타의 한 수학 교사가 이 멋진 단어 게임을 끝내고, 턱을 쓰다듬으며 글자를 숫자로 바꾸는 상상을 했을 터다. 솔직히 나는 이 게임이 너무 잘 작동한다는 것에 충격을 받았다.

왜 중요한가

단순한 조합이 놀라운 다양성을 만들어낸다는 점이 놀랍다. 예를 들자면 〈돌멩이 게임〉이 그렇다. 미샤 글루버만Misha Glouberman은 셰일라 헤티Sheila Heti와 함께 쓴 책 《어디를 가든 앉을 곳은 있다》The Chairs Are Where the People Go에서 이렇게 설명한다. "어딘가에 돌을 놓거나 이미 놓인 돌을 옮긴다. … 이 돌을 옮기거나 놓는 일 말고는 그 어떤 방식으로도 소통하지 않도록 한다. 말도 표정도 손가락질도 안 된다."

그게 다다. 승리는 없다. 패배도 없다. 마치 그리스 신들이 건방진 필멸자를 고문하기 위해 부과하는 무의미한 잡일처럼 여겨진다. 그런데 그게….

"아름다움은 매우 빠르게 나타난다."라고 쓴 글루버만은 이렇게 덧붙인다. "그래서 누군가가 돌을 내려놓으면, '아하! 돌로 이런 훌륭한 일을 할 수 있다니! 또는 그게 전체를 망쳤어! 또는 좀 별론데'라고 생각하게 된다."

나는 몽상가가 아니다. 나는 〈돌멩이 게임〉 같은 건 발명하지 못했을 것이며 〈워즈워스〉를 1,000번 넘게 플레이해도 〈이웃〉에 대한 아이디어를 얻지 못했을 것이다. 사실 나는 그런 제안을 비웃었을 게 뻔하다. 〈워즈워스〉는 기호를 26개 사용하며, 여러분이 가진 사전에 따라 다르겠지만 약 2만 개 이상의 서로 다른 점수 조합을 형성할 수 있다. 여러분이라면 기호 10개를 단순히 반복해서 점수를 얻는 게임으로 뭉뚱그리고 싶은가? 지루할 것 같지 않은가?

그런데 그렇지 않다. 일반적인 〈이웃〉 게임 라운드는 100경 개의 배열을 허용한다. 2명의 플레이어가 영겁을 플레이해도 동일한 게임판이 나오지 않을 수 있다. 여러 게임에서 자주 발생하는, 빡빡한 제약 조건이 전략을 무너뜨리는 일도 없다. 오히려 전략에 필요하다.

예를 들어 거의 끝난 게임판에 1을 놓아야 할 때, 어느 자리가 더 나을까?

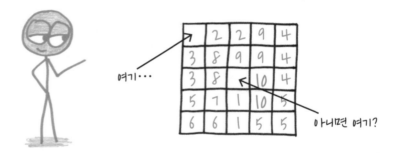

여기…

아니면 여기?

중앙은 1점을 줄 것이다. 꼭짓점은 그렇지 않다. 사건 종결. 그렇지 않은가?

아직 아니다. 마지막 숫자가 8이나 9, 10인 경우 중앙 칸에서는 16이나 18, 심지어 20점도 얻을 수 있다. 꼭짓점은 거의 유망하지 않다. 이 게임판을 100번 이상 플레이했다면 중앙 칸은 평균 5.5점을 얻지만 꼭짓점 칸은 평균 0.5점밖에 얻지 못함을 알게 될 것이다. 따라서 꼭짓점에 1을 배치하는 편이 좋다. 잃어버린 1점에 신경 쓰지 마라. 낮은 입찰자에게 알짜 부동산을 판매하는 것이 진짜 손해다.

언뜻 보기에 체계적이고 확률적인 〈이웃〉 게임과 예술적이고 즉흥적인 〈돌멩이 게임〉 사이에는 공통점이 거의 없다. 그러나 이 둘은 단순한 요소에서 아름다운 패턴을 짜는 조합 엔진이라는 특정 핵심을 공유한다. 이 조합론은 가장 보잘것없는 재료로도 마음을 위한 진실의 파르페를 광대하고 다양하게 만들 수 있다.

변종과 연관 게임

고풍스러운 이웃

내 친구 맷 도널드는 10면 주사위를 사용해 〈이웃〉 게임을 하는 방법을 가르쳐주었다. 그러나 〈고풍스러운 이웃〉Old-School Neighbors이라는 게임의 원래 규칙은 다른 랜덤화 수단, 즉 카드 한 벌을 쓰는 것이다. 잭, 퀸, 킹을 제거한 다음 에이스를 1로 계산한다. 사용한 카드는 버린 카드 더미에 놓는다. 게임의 느낌과 흐름은 동일하게 유지되지만 기본 확률은 그렇지 않다. 주사위를 사용하면 모든 숫자는 앞서 몇 번이나 나왔는지와 관계없이 주사위를 굴릴 때마다 나타날 확률이 10퍼센트다. 카드를 사용하면 각 카드가 추가로 반복해 나타날 가능성을 줄인다.

공개 게임판

일반적으로 플레이어는 게임이 끝날 때까지 게임판을 비밀로 유지한다. 그러나 소수의 플레이어와 그들의 점수만 공개적으로 표시하며 진행하면 드라마를 고조시킬 수 있다.

워즈워스

〈워즈워스〉는 단어 게임이다. 이 게임은 〈이웃〉의 조상이자 근원이다. 이에 대해서는 '게임의 유래'에서 설명했다.

제16장

꼭짓점
서로 다른 풍미가 균형을 이루는 와인처럼 맛있는 게임

평범한 시야에서는 가려진 패턴에 대한 게임

이 게임을 시작하기 전에 워밍업 퍼즐부터 풀어보자. 아래 그림을 보자. 49개
의 점이 늘어선 마당에서 서로 다른 크기의 사각형을 모두 몇 개나 찾을 수
있을까?

다 했는가? 글쎄, 왠지 여러분이 많이 놓쳤을 것 같다. 하지만 너무 실망하
지 마라. 사실 잘 보려면 전문가 수준의 기술이 있어야 한다. 그래서 다음 게

임에 통달하기가 실제로는 매우 까다롭다. 플레이 테스터 스콧 미트먼Scott Mit-tman은 이를 잘 표현했다. "상당수는 아무것도 없는 곳에서 패턴을 인식하는 인간의 능력 때문이다. 예를 들어 별자리, 구름, 잉크 얼룩, 경제 데이터 등. 하지만 이 게임을 하다 보면 얼핏 모순되는 성향이 드러난다. 존재하는 단순한 패턴을 볼 수 없다는 것이다."

게임 방법

무엇이 필요할까?

각자 다른 색 펜을 가진 플레이어 2명, 그리고 정사각 모눈. 7×7 크기를 권장하지만 다른 크기(8×8 등)도 잘 된다.

목표는 무엇일까?

정사각형을 만든다. 꼭짓점당 1점을 획득한다.

규칙은 무엇일까?

1. 번갈아 가며 빈칸에 자신의 색으로 가운데가 빈 점을 표시한다.[6] 이 빈 점은 점수가 전혀 없다. 어쨌든 아직은 말이다.

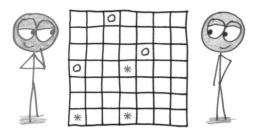

2. 여러분의 색으로 점 4개가 정사각형의 꼭짓점을 형성하도록 배치했다면 축하한다! 나중 턴에 이 사각형을 '차지'할 수 있다.

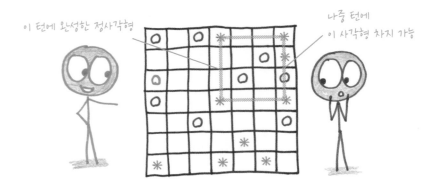

3. 정사각형을 차지하는 데는 한 턴이 소모되며 다음 두 단계가 필요하다. (1)꼭짓점에 있는 점의 속을 채운다. 이 점은 이제 1점의 가치가 있다. (2)그 정사각형 안의 모든 빈칸에 빈 점을 놓는다.

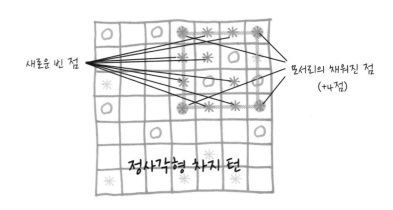

4. 정사각형은 45도 대각선을 따라 나타날 수도 있다는 데 주의하라. 이런 정사각형은 다이아몬드처럼 보일 것이다. 사각형의 일부 꼭짓점이 이미 속이

채워진 경우와 비어 있는 내부 공간이 없는 경우에도 사각형을 차지할
수 있다.

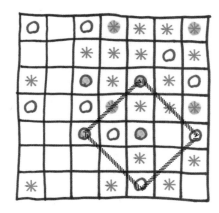

5. 게임판이 채워지면 각 플레이어는 정사각형 하나를 차지할 마지막 기회를 얻는
   다. 그 후에는 누구도 차지하지 않은 사각형은 차지되지 못한 상태로 유
   지된다. 속이 채워진 점(즉 꼭짓점)을 더 많이 가진 플레이어가 승리한다.

맛보기 노트

어떤 관점으로 보면 〈꼭짓점〉은 넓은 공간과 열린 마당, 큰 정사각형의 게임이다. 초기에 큰 정사각형을 차지하면 내부에 많은 보너스 점을 제공하므로 쉽게 승리할 수 있다. 경기 시작 2분 후에 골든 스니치(〈해리 포터〉 시리즈에 나오는 마법사들의 스포츠인 퀴디치에 쓰이는 공. 골든 스니치를 잡는 팀이 150점을 얻고 게임이 끝난다. ―옮긴이)를 잡는 것과 같다.

 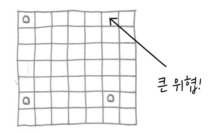

큰 위협!

그러나 〈꼭짓점〉은 좁은 지역과 빠른 수, 작은 정사각형의 게임이기도 하다. 덩치 큰 형제와 달리 작은 정사각형은 여러 곳을 동시에 위협할 수 있기 때문이다. 덕분에 전략적인 매력이 생긴다.

 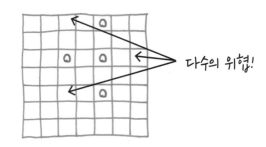

다수의 위협!

요컨대 〈꼭짓점〉은 서로 다른 풍미가 균형을 이루는 와인과 같다. 그뿐 아니다. 와인처럼 약간 후천적으로 맛이 좋아지는 그런 게임이다. 처음에는 위협과 기회가 눈에 잘 띄지 않게 숨겨져 있을 수 있다. 여러분은 해묵은 매직 아이 패턴을 들여다보듯이 점들이 깔린 마당을 눈으로 훑는다. 혹시나 매직 아이를 모르는 사람이 있으려나? 설명하자면, 매직 아이는 광고된 이미지대로 보이는 법이 없는 환각을 일으키는 벽지다. 경기 초반에는 "오 이런, 이걸 못 봤네!"와 "잠깐, 내가 어떻게 그걸 놓쳤지?"라는 말이 사운드트랙처럼 울려 퍼진다.

하지만 시간에 몸을 맡겨보라. 곧 정사각형이 뜻하지 않게 튀어나올 것이다. 〈꼭짓점〉 게임을 배운다는 것은 완전히 새로운 시각을 배우는 것과 같다. 그런 의미에서 〈꼭짓점〉은 다른 모든 게임과 마찬가지로 우리의 인식을 위한 훈련장인 셈이다.

게임의 유래

〈꼭짓점〉의 가장 직접적인 전신은 월터 조리스의 게임 〈영토〉다. 나는 그 게임의 메커니즘(정사각형을 완성하면 내부를 채울 수 있음)이 마음에 들었지만 내 게임에 도입해보니 엄청난 차이로 승리하거나 또는 빽빽하게 얽힌 무승부로 끝나는 것을 발견했다. 그 때문에 '빈 점 대 채워진 점' 구분과 정사각형을 '차지'하는 단계를 도입했다. 조리스의 게임은 매번 다양한 수학적 선례를 반영하면서 공통 주제를 공유한다. 점들의 배열에서 잠재적인 꼭짓점을 찾음으로써 산만한 마당에서 단순한 패턴을 추출하게 된다.

첫 번째는 퍼즐 마스터 이나바 나오키Inaba Naoki가 만든 〈즈케이〉Zukei('도형 찾기'의 일본어인 '즈케이 사가시'에서 앞부분만 따온 이름이다.)라는 시각적 수수께끼다. 이 게임에서 여러분의 임무는 각 판마다 점들의 모임 속에서 특정 도형을 찾는 것이다. 별들 사이에서 별자리를 찾는 것과 약간 비슷하다.

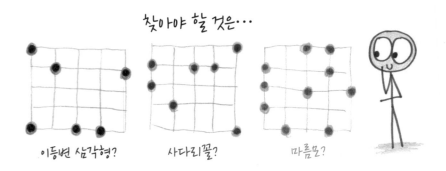

교사인 조이 켈리Joey Kelly와 치치 유CiCi Yu가 만든 '수학과 놀자'Play with Your Math 사이트의 퍼즐은 〈꼭짓점〉게임과 비슷하지만 정반대인 질문을 한다. 직사각형을 만들지 않고 모눈에 X를 몇 개까지 배치할 수 있을까?

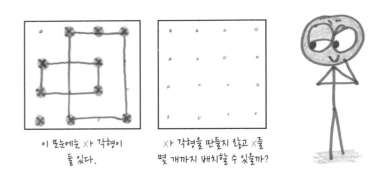

그리고 이 아름다운 그림이 있다. 켈리와 유에게 영감을 준 그림이자 수학자들이 2년 동안 찾아 헤맸던 것. 이 그림은 네 가지 색깔의 17×17 정사각형이며 매우 특별한 속성이 있다. 동일한 색깔의 점 4개는 직사각형의 꼭짓점을 형성하지 않는다. 조이와 치치의 말을 빌리자면, 모든 X각형을 끝내는 반X각형이다.

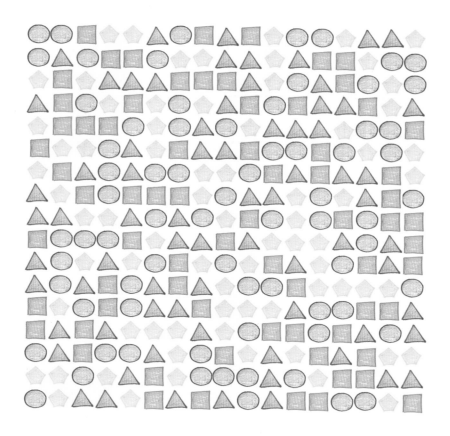

왜 중요한가

게임은 우리의 인식을 재구성한다. 스도쿠 퍼즐을 처음 접했을 때는 모두 악전고투한다. 여러분은 한 번에 하나의 칸에 주의를 기울이면서 "이게 1이 될 수 있을까? 2는 어떨까? 아니면 3? 또는 4?"라고 생각한다. 한 연구에 따르면 초보자는 겨우 2개의 숫자를 찾는 데 평균 15분이 걸렸다. 숙련된 플레이어가 전체 퍼즐을 풀기에 충분한 시간이다. 뉴비들의 논리는 건전했지만 속도는 비통했다.

퍼즐을 몇 번 풀고 나면 새롭고 더 빠른 탐색 방법을 배울 수 있다. 그리 어렵지 않은 내 방식을 소개하자면, 각각의 7이 전체 행과 열을 '소거'하는 것으로 상상한다. 이것은 다음 7이 가야 할 구석을 찾는 데 도움이 된다.

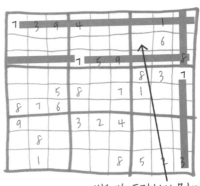

이번에는 도망치지 못해, 007.

완전한 전문가는 스도쿠에 특화된 세 번째 눈을 얻는 것 같다. 내가 가장 좋아하는 유튜브 동영상 중 하나에서 스도쿠 마스터인 사이먼 앤서니Simon Anthony는 주어진 숫자가 2개뿐인 사악한 퍼즐과 맞닥뜨린다. 그러곤 "이거 농담이지?"라고 말하며 한숨을 쉰다.

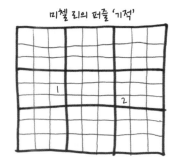

미첼 리의 퍼즐 '기적'

추가 규칙:

1. (〈체스〉에서) 나이트나 킹의 행보에 해당하는 두 칸에는 같은 숫자가 들어가지 않는다.

2. 연속된 숫자(예를 들어 4와 5)는 경계선 테두리를 공유하는 칸에 들어갈 수 없다.

날 도발하는 게 틀림없어.

그러나 다음 20분 동안 사이먼은 인식에 대한 고급반 수업을 진행한다. 그의 논리에서 특별히 낯설거나 따르기 어려운 단계는 없다. 여기서의 마법은 그의 관심이 계속해서 올바른 장소로 이어진다는 점이다. 사이먼은 서로를 '보는' 칸에 대해 이야기하는데, 나는 이 부분을 정말 사랑한다. 그의 눈이 숫자를 인식하는 것처럼 사이먼의 눈에는 그 숫자들도 서로를 인식하는 것처럼 보이는 게 분명하다.

〈꼭짓점〉 게임에서 실력을 향상시킬 때도 마찬가지다. 무의미한 모눈이 패턴과 압력점의 네트워크가 된다. 노련한 플레이어는 가장 유망한 가능성과 조합에 능숙한 참여자, 즉 인식의 대가일 뿐 사고의 대가는 아니다.

고전적인 심리학 연구에서 비슷한 질문을 다뤘다. 체스 마스터는 게임판을

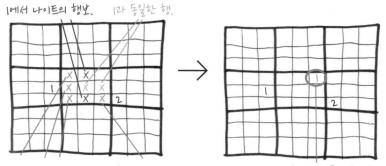

1에서 나이트의 행보.　1과 동일한 행.

1에서 킹의 행보.　2와 경계를 마주하고 있음.　가운데 상자에서 유일하게 1이 들어갈 수 있는 곳.

어떻게 볼까? 마스터에게 두 가지 종류의 시나리오를 보여주었다. 첫 번째는 실제 경기 도중에 펼쳐졌던 게임 상황이다. 두 번째는 말들이 각 칸에 랜덤으로 분포되어 게임의 논리와 규칙을 위반하는 위치를 만들어낸 혼란스러운 게임판이다. 각 종류의 게임판을 외우는 데 얼마나 걸렸을까?

게임 시나리오   랜덤화된 게임판

결과적으로 마스터는 단 몇 초 만에 게임 시나리오를 암기할 수 있었다. 그러나 랜덤 구성에서는 초보자보다 약간 나은 성과를 보였다.

체스 마스터에게 '사진 기억술' 같은 건 없다. 만약 있다면, 혼란스러운 게임판을 실제 게임판만큼 쉽게 외울 것이다. 그들의 기억 속도는 사진 기억술 덕분이 아니라 더 깊은 힘, 다시 말해 구조가 드러난 결과 덕분이다. 그들의 지성은 〈체스〉 기보를 위한 다층 스토리지 시스템과 같다. 수년간의 경험을 통해 그들은 새로운 게임 시나리오를 쉽게 정리할 수 있게 된 것이다. 그러나 이 지성은 혼란스러운 시나리오에 대해서는 특별한 통찰력을 제공하지 못한다. 그들의 인식 훈련은 심오하지만 매우 구체적이기 때문이다.

이제 이 장을 시작했던 퍼즐로 돌아가자. 점 49개 모눈 위에 다양한 크기의 사각형을 만드는 퍼즐 말이다. 가장 먼저 눈에 띄는 후보는 다음과 같이 모눈을 따라가는 것이다.

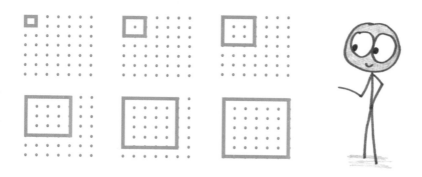

계속 살펴보면 소위 다이아몬드 모양이라고 하는 45도 각도로 기울어진 모양을 볼 수 있다.

그리고 책을 돌려서 눈을 가늘게 뜨고 보면 좀 더 낯선 각도로 놓인 정사각형이 드러날지도 모른다.

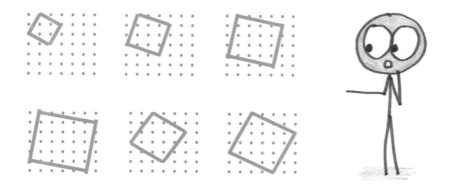

나는 〈꼭짓점〉 게임에서 이 비스듬한 정사각형을 제외했다. 이런 게 없더라도 게임이 충분히 복잡하다고 느꼈기 때문이다. 하지만 누가 알겠는가? 어쩌면 내 지각력 훈련이 부족했었던 탓인지.

변종과 연관 게임

다인용 꼭짓점

플레이어가 3~4명인 경우 더 큰 게임판(예를 들어 9×9)을 사용한다. 또한 A, B, C, C, B, A, A, B, C 같은 식으로 턴 순서를 'ㄹ자'로 진행하는 편이 좋다. 일명 〈다인용 꼭짓점〉Multiplayer Corners 게임이다.

둘레식 꼭짓점

'승자 독식' 현상이 너무 많다고 느낀다면 사각형을 차지하는 힘을 약화시켜도 된다. 정사각형 내부 전체에 빈 점을 배치하는 대신 주변에만 배치하는 것이다. 이것이 〈둘레식 꼭짓점〉Perimeter-Style Corners 게임이다.

쿼드와 퀘이사

1979년 대학생 키스 스틸G. Keith Still이 발명하고 1996년 수학자 이언 스튜어트Ian Stewart가 《사이언티픽 아메리칸》Scientific American에 공유한 〈쿼드와 퀘이사〉Quads and Quasars 게임은 〈꼭짓점〉과 비슷하지만 큰 차이점이 있다. 첫 정사각형 하나만 만들면 승리한다는 점이 그것이다.

여러분은 4개의 꼭짓점이 제거된 11×11 모눈에서 플레이한다. 각 플레이어는 쿼드(한 플레이어는 빨간색, 다른 플레이어는 검은색. 10원짜리와 50원짜리, 또는 〈바둑〉 백돌과 흑돌을 사용할 수 있다.)라는 말 20개와 퀘이사(두 플레이어 모두 흰색, 100원짜리 사용 가능)라는 차단 말 7개를 가지고 시작한다. 번갈아 가며 게임판에 쿼드를 배치한다. 목표는 정사각형의 네 꼭짓점을 만드는 것이다. 이 꼭짓점은 모눈에 따라서 만들 수도 있고 45도 대각선으로 만들 수도 있다. 또는 그밖의 모든 비스듬한 각도로 만들 수 있다.

퀘이사는 차단용이다. 한 턴에(자신의 쿼드를 놓기 전에) 원하는 만큼 놓을 수 있지만, 한 게임에는 7개만 있으므로 신중하게 배치하자. 사각형이 형성되지 않은 채 게임이 끝나면 플레이하지 않은 퀘이사를 더 많이 가진 플레이어가 승리한다.

제17장

아마존

흥미롭고 의미 있는 결정을 하는 최적의 방법은?

사라지는 영토에 관한 게임

나비, 포켓몬, 또는 레너드 코헨Leonard Cohen의 노래 〈할렐루야〉처럼 〈아마존〉 게임은 최종 형태에 도달하는 데까지 오랜 시간이 필요했다. 이 개념은 수학적 문서(1940년대)에서 시작해 《사이언티픽 아메리칸》의 칼럼(1970년대)과 독일 보드 게임 출판사(1980년대)를 거쳐 마침내 아르헨티나의 퍼즐 잡지(1990년대) 까지 나아갔다.

기다릴 만한 가치가 있었다. 〈아마존〉 게임을 걸작이라고 생각하는 팬이 많다. 열정적인 플레이어 맷 로다Matt Rodda는 이 게임을 초보자가 하기 좋지만 깊이가 부족한 〈티코〉와 깊이는 있지만 기억해둬야 할 전술이 너무 많아서 수렁에 빠지는 〈체스〉 또는 〈바둑〉 같은 게임 사이의 완벽한 중간 지점이라고 부른다. 〈아마존〉은 두 마리 토끼를 다 잡은 게임이다. 깊이 있으면서도 접근성이 좋은 탁월한 조합 게임이기 때문이다.

게임 방법

무엇이 필요할까?

플레이어 2명, 체스판, 검은색 말 3개, 흰색 말 3개. 이 말들은 아마존이라고 불리며 퀸처럼 움직인다(말이 꼭 퀸일 필요는 없다. 아무 말이나 자유롭게 사용한다). 또한 '파괴된' 칸을 표시하기 위해 동전이나 카운터 여러 개가 필요하다. 만일 종이에 8×8 모눈을 그린다면 '파괴된' 칸을 펜이나 연필로 표시할 수 있다. 체스판이든 모눈종이든 시작할 때 말 6개는 다음과 같이 배치한다.

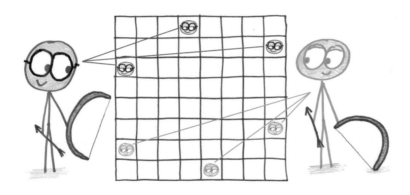

목표는 무엇일까?

게임판의 파괴가 완료되었을 때, 여러분의 말이 마지막 남은 아마존이 된다.

규칙은 무엇일까?

1. 매 턴마다 아마존 중 하나를 선택하고 〈체스〉의 퀸처럼 대각선을 포함해 원하는 방향으로 원하는 거리만큼 이동한다.

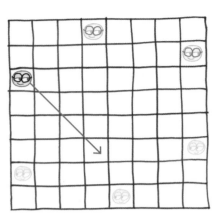

이동한 아마존은 새 위치에서 아무 방향으로나 '불타는 화살'을 발사한다. 이 화살도 퀸처럼 움직이며 도착한 칸을 파괴한다. 중간에 통과한 칸은 영향을 받지 않는다.

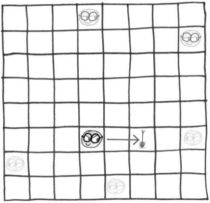

2. 이런 식으로 계속한다. 파괴된 칸과 모든 말은 넘어갈 수 없는 장애물로 작용한다. 다시 말해 아마존은 그런 것을 통과할 수 없다…

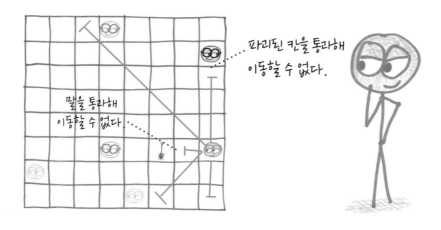

파리된 칸을 통과해 이동할 수 없다.

말을 통과해 이동할 수 없다.

그리고 화살도 그런 것 너머로 발사할 수 없다.[7]

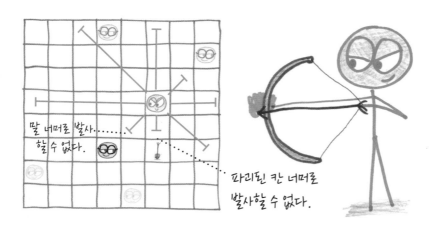

말 너머로 발사할 수 없다.

파리된 칸 너머로 발사할 수 없다.

3. 결국 전체 게임판이 파괴되거나 도달할 수 없게 되어 모든 아마존이 갇힌 채로 남게 된다. 제일 마지막으로 움직일 수 없게 되는 아마존을 가진 사람이 승자다.

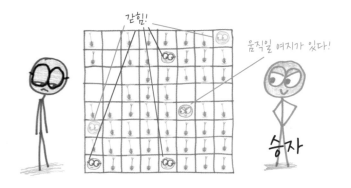

맛보기 노트

매 턴마다 한 칸이 화염에 휩싸인다. 따라서 플레이 영역은 안전하고 드넓은 대륙에서 축소되는 섬으로 이루어진 연약한 군도로 변모해 결국 모든 것이 종말의 불길에 휩싸이게 된다. 이게 재미없다면 대체 뭐가 재미있을까?

막판을 향해 가면 게임판은 여러 개의 **궁실**로 분리된다. 다시 말해 한 영역에 말 하나(또는 여러 개지만 전부 동일한 색깔의 말)만 포함되는 것이다. 이 시점부터 전략은 간단하다. 궁실을 한 번에 한 칸씩 둘러보고 떠날 때마다 각 칸에 화살을 발사하며, 자신의 피난처를 파괴하기 전까지 가급적 많이 이동한다.

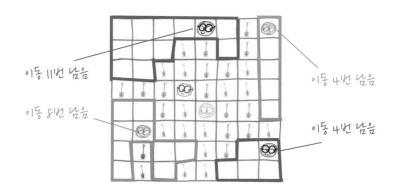

승리하려면 상대방을 작은 궁실에 가두고 자신의 말은 넓은 궁실을 개척해야 한다. 물론 말로는 쉽지만 현실도 그럴까? 게임을 플레이하다 보면 갑작스런 운명의 역전이 빈번하게 찾아온다. 어느 순간에는 적을 숨 막히는 방에 가둘 수 있을 것 같다. 그런데 상대는 이내 빠져나와 대신 여러분을 가둔다.

한 플레이어는 "〈아마존〉은 점진적인 게임이 아니다. 예기치 못한 수가 갑작스럽게 게임의 전체 향방을 바꿀 수도 있다."라고 보고했다.

게임의 유래

1940년대에 데이비드 L. 실버먼David L. Silverman이 〈아마존〉의 조부모 격인 〈쿼드라파지〉Quadraphage를 고안했다. 이 게임의 이름은 '사각형'을 의미하는 쿼드와 '먹는 이'를 의미하는 파지에서 유래했다. 〈쿼드라파지〉에서는 〈체스〉말(예를 들어 킹 또는 나이트)이 게임판 가장자리에서 탈출하려 하는 반면, 사각 칸을 먹는 적은 카운터를 배치해 가두려 한다. 그것은 좋은 정신 운동이지만, 게임이라기보다는 퍼즐 모음에 가까워서 그 속의 각 퍼즐이 풀릴 때마다 점점 재미가 없어진다.

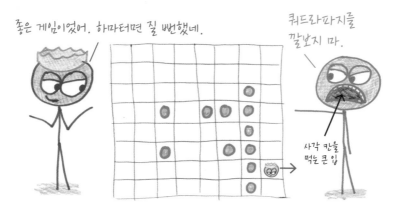

좋은 게임이었어. 하마터면 질 뻔했네.

쿼드라파지를 깔보지 마.

사각 칸을 먹는 큰 입

제대로 된 게임은 1981년 앨릭스 랜돌프Alex Randolph가 〈페르데앱펠〉Pferde-appel이라는 이름으로 만들었다. 독일어로 '말똥'이라는 뜻이다. 사실 나는 이런 이름은 쓸 상상조차 하지 못했다. 게임 방법은 이렇다. 나이트 둘이 체스판의 맞은편 꼭짓점에서 시작한다. 매 턴마다 〈체스〉 나이트의 행마법(수평으로 두 칸, 수직으로 한 칸, 또는 그 반대)으로 나이트를 이동하고 방금 있던 칸에 카운터(신선한 말똥을 상징한다.)를 놓는다. 기사는 똥을 뛰어넘을 수 있지만 그 위에 착지해서는 안 된다. 상대방을 붙잡거나(그 위에 착지) 가두면(움직일 곳이 똥이 있는 칸밖에 없게 하면) 이긴다. 이 게임은 식사 시간에 하긴 그렇다.

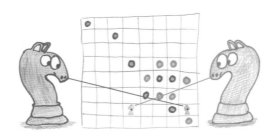

마침내 1992년 아르헨티나의 게임 디자이너 왈테르 삼카우스카스Walter Zamkauskas가 퍼즐 잡지 《엘 아세르티호》El Acertijo에 자신이 4년 전 발명한 게임인 〈아마존〉을 발표했다. 내 생각에 그가 둔 신의 한 수는 칸을 파괴하는 규칙이었다. 〈쿼드라파지〉는 공짜 선택권을 제공하고 〈페르데앱펠〉은 선택권을 아예 제공하지 않는 반면, 〈아마존〉은 영리하게 제한된 선택권을 제공한다.

왜 중요한가

〈아마존〉은 게임의 본질인 '의미 있는 결정'을 보여준다. 〈아마존〉의 각 수는 말이 움직이고 화살을 발사하는 두 가지 동작이 결합된 것이다. 별거 없어 보이겠지만 속지 마시라. 이 간단한 조합은 분기 계수라는 개념 때문에 엄청난 복잡성을 생성한다.

게임의 분기 계수는 다음 질문에 대한 답이다. 평균적인 턴에 얼마나 많은 옵션이 있을까? 예를 들어 틱택토는 분기 계수가 약 5다. 따라서 일반적인 턴에서는 다섯 가지 정도의 선택지 중에서 하나를 선택한다. 모든 가능성을 곱하면 틱택토가 2만 5,000가지 이상의 방식으로 전개될 수 있음을 알게 될 것이다. 간단한 게임치고는 나쁘지 않다.

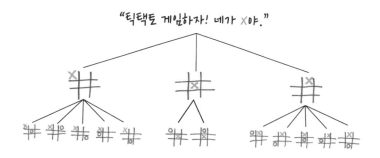

〈체스〉의 분기 계수는 30 또는 35로 추정되며, 이는 일반적으로 한 턴에 수십 가지 수를 제공한다는 것을 의미한다. 꽤 분기가 많다. 처음 네 번의 수(플레이어당 2개씩)는 백만 가지가 넘는 방식으로 전개될 수 있으며 전체 게임 트리는 대략 10만 120가지로 구성된다. 그것은 눈에 보이는 우주에 있는 아원자 입자의 수보다 훨씬 많다.

그러나 〈체스〉조차도 〈아마존〉 게임의 초기 분기 계수와 비교하면 태양 앞의 촛불이다. 첫수는 이동할 위치에 대한 옵션만 50개 이상이며, 각 옵션마다 화살을 발사할 위치에 대한 최소 15개의 옵션이 있어 총 1,000개 가까운 가능성이 있다. 단지 첫 번째 수에 대해서만 그렇다. 게임판이 가득 차면 분기 계수가 감소한다. 하지만 많은 수가 오간 뒤에도 아직 수백 가지 분기가 남아 있어 〈체스〉는 물론이고 심지어 〈바둑〉까지 앞지를 수도 있다.

게임 디자이너 닉 벤틀리Nick Bentley의 말에 따르면 "〈아마존〉 게임에 놀랄 만한 요소가 그토록 많은 이유는 분기 계수가 거대하기 때문이다. 덤불 같은 게임 트리 안에서 위협을 놓치기가 정말 쉽다."

게임계에서는 흔히들 게임을 '흥미로운 결정의 연속'이라고 정의한다. 그러나 큰 분기 계수가 곧 흥미로운 결정을 보장하지는 않는다. 선택권이 부족한 게임이 여러분을 지루하게 만들 수 있는 것처럼 선택권이 지나쳐도 여러분을 마비시킬 수 있다. 나는 그런 것보다는 결정이 흥미로워지기 위한 다음 두 가지 요건을 본다. (1)어느 결정이 여러분의 목표에 도움이 되는지를 알 수 있는 능력이다. 그리고 이것 만큼이나 중요한 것이 (2)이 능력의 격차 또는 결점이다.

고전 게임 〈님〉Nim을 생각해보자. 이 게임은 탁자에 아이템 몇 무더기를 놓고 시작한다. 각 무더기는 아이템 몇 개로 이루어진다(전통적으로는 1, 3, 5, 7 등). 게임이 시작되면 매 턴마다 무더기 하나를 선택해서 원하는 만큼(아이템 하나부터 그 무더기 전체까지) 아이템을 제거한다. 계속 턴을 번갈아 가며 진행하라. 마지막 아이템을 제거하는 사람이 이긴다.

처음 몇 턴 동안은 좋은 수와 나쁜 수를 구분하는 것이 거의 불가능하다. 이

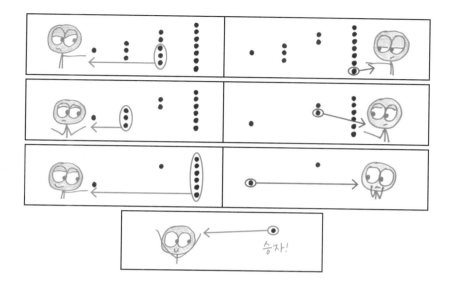

단계에서 남은 요구 사항 1번을 통과하지 못한다. 나중에 몇 가지 항목만 남아 있으면 모든 가능성을 검토하고 최적의 선택을 결정할 수 있다. 그러나 그것은 요구 사항 2에 맞지 않는다. 무엇이 최선의 선택인지 너무 쉽게 보이면 오히려 선택의 여지가 전혀 없는 것과 같다. 이는 하인 도너Hein Donner가 〈체스〉에 대해 한 말과도 일맥상통한다. "내게 불리한 상황인 게임을 주면 그냥 할 것이다. 그러나 완전히 이길 수밖에 없는 상황을 준다면, 그건 참을 수 없다."

다시 말해 〈님〉은 랜덤 수에서 뻔히 정해진 수로, 100퍼센트 무지에서 100퍼센트 확실성으로 곧바로 도약한다. 의미 있는 선택이 존재하는 안개 낀 영역

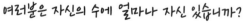

여러분은 자신의 수에 얼마나 자신 있습니까?

0% '너무 어려워서' 지루   좋은 게임이 서식하는 중간 지역   '너무 쉬워서' 지루 100%

인 직감과 체득, 부분적 지식이라는 중간 지점을 통과하는 법이 없다. 요컨대 〈님〉은 수학으로서는 훌륭하지만 게임으로서는 형편없다는 뜻이다.

〈아마존〉은 그 신성한 중간 지대에 있다. 최선의 수를 식별할 수는 없지만 좋은 수에 대한 직관은 빠르게 계발할 수 있다. 내 말의 움직임을 방해받지 않고서 게임판의 모든 영역에 도달할 수 있는가? 상대방의 말이 갈 곳 없어서 한데 뭉쳐 빠르게 축소되는 영역에서 벗어나려 애쓰고 있는가?

여러분이 모든 수를 늘상 잘 파악하지는 못 할 것이다. 때로는 그 덤불 같은 게임 트리의 보이지 않는 가지가 얼굴을 때리는 상황에 처하게 된다. 하지만 이게 재미없게 들린다면 대체 뭐가 재미있다고 할 수 있을까?

변종과 연관 게임

6×6 아마존

더 빠른 게임 진행을 위해 6×6 게임판에서 다음 그림과 같은 위치에 아마존을 둘씩만 두고 게임을 시작한다. 이것이 〈6×6 아마존〉6-by-6 Amazons이다.

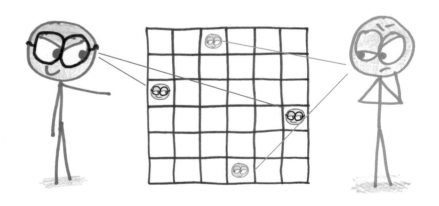

10×10 아마존

〈10×10 아마존〉10-by-10 Amazons은 8×8 버전보다 더 길고 복잡하다. 사실 이것이 왈테르 삼카우스카스가 원래 게시한 아마존이다. 다음 그림처럼 각각 4개의 아마존으로 시작한다.

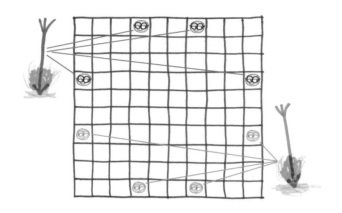

수집가

〈수집가〉Collector는 월터 조리스가 디자인한 멋진 아마존류 게임이다. 6×6 모눈에서 플레이하는데 매 턴마다 (1)원하는 칸에 표시하고 (2)비어 있는 이웃 (대각선 포함) 칸을 제거한다. 더 이상 움직일 수 없을 때까지 플레이하라. 승자는 가장 크게 연결된 표시 덩어리를 만드는 사람이다. 대각선 연결도 인정된다.

쿼드라파지

〈쿼드라파지〉는 〈아마존〉 게임의 증조부모다. 킹이나 나이트, 루크, 퀸으로 플레이할 것을 권장한다.

1. 첫 번째 플레이어는 체스판의 아무 곳에나 〈체스〉 말(예를 들어 킹)을 놓고 시작한다. 매 턴마다 〈체스〉 게임에서 움직이는 것처럼 말을 움직인다.
2. 두 번째 플레이어는 한 줌의 동전을 가지고 시작한다. 매 턴마다 원하는 칸에 동전을 놓아서 첫 번째 플레이어에게 접근 금지임을 표시한다.
3. 첫 번째 플레이어는 게임판 가장자리에서 빠져나오며 사용된 동전당 1점을 얻는다. 갇혀서 탈출할 수 없으면 0점을 얻는다.
4. 플레이가 끝나면 역할을 바꾼다. 더 많은 점수를 얻은 사람이 승자다.

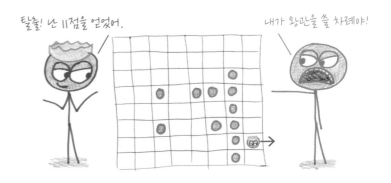

페르데앱펠

〈페르데앱펠〉 게임의 각 플레이어는 일반적인 방식으로 움직이는 나이트를 조종한다. 기사들은 8×8 체스판의 반대쪽 꼭짓점에서 시작한다. 매 턴마다 나이트를 이동한 뒤 방금까지 있던 칸에 마커를 배치해서 다시는 들어갈 수 없음을 나타낸다. 상대편 나이트를 붙잡거나(그 자리에 도착함으로써) 함정에 가두면(움직일 수 없게 함으로써) 승리한다.

제18장

넓고 깊은 조합 게임

조합의 깊은 바다를 탐험하며 수학적 본능을 깨우다

어쩌면 모든 것이 조합 게임이다

이제부터 설명할 게임은 약간 절충적이라고 느낄 수 있다. 여기에는 도미노 배치, 선 연결, X자 그리기, 물체 회전이 포함된다. 어쩌면 여러분이 "뭐가 어떻게 되는 거야? 모든 것이 조합 게임이란 뜻이야?"라고 물을지도 모르겠다.

음, 사실 그렇다. 8세기 히브리어 경전 《형성의 서》Sefer Yetzirah의 지혜를 생각해보자. 모든 것, 모든 실재는 히브리어 알파벳의 글자를 조합하고 다시 조합해 만들어졌다고 한다. "하나님께서 [글자를] 그리셨다. … 그것들을 결합하고, 무게를 달고, 교환하고, 그것들을 통해 모든 피조물과 창조될 만물을 생산하셨다." 이런 관점에서 보면 신은 조합자이고 여러분과 나는 그저 조합일 뿐이다.

그러니 나의 동료 분자 조합 여러분, 이 작은 규칙 조합들을 즐겨주길 바란다.

조합 인구조사

종족/민족: 나는
광대한 조합의···.

☐ 세포
☐ 부품
☐ 원자
☐ 히브리 글자
☐ 말하기 싫다.

전환점

어지러운 회전 게임

〈전환점〉Turning Points이라는 이 어지러운 2인용 게임을 하려면 정사각형 게임판(빠른 게임에는 4×4, 더 긴 게임에는 6×6을 추천)과 **특정 방향으로 향할 수 있는 이동용 말**이 필요하다. 나는 금붕어 과자를 즐겨 사용하지만 게임 제작자인 조 키센웨더는 골판지 포커 칩에 화살표를 그릴 것을 권장한다.

플레이어들은 각자 게임판의 반대편에 앉아서, 번갈아 가며 빈칸에 말을 놓는다. 각 말은 4개의 인접한 칸 중 하나를 향해야 한다(대각선은 포함되지 않는다). 이렇게 향한 이웃 칸에 말이 있다면, 그 말은 시계 방향으로 90도 회전한다. 그렇게 회전한 말이 다른 말을 가리키면 그 말도 시계 방향으로 90도 회전한다. 그런 식으로 빈칸 또는 게임판의 가장자리를 가리키는 말에 도달할 때까지 계속한다.

새로 배치된 말

돈다!

돈다!

돈다!

빈칸, 회전이 끝난다.

게임판이 가득 찰 때까지 플레이한 다음 게임판에서 여러분 쪽을 가리키는 말당 1점을 얻는다. 점수가 높은 쪽이 승리한다. 4명의 플레이어가 함께 플레이하려면 게임판의 네 면을 모두 사용한다. 3명 또는 6명으로 플레이하려면 작은 육각형이 모인 큰 육각형 게임판을 사용하고 90도 회전 대신 60도 회전한다.

붐비는 도미노 게임

〈도미니어링〉 게임에서는 2명의 플레이어가 번갈아 가며 직사각형 모눈에 도미노를 배치한다. 한 플레이어는 도미노를 수직으로 놓고, 다른 하나는 수평으로 놓

는다(도미노에 적힌 숫자는 무시해도 된다). 자신의 차례인데 **도미노를 놓을 곳이 없으면 패배한다.**

초기 움직임은 약간 랜덤하게 느껴진다. 그러나 곧 복도가 나타나기 시작한다. 여러분과 여러분의 상대는 미래를 위한 '안전한' 자리를 확보하기 위해 경쟁한다. 결국 게임판은 서로 연결이 끊어진 뭉치들로 분해되고 각 플레이어에게 몇 수 남았는지를 정확히 계산할 수 있다.

수직: 안전한 수 2개 평: 안전한 수 3개

〈정지문〉Stop-Gate 또는 〈교차 채우기〉Cross-Cram라고도 알려진 이 게임은 조합 게임 이론의 고전이며 정식 교과서인 《수학 놀이에서 이기는 방법》Winning Ways for Your Mathematical Plays에도 대문짝만하게 등장한다. 다른 고전 게임(〈님〉의 백만 가지 변형 등)은 캐주얼한 게임 플레이보다는 수학적 분석에 더 적합하지만 〈도미니어링〉은 두 용도 모두에 적합하다. 그건 그렇고, 꼭 실제 도미노를 쓸 필요는 없다. 모눈종이의 칸을 색칠하며 플레이할 수도 있다.

선을 지켜라

스네이크처럼 늘어나는 게임

〈선을 지켜라〉Hold That Line는 시드 잭슨Sid Sackson이 틱택토의 대안으로 고안한 게임이다. 그는 "틱택토를 시작부터 끝까지 누워서 플레이하려 한다면, 누구나 예외 없이 잠에 빠질 것이다."라고 썼다. 시드는 이 지루한 게임이 무승부로 끝나지 않도록 보다 더 풍미 있는 게임으로 대체되기를 바랐다.

게임을 시작하려면 점을 4×4 배열로 그린다. 첫 번째 플레이어는 임의의 길이의 직선으로 임의의 두 점을 연결한다. 그 직선은 수직, 수평 또는 45도 대각선 방향이어야 한다.

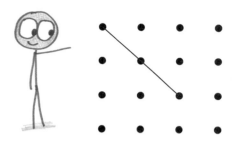

그런 다음, 번갈아 가며 이 선의 어느 한쪽 끝에서 다른 선(수직, 수평 또는 45도 대각선)을 그려서 연장한다. 연장선의 길이는 얼마가 되든 상관없지만 다른 선과 교차하거나 닿아서는 안 된다. 더 이상의 확장이 불가능할 때까지 플레이한다. 마지막 연장선을 그리는 사람이 패배한다.

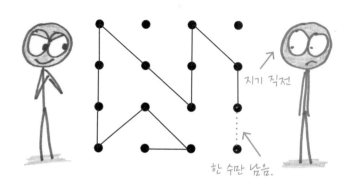

지기 직전

한 수만 남음.

시드의 게임은 에두아르 뤼카가 〈점과 상자〉와 함께 게재한 오래된 게임과 유사하다. 다만 뤼카의 버전에는 몇 가지 차이점이 있다. (1)6×6 점 배열에서 플레이한다. (2)인접한 두 점을 연결하는 짧은 수직선 또는 수평선으로 이동해야 한다. (3)상대방의 가장 최근 수를 기반으로 해서 나아가야 한다. 즉 '스네이크'는 한쪽 끝에서만 성장한다. (4)마지막으로 수를 두는 플레이어가 승자다.

고양이와 개

어울리기를 거부하는 게임

〈고양이와 개〉Cats and Dogs 게임을 하려면 먼저 종이에 7×7 모눈을 그린다. 그런 다음 번갈아 가며 각자의 동물을 배치한다. 한 플레이어는 '고양이'(즉 X), 다른 플레이어는 '개'(즉 O)다. 고양이와 개는 서로 이웃해서는 안 된다. 대각선으로도 마찬가지다. 마지막으로 수를 둘 수 있는 플레이어가 승자다.[8]

고양이는 두 수가 남았는데 개는 더 둘 수가 없다.

이 게임은 대수학자(위대한 수학자가 아니라 '대수학'을 연구하는 학자라는 뜻이다. —옮긴이) 사이먼 노턴Simon Norton이 개발했다. 그의 이름을 따서 〈스노트〉 Snort로도 알려져 있다. 그는 고양이와 개 대신에 다양한 들판에서 풀을 뜯고 있는 황소와 암소를 상상했는데, 소들은 이성과 너무 가까이 있으면 시끄럽게 콧김snort을 내뿜기 쉽다.[9] 들판은 모눈 배열을 따를 필요가 없다. 원하는 지역의 지도를 복잡하게 그려도 된다.

이와 관련 있는 조합 게임 이론의 고전 〈콜〉Col은 핵심 규칙을 뒤집는다. 반대편 종과의 이웃은 허용되고 같은 종끼리의 이웃은 금지된다. 〈콜〉은 수학적으로 분석하기 쉬운데, 아마도 이런 이유 때문에 플레이하는 재미는 덜할지도 모른다. 게임판 여기저기에 고양이를 흩어놓고 서로 떨어져 있기를 바란다고? 우우! 들쭉날쭉한 고양이 벽으로 영토를 안전하게 가로막고 있는가? 이제 좀 재미있겠군.

행 부르기

통제를 공유하는 게임

〈행 부르기〉Row Call 게임은 간단한 반전이 있는 틱택토다. 여러분은 표시가 어디에 놓일지 완전히 제어할 수 없다. 대신 매 턴마다 행이나 열을 선택하면 상대방이 해당 행이나 열 안에서 여러분의 기호를 배치할 위치를 최종 결정한다. 엘리스 존슨 드레이어Elise Johnson-Dreyer의 학생들은 이 게임을 보스의 틱택토라고 불렀다. 내가 이 이름을 좋아한 이유는 보스가 누구인지 명확하지 않기 때문이다.

4×4 모눈에서 플레이하는데 쉽게 참조할 수 있도록 열(Y-O-U-R)과 행 (P-I-C-K)에 레이블을 지정한다. 일렬로 3개를 먼저 두는 사람이 승자다.

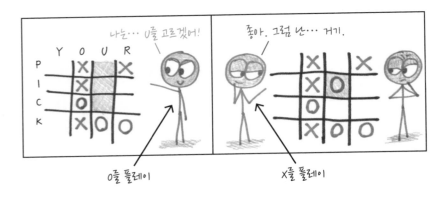

O를 플레이   X를 플레이

플레이 초반에는 상대방이 여러분보다 여러분의 수를 더 많이 통제하는 것처럼 느껴진다. 그러나 게임이 진행됨에 따라 협상력이 전환된다. 때로는 한 자리만 남아 있는 행을 선택해 상대가 어디에 표시를 할지 선택하지 못하게 할 수도 있다. 게임을 더 오래 하고 싶다면(어쩔 수 없이 시작도 느려진다.) 5×5 모눈에서 플레이하고 일렬로 4개를 놓는 것을 목표로 한다.

'상대방이 내 수의 뒷부분을 마무리한다' 원칙은 〈점과 상자〉나 〈체스〉 같은 다른 게임에 적용해도 재미있을 것이다. 내가 점 한 행을 고르면 상대방이 내 선이 그려질 위치를 선택한다. 또는 내가 이동할 말을 선택하면 이동할 위치는 상대방이 선택한다. 다만 내가 말을 선택하면서 "체크." 또는 "잡는다."라고 말하면 상대방은 그 말이 유효해지는 이동만 할 수 있다.

제4부

위험과 보상 게임

"말 하나를 지키려다 게임에서 질 것인가?"

INTRO

여러분은 매일 위험과 보상 게임을 한다. 보행 금지 표지판 건너기, 공개적으로 상사의 실수 지적하기, 유통기한이 지난 우유 마시기⋯. 이런 모든 '게임'은 우유와 같은 보상을 약속하지만 식중독과 같은 위험을 수반한다. 수학은 그런 결정에 대해 할 말이 많다. 자, TV를 켜보자. 그럼 알 것이다.

TV 쇼 대부분이 위험과 보상 수학에 대한 사례 연구의 확장판에 불과하다.

어떤 쇼는 불확실성을 정량화하는 수학의 한 분야인 **확률 이론**에서 나온 고전적인 퍼즐을 제시한다. 또 어떤 쇼는 전략적 상호 작용의 수학인 게임 이론을 다룬다. 대부분의 쇼는 이 두 가지 모두를 엮어서 성가신 수학적 딜레마를 만들어낸다.

해나 프라이Hannah Fry(영국의 수학자이자 방송 출연자. 데이트 같은 인간 행동 패턴과 수학의 관계를 연구한다.— 옮긴이)가 출연하는 BBC 스페셜에 대해 말하는 것이 아니다. 게임 쇼에 대한 이야기다.

〈딜 오어 노 딜〉Deal or No Deal(미국 NBC의 TV 게임 쇼— 옮긴이)을 예로 들어보자. 이 쇼는 하위 맨델Howie Mandel이라는 남자가 마치 고대의 영혼을 소환하듯 '100만 달러'라고 반복해서 말하며 어두운 무대를 성큼성큼 걸어가는 것으로 시작된다. 또한 무대 위에는 같은 드레스[1]를 입은 26명의 여성이 들고 있는 26개의 닫힌 철가방이 있다. 각 가방에는 0.01달러에서 100만 달러까지 다양한 금액이 들어 있다.

참가자가 가방을 선택한다. 그런 다음 다른 가방이 하나씩 열리며 가능성 목록에서 그 가방에 든 상품을 제거한다. 중간중간 그늘진 얼굴의 은행가가 전화를 걸어 참가자의 가방을 사겠다는 제안을 한다.

은행가의 제안: 77,000달러

거래할래요··· 말래요?

남은 상금	
0.01	1,000
1	5,000
5	10,000
10	25,000
25	50,000
50	75,000
75	100,000
100	200,00
200	300,000
300	400,000
400	500,000
500	750,000
750	1,000,000

도와줘, 확률 이론! 이 시나리오에서 참가자는 어떻게 해야 할까?

먼저 게임을 끝까지 100만 번 플레이하며 참가자의 가방 가치가 다르게 나오는 모든 경우를 상상해보자. 9개의 값이 남아 있으므로 게임의 9분의 1에서는 서글프게도 가방의 가치가 7달러다. 또 다른 9분의 1에서는 멋지게도 50만 달러나 된다.

그리고 나머지 9분의 7에서는 그 사이에 있는 모든 가치가 나온다. 이런 모든 가치의 평균을 계산한다. 이것이 가방의 '기대' 값이다. 1600년대에 학자인 크리스티안 하위헌스Christiaan Huygens가 말했듯이 '게임에서 내 자리를 이어받아 계속하고 싶어 하는 사람에게 합리적으로 양도할 수 있는 가격'을 포착하는 것이다. 이것으로 문제 해결. 다만 한 가지 작은 주의 사항이 있다. 〈딜 오어 노 딜〉의 은행가는 절대 기댓값만큼 제안하는 법이 없다는 점이다.

남은 상금	
0.01	1,000
1	5,000
5	10,000
10	25,000
25	50,000
50	75,000
75	100,000
100	200,00
200	300,000
300	400,000
400	500,000
500	750,000
750	1,000,000

은행가(실제로는 쇼의 제작자가 제어하는 알고리즘)의 목표는 돈을 절약하는 것이 아니다. 드라마틱하고 어려운 선택의 상황을 만들어 시청률을 극대화하는 게 진정한 목표다. 초기에 하는 제안은 헐값(때로는 기댓값의 40퍼센트 미만)

이라 참가자가 계속 플레이하도록 권장한다. 나중에는 더 좋은 제안을 하지만 기댓값에는 도달하지 못한다. 너무 쉬운 선택이기 때문이다. 사람들은 대부분 위험을 회피하려 하므로, 100만 달러를 받을지 말지 동전 던지기를 하는 대신 50만 달러를 확정적으로 받으라는 제안을 기꺼이 받아들인다. 문제는 40만 달러 혹은 30만 달러라 해도 받을 것이냐 하는 점이다. 참가자에게는 이런 선택이 더 어렵지만 TV쇼로서는 더 낫다. 재미를 줄 수 있으니까.

그러나 크리스티안 하위헌스의 100만 달러는 이제 됐다. 더 차분하고, 더 위엄 있고, 더 개명된 게임 쇼로 넘어가 보자. 바로 고전 퀴즈 쇼 〈제퍼디!〉Jeopardy! 다. 모든 회차의 에피소드에서 가장 중요한 문제는 '파이널 제퍼디'Final Jeopardy라는 마지막 질문이다. 참가자는 아직 질문을 보지 못한 상태에서 현재까지 획득한 상금 중 자기의 답변에 걸 돈을 비밀리에 정하게 된다. 대부분의 회차에서, 참가자들은 신뢰할 수 있는 패턴을 따라 판돈을 건다. 2위 참가자(도전자)는 모든 것을 걸고, 1위 참가자(선두)는 그 총액을 1달러 초과할 만큼만 건다.

정답이면 3만 달러,
틀리면 0달러

정답이면 3만 1달러,
틀리면 9,999달러

이상하지 않은가? 비밀이 보장됨에도 참가자는 기발한 수를 쓰는 일이 거의 없고 대신 예측 가능한 선택을 선호한다. 아마 존 폰 노이만은 이것을 당연하다고 생각할 것이다. 한때 그는 이렇게 말한 적이 있기 때문이다. "실제 삶은 허풍으로 구성되어 있다. 약간의 기만전술과 내가 하려는 일을 다른 사람들은 어떻게 생각할지에 대해 자문해보는 것이다. 그리고 이것이 내 이론에서 게임의 의미다."

폰 노이만은 전략적 상호 작용에 관한 수학인 게임 이론에 대해 언급하고 있다. 제4부에서는 폰 노이만의 유산을 몸소 겪으며 탐색할 것이다. 〈짱〉과 〈종이 권투〉 같은 게임에서는 상대의 심리를 분석해서 수를 예측하고, 그보다 한 발 먼저 움직여야만 한다. 여러분에게 최적의 수는 상대가 무슨 수를 두느냐와 밀접한 관련이 있다. 그렇다면 '파이널 제퍼디'에서는 게임 이론이 어떻게 작용할까?

글쎄, 표준적인 내기에서 도전자는 특정 시나리오를 기대하게 된다. 즉 자신은 질문을 맞히고 선두는 틀리는 것이다.[2] 그 밖의 모든 결과에서는 선두가 승리한다.

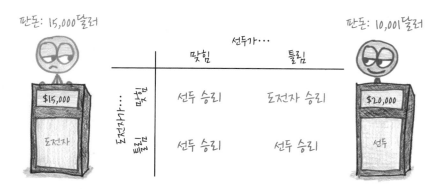

이것이 도전자가 선택할 수 있는 최선의 수인가? 전혀 아니다. 이렇게 하는 대신 0달러를 거는 게 낫다. 그럴 경우 도전자의 답이 틀리더라도 선두가 실수만 하면 도전자가 이길 것이다.

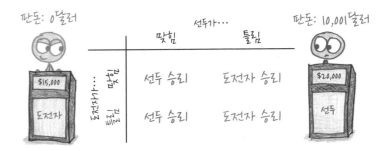

그러나 이 수에는 위험이 수반된다. 선두가 도전자의 교활한 전략을 예상한다면? 그러면 선두도 0달러를 걸어서 승리를 보장할 수 있다.

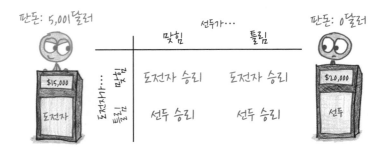

그럼 이번엔 도전자가 다시 이것을 예상하고 실제 금액을 걸어서 통제권을 쥘 수 있다.

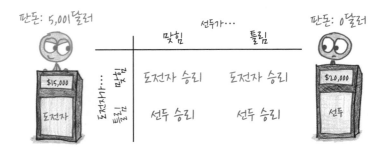

흥미롭지 않은가? 거의 모든 TV 쇼에 대해 유사한 분석을 할 수 있다. 〈휠 오브 포춘〉Wheel of Fortune에서 언제 모음을 구매해야 할지(문장에 들어갈 알파벳을 맞히는 게임. 영어에서 모음은 매우 많이 쓰이므로 특별한 가치가 있다. — 옮긴이), 〈백만장자가 되고 싶은 사람?〉Who Wants to Be a Millionaire?에서 추측에 도전할지 말지, 〈적정 가격〉The Price Is Right에서 어떤 가격이 적당할지. 이 모두가 게임 이론과 확률론의 문제, 위험과 보상을 계산하는 문제로 귀결된다.

이 바보 같은 게임들은 우리가 현실을 이해하는 모델 시스템이다.

으스스한 사례가 있다. 존 폰 노이만은 처음에 이웃들과 치는 포커 게임을 분석하기 위해 게임 이론을 개발했지만, 곧 그것이 지정학에 신기할 정도로 잘 들어맞음을 깨달았다. 냉전의 전략적 상호 작용에서 폰 노이만은 단순한 보상 매트릭스를 엿볼 수 있었다. 미국과 소련은 둘 다 세계적 패권을 원했다. 둘 다 평화를 추구한다면 당연히 평화가 찾아온다. 한쪽은 평화를 추구하는데 다른 쪽은 공격하면 침략자가 승리할 것이다. 그리고 둘 다 공격하면 핵전쟁이 일어날 것이다.

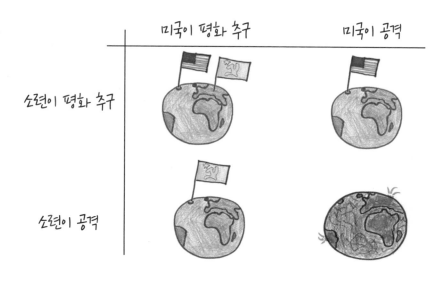

그는 미국에게 논리적 선택은 단 하나, 즉 보복 공격을 공개적이고 확고하게 약속하는 것밖에 없다고 결론지었다. 네가 나를 공격하면, 우리 모두가 끝장나는 한이 있더라도 나는 너를 끝장낼 것이다. 그리하여 'MAD'라는 적절한 이름으로 알려진 상호 확증 파괴mutually assured destruction라는 불안한 평화가 탄생했다.

이 세계가 게임 논리로 유지되고 있는 것이다.

다행히도 제4부에 소개되는 위험과 보상 게임은 그만큼 큰 위험을 수반하지 않는다. 〈짤〉에서 열한 살짜리 지인들이 여러분을 모욕한 것을 기억한다 해도, 세상이 핵 불바다로 끝나지는 않을 것이다. 여러분은 그걸 바랄지도 모르겠지만.

제19장

짤

판에 박힌 생각에서 벗어나 자유롭게 사고하는 힘

심리 게임 또는 숙련자에게는 정신 나간 게임

〈짤〉Undercut은 가족 여행 때 하기 딱 좋은 게임이다. 플레이에 필요한 것은 여러분의 손과 재치, 그리고 여러분이 화내는 것을 즐기는 상대뿐이다. 내가 처음 〈짤〉을 알려줬던 11세와 12세 아이들은 이 게임을 무척 좋아했다. 그 애들이 매번 나를 박살 냈기 때문만은 아니다. 쓰라린 상처를 안고 집에 온 나는 위안을 받기 위해 아내에게 승부를 걸었다. 그리고 세 번 연속으로 언더컷(짤)을 당한 아내는 꼼짝 못 하게 나를 쏘아보며 다시는 이 게임을 하지 않겠다는 약속을 받아냈다. 어쨌든 이제 우리 집에서는 이 게임이 금지되었으므로 여러분에게 선물로 제공한다.

게임 방법

무엇이 필요할까?

다섯 손가락을 가진 플레이어 2명,[3] 그리고 점수를 기록하기 위한 연필과 종이가 있으면 좋다.

목표는 무엇일까?

상대방보다 2~4 더 큰 숫자를 고른다. 혹은 그보다 더 좋은 목표인 숫자, 다시 말해 정확히 1 작은 숫자를 고른다.

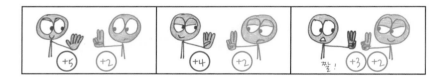

규칙은 무엇일까?

1. 각 플레이어가 1에서 5까지의 숫자 중 하나를 생각한 다음 셋을 세면 동시에 공개한다. 각자 손가락당 1점을 얻는다. 아주 간단하지만 한 가지 중요한 예외가 있다.

2. 여러분의 숫자가 상대방의 숫자보다 정확히 1 더 크면 '짤'당한 것이고 상대가 여러분의 손가락 수까지 전부 점수로 받아간다.

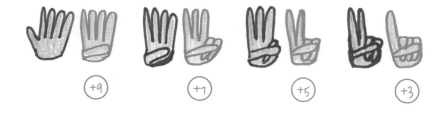

3. 이렇게 매 라운드 계속하다가 한 플레이어가 11점 이상 앞서면 이긴다.

맛보기 노트

단짠단짠이 빠르게 이어지는 〈짤〉은 수학 게임이라기보다는 심리 게임에 가깝다. 내가 4를 낼 것으로 예상한다고 가정해보자. 그럼 여러분은 3을 내고 싶을 것이다. 이것은 실제로는 2를 내야 한다는 것을 의미한다. 여기까지 따라가기 싫은 여러분은 대신 5를 고른다. 이렇게 되면 나는 다시 여러분이 예상했던 4로 돌아가게 된다. 이런 식으로 끝도 없이 계속된다.

  나는 〈짤〉을 영화 〈프린세스 브라이드〉The Princess Bride의 고전적인 장면에 비유한다. 시칠리아인 악당이 하나는 독이 들어 있고 다른 하나는 독이 들어 있지 않은 와인 두 잔을 마주하고 있다. 그가 어떤 컵에 독이 들었는지 추론하려고 필사적으로 맴돌며 혼잣말을 하는 장면이다. 〈짤〉도 이와 똑같은데 독이 적게 들었다는 점만 다르다. 솔직히 괜찮은 광고 문구 아닌가. "짤: 독이

든 성배 들이켜기 게임. 다만 독은 없음."[4]

게임의 유래

1962년 여름, 수학과 학부생 더글러스 호프스태터와 로버트 뵈닝거Robert Boe-ninger는 프라하행 버스를 타고 독일 남부의 꼬불꼬불 구부러진 숲속 길을 가고 있었다. 뇌가 녹을 만큼 지루해진 그들은 시간을 때우기 위해 〈짤〉을 고안했다. 그리고 마치 숫양이 뿔싸움을 하듯 라운드를 거듭하는 동안 이미 수십 킬로미터를 지나왔다.[5]

그해 가을, 호프스태터는 〈짤〉을 플레잉하는 컴퓨터 프로그램을 설계했다. 이 프로그램은 손가락 대신 숫자를 사용했다. 다시 말해 숫자 대신 숫자를 사용한 것이다. 그 목표는 상대방의 수에서 패턴을 감지하고 역이용하는 것이다.

호프스태터는 나중에 잡지 《사이언티픽 아메리칸》에 이렇게 썼다. "내 프로그램은 시작할 때는 지는 것처럼 보일 때가 많다. 상대 프로그램의 행동 패턴을 아직 '파악하지' 못했기 때문이다. 하지만 결국에는 상대의 생각을 '파악해서' 날렵한 사무라이처럼 '짤'라내며 승리를 거머쥘 것이다."

호프스태터는 "압도적인 힘을 느꼈다."라고 당시를 회상한다. 그러나 그가 미친 과학자처럼 낄낄대며 승리감에 도취되어 있을 때, 새로운 도전자가 등장했다.

그의 이름은 존 피터슨Jon Peterson으로 프로그램은 게임 이론을 간단히 적용한 것이었다. 호프스태터는 "내 프로그램이 진 것은 아니다. 다만 어떤 패턴도 파악하지 못했을 뿐이다."라고 설명했다. 얼마나 오래 플레이하든 간에, 두 프로그램은 그저 앞뒤로 시소를 타며 영원한 무승부에 안착했다. 사냥개가 전혀 냄새를 맡을 수 없었다. 호프스태터는 "당황스럽다."라고 적었다.

피터슨이 자신의 프로그램이 어떻게 작동하는지 설명하기 전까지는 당혹스러울 수밖에 없었다. 그 프로그램은 아예 호프스태터의 전술을 무시하고 특별한 확률 집합에 따라 랜덤으로 선택된 것이다.

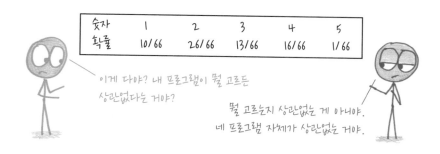

숫자	1	2	3	4	5
확률	10/66	26/66	13/66	16/66	1/66

이게 다야? 내 프로그램이 뭘 고르든 상관없다는 거야?

뭘 고르는지 상관없는 게 아니야. 네 프로그램 자체가 상관없는 거야.

사실상 피터슨의 프로그램은 10개 면에는 '1', 26개 면에는 '2', 13개 면에는 '3', 16개 면에는 '4', 마지막 1개 면에는 '5'를 써 붙인 66면 주사위를 굴리는 것에 불과하다. 이 경직되고 생각 없는 전략은 순진하면서도 미친 듯이 탁월했다. 이 프로그램은 여러분을 이길 수 없다. 그러나 같은 이유로 여러분도 이 프로그램을 이길 수 없다.

4를 내기로 결정했다고 치자. 사실 66번 연속 플레이를 추천하는데, 피터슨의 프로그램은 가상 주사위를 반복해서 굴리는 것이 전부라서 여러분이 어떤 전략을 쓰든 상관없이 벽돌처럼 역동적이고 단단하게 반응한다.

따라서 66라운드가 끝나면 다음과 같은 결과가 나온다.

결과	효과	빈도	합계
✊ 🎲	예이! +3	10번	+30
✊ 🎲	예이! +2	26번	+52
✊ 🎲	오, 안돼! -7	13번	-91
✊ 🎲	쩝. +0	16번	+0
✊ 🎲	예이! +9	1번	+9

66라운드 후 총계: +0

에휴… 결국 이거야?

66라운드 후, 여러분은 어디쯤 서 있을까? 평균적으로는 무승부다. 계속 4만 내어서는 피터슨의 프로그램을 이길 수 없다. 질 수도 없다. 장기적으로는 동률만 가능하다. 1, 2, 3, 5도 마찬가지다. 이 66개의 머리를 가진 괴물에게 어떤 숫자를 던지든 간에 그것은 여러분과 끝까지 싸울 것이다. 또한 결코 앞서지도 않고 뒤처지지도 않으며 모든 것을 무로 되돌릴 것이다. 마치 자신의 그림자와 경주하는 것처럼.

호프스태더는 이에 대해 '굴욕스럽고 격분시키는 경험'이라고 말했으며, 그야말로 그는 부글부글 끓어올랐다. 어쨌든 〈체스〉의 딥블루Deep Blue, 〈바둑〉의 알파고AlphaGo 또는 축구의 메건 라피노Megan Rapinoe처럼 인간을 뛰어넘는 지능에 맞서 실패하는 것에는 어떤 고상함이 있다. 하지만 이것이 난수 생성기와 맞먹는다고? 그건 그냥 슬픈 얘기다.

난 이니고 몬토야다. 넌 내 프로그램을 이겼지. 죽을 준비를 해라.
(〈프린세스 브라이드〉의 대사 패러디다. ― 옮긴이)

호프스태더, 넌 우리 둘 다를 부끄럽게 만들고 있어.

슬프지만 불가피하다. 여러분은 무작위성randomness을 능가할 수 없으며, 무작위성은 여러분을 능가할 수 없다.

왜 중요한가

무작위성은 압도적인 전략적 도구, 즉 우리가 제대로 휘두를 수 없는 도구다.

여러분이 최고 수준의 야구 투수라고 치자. 여러분의 무기고에는 강속구,

변화구, 너클볼, 맛초볼(야구 구종이 아니고 유대인 전통 요리다. ─옮긴이) 등 여러 가지 무기가 있다. 무엇을 던질지 어떻게 선택할까? 타자를 당혹스럽게 만들고 싶다면 아무런 단서도 주지 않고 어떤 규칙도 따르지 않는 것, 즉 랜덤으로 던지는 것이 최선이다.

또는 순록을 사냥하는 나스카피Naskapi(퀘벡과 래브라도주에 사는 북미 원주민─옮긴이) 사냥꾼이라고 치자. 어디에서 순록 무리를 찾아야 할까? 규칙적인 주기로 여러 장소를 방문하거나 항상 마지막으로 성공한 지점을 다시 방문하는 등의 패턴에 빠지면 순록은 여러분을 피하는 법을 배울 수 있다. 가장 좋은 방법은 랜덤화하는 것이다.

또는 언제 어디서 공격할지 계획하는 고대 로마 장군이라고 치자. 적이 여러분의 움직임을 예상하는 것을 원하지는 않을 것 아닌가? 그렇다면 단 하나의 선택, 랜덤화밖에 없다.

마지막 예로, 현대인인 여러분의 어쩔 수 없는 선택, 비밀번호 고르기도 있다.

무작위성의 다양한 활용법

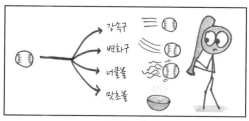

야구 구종 선택

사냥 장소

비밀번호 생성

카르타고 전쟁

"MyDogIsCute", "GO_ YANKEES" 또는 "passw0rd1234"와 같이 진부하고 추측하기 쉬운 비밀번호는 원하지 않을 것이다. 대신 가능한 모든 비밀번호가 들어 있는 거대한 모자에 손을 뻗어서 하나를 선택하기를 원한다… 음, 랜덤으로.

랜덤 전략은 완전히 투명하고, 완전히 알 수 없다는 두 가지 특성을 동시에 지닌다. 상대는 여러분이 무엇을 하고 있는지 정확히 알고 있다. 하지만 여러분이 재치와 전략에 대한 모든 생각을 버리고 마치 참선하듯 혼돈에 몸을 던지기 때문에 상대는 여러분을 앞지르거나 능가할 수 없다. 그야말로 영민하며 난공불락이다. 다만 여기에는 한 가지 문제가 있다. 우리에게는 체질적으로 그럴 능력이 없다는 점이다.

우리의 두뇌는 카드 덱이 아니다. 그보다는 오히려 신문 스크랩과 붉은 실로 뒤덮인 음모의 벽(스릴러 영화 등에 흔히 보이는, 벽에 증거 사진들을 붙이고 실로 상관관계를 연결해 전체 구도를 파악하려는 추리 수법─옮긴이)에 가깝다. 우리는 온갖 곳에서 패턴을 본다. 실존하는 것은 물론이고 실체가 없는 것에서조차 말이다. 온갖 귀여운 동물 모양의 구름, 주가 그래프의 의미심장한 추세, 구운 빵에 나타난 종교적 형상. 어떤 사람들은 〈왕좌의 게임〉 마지막 시즌에서도 논리를 발견한다(그만큼 비논리적인 결말이었다는 뜻이다.─옮긴이). 따라서 우리가 랜덤으로 행동하는 능력이 형편없다는 것은 놀라운 일이 아니다.

0에서 9까지 숫자 중 하나를 랜덤으로 골라보라. 흠, 7을 골랐나? 그렇다면 여러분은 혼자가 아니다. 이는 가장 흔한 답변으로, 한 고전 연구에서는 응답의 30퍼센트 이상을 차지했다. 참으로 기이한 통계. 대답이 한쪽으로 몰리면 안 되는데도 몰리는 현상 말이다.

비슷한 맥락에서 살펴보자. 100개의 동전을 직접 던지는 것과 머릿속에서 가상으로 100번의 동전을 던져 앞뒤를 적는 것의 차이는 어떤 컴퓨터라도 구별할 수 있다. 실제 결과는 연속으로 6개의 앞면 또는 7개의 뒷면과 같이 길

'랜덤 숫자를 고르세요'에 대한 반응

실제 확률 수준

계속해봐. 정말 비랜덤한 느낌이네.

봐! 난 너무나 랜덤해!

게 이어지는 구간이 있게 마련이지만, 머릿속에서 하는 가짜 던지기는 그렇지 않다.

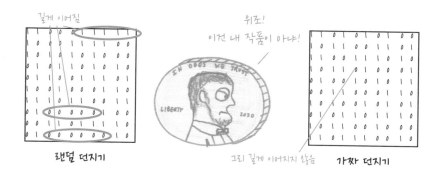

길게 이어짐

랜덤 던지기

위조! 이건 내 작품이 아냐!

그리 길게 이어지지 않음

가짜 던지기

물리학 교수 스콧 애런슨Scott Aaronson은 조잡한 패턴 찾기가 다음 키 입력을 예측할 수 있는지 확인하기 위해 학생들에게 반복적으로 f 또는 d를 입력하도록 요청한 적이 있다. 알고리즘은 간단했다. 가장 최근의 5개 문자 시퀀스(예를 들어 ffddf)를 보고 과거 사례를 스캔한 다음 일반적으로 다음에 오는 문자를 추측한다.

패턴 검색기는 70퍼센트 이상 맞혔다. 이 결과를 보고 애런슨은 다음과 같이 말했다. "나조차 내 프로그램을 이길 수 없었다. 그것이 어떻게 작동하는지 정확히 알고 있었는데도."[6]

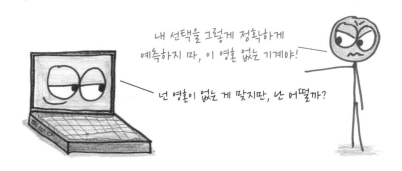

내 선택을 그렇게 정확하게
예측하지 마, 이 영혼 없는 기계야!

넌 영혼이 없는 게 맞지만, 난 어떨까?

게임을 해보면 무작위성에 대한 우리의 무능력이 드러난다. 예를 들어 가위바위보에서 도저히 이길 수 없는 전략은 각 옵션을 3분의 1 확률로, 그것도 랜덤으로 내는 것이다. 가위. 바위. 바위. 보. 바위. 보. 바위. 보. 보. 가위.

이론적으로는 아주 쉽다. 우리가 실행할 수 없을 뿐이다.

가위바위보 마스터는 지속적인 패턴을 관찰한다. 첫째, 초보는 바위를 많이 내는 경향이 있다. 둘째, 같은 기호를 세 번 연속으로 내는 사람은 거의 없다. 셋째, 진 사람(예컨대 '바위'에게 '가위'로 진 경우)은 냈다면 자기가 이겼을 옵션(이 경우 '보')으로 바꾸는 경향이 있다.

무작위성 또는 뭐든 그 비슷한 것을 달성하려면 우리 자신의 심리에서 벗어날 필요가 있다. 존 피터슨은 〈짤〉 챔피언을 만들 때 랜덤 선택을 스스로 생각하려는 시도조차 하지 않았다. 만일 그랬다면 어떻게든 뭔가 패턴이 나왔을 것이고 호프스태터의 프로그램은 이를 역이용했을 것이다. 피터슨은 그러는 대신 랜덤화를 컴퓨터에 아웃소싱했다.[7]

다른 사람들은 자연에 의존했다. 로마의 장군들은 공격 순간을 새 점술로

정했는데, 새가 가지에 내려앉아 우는 것을 신성한 신호로 여겼기 때문이다. 한편 나스카피 사냥꾼은 순록의 어깨뼈를 뜨거운 석탄에 얹어 가열한 다음 금이 가고 타는 패턴을 지도처럼 읽어서 다음 사냥 위치를 점지했다.

요점은 우리 자신의 판에 박힌 인지적 편향에서 벗어나려면 인간이 아닌 무언가의 도움이 필요하다는 것이다. 그것을 신성한 인도라고 부를지, 슈도랜덤 (의사난수) 생성이라고 부를지는 중요하지 않다.

나는 진정한 무작위성을 구현할 능력이 없어.

좋아. 자동 상관 짓기에서 빠져나오는 첫 번째 단계는 너에게 문제가 있음을 인정하는 거야.

〈짤〉을 충분히 플레이하면 무작위성을 일종의 보수주의로 보게 될 것이다. 66면 주사위처럼 게임에 접근하면 크게 잃지도 크게 이기지도 못 한다. 무작위성은 아무도 여러분을 쫓아낼 수 없는 안전하고 안정적인 횃대와 같아서, 끝없는 동률을 만든다.

그러나 영구적인 무승부를 넘어 그보다 더 잘하고 싶다면 스크럼을 짜야 한다. 상대방의 플레이에서 패턴을 따라가야 하는데, 그러면 자신의 플레이에도 패턴이 스며든다. 전쟁을 벌인다는 것은 자신의 방어에서 취약점을 드러낸다는 것을 의미한다.

승리를 쟁취하려면 패배 역시 감수해야 한다. 그렇다면 이것이 현명한 선택일까? 글쎄, 여러분이 새 점술의 달인이 아닌 이상, 이것은 선택도 아니다. 물론 무작위성이 이상적인 전략일 수 있다. 그러나 인간은 다행히도 이상적으로 행동하지 못한다.

변종과 연관 게임

짠

〈짠〉Flaunt은 더글러스 호프스태터의 과즙 변종이다. 규칙은 〈짤〉과 동일하지만 같은 번호를 연속으로 여러 번 내면 추가 점수를 얻는다. 예를 들어 두 번 연속으로 4를 플레이하면 두 번째는 $4 \times 4 = 16$점을 얻는다. 그 직후에 또 한 번 4를 플레이하면 $4 \times 4 \times 4 = 64$점이 된다. 이렇게 계속된다.

그러나 네 번 연속 4를 냈다가 상대방의 3에 의해 '짤'당하면 상대방은 3점에다 여러분의 $4 \times 4 \times 4 \times 4$를 더해 총 259점을 얻는다. 한 사람이 미리 정해진 양(예를 들어 100 또는 500)만큼 앞서 나갈 때까지 플레이한다.

모라

라이프스타일 쇼인 〈유로맥스〉Euromaxx에서는 〈모라〉Morra를 '세계에서 가장 시끄러운 게임'이라고 했다(분명히 내 딸이 하는 '소란스럽고 즐거운 시간' 게임을 들어본 적이 없는 것 같다). 어쨌든 이 게임은 고대 이집트인이 고안하고 고대 로마인이 즐겼으며 어느 플레이어가 '느낌, 열정, 그리고 국민 문화'라고 묘사한 1,000년은 된 지중해 오락이다.

상대와 같이 셋까지 센 후, 여러분은 손가락을 1개부터 5개까지 낸다. 그와 동시에 여러분과 여러분의 상대가 몇 개의 손가락을 내게 될지 예측하는 말을 한다. 정확히 추측한 쪽이 라운드에서 승리한다. 두 플레이어가 모두 틀리면(또는 둘 다 맞으면), 누군가가 정확한 합계를 말할 때까지 쉬지 않고 3까지 세고 다시 내는 것을 반복한다.

다인용 〈짤〉

내가 중학생들에게 〈짤〉을 소개하자 그들은 다인용 변종을 고안했다. 원본도 좋지만 변종인 〈다인용 짤〉Multiplayer Undercut은 더욱 좋다. 30점 또는 다른 합의된 목표에 먼저 도달하는 사람이 승자다. 플레이어가 여러 명이면 몇 가지 흥미로운 시나리오가 탄생한다.

첫째, 애비는 네이선을 '짤'할 수 있지만 라론은 영향을 받지 않는다.

둘째, 라론이 애비와 네이선을 동시에 '짤'해서 양쪽 점수를 모두 **빼앗을** 수 있다.

셋째, 애비와 라론 둘 다 네이선을 '짤'한다. 그 결과 네이선의 점수를 나눠 갖게 된다.

가장 흥미로운 시나리오는 넷째다. 라론이 애비를 '짤'하지만 반대로 네이선에게 '짤'당해서 모든 점수를 갖다 바치는 것이다.

쩔

〈쩔〉Underwhelm은 호프스태터가 만든 또 다른 변종이며 그는 이것을 '〈짤〉의 뒤집힌 버전'이라고 설명한다. 두 플레이어 모두 1에서 무한대까지의 정수를 생각한다. 더 낮은 숫자를 부른 사람이(예를 들어 17 대 92면 17이 승리) 그에 해당하는 점수를 얻는다(이 경우 17). 더 높은 숫자를 부른 사람은 점수가 없다.

한 가지 예외가 있다. 숫자가 정확히 1만큼 차이 나는 경우(예를 들어 24와 25) 더 높은 숫자를 부른 플레이어가 두 숫자의 합을 득점한다(이 경우 49).

예를 들어 500이라는 숫자와 같이 미리 정한 합계에 도달할 때까지 계속한다. 점수를 기록하기 위해 펜과 종이를 사용하면 좋다.[8]

제20장

아르페지오
관점과 질문을 바꾸면 선택이 달라진다

새로운 관점의 상승과 하강 게임

〈아르페지오〉Arpeggios는 인생과 매우 흡사한 면이 있다. 운이 큰 요인으로 작용하지만 그게 전부는 아니다. 선택이 중요하다. 예를 들어 어느 시점에서는 여러분이 굴린 주사위가 자신에게는 형편없지만 상대방에게는 탁월한 결과를 낸다. 여러분은 이제 선택에 직면한다. 자신의 플레이 진행에 방해받으면서까지 직접 주사위를 사용해서 경쟁자를 괴롭힐 것인가? 아니면 주사위를 넘겨서 원수에게 황금을 갖다 바칠 것인가? 어떤 관점에서 질문하느냐에 따라 끌리는 방향이 다를 것이다.

거기에 〈아르페지오〉와 삶의 또 다른 유사점이 있다. 위험과 보상을 평가할 때, 답은 우리가 질문하는 방식에 따라 결정되게 마련이다.

게임 방법

무엇이 필요할까?

플레이어 2명. 1명은 '상승자', 1명은 '하강자'다. 역할을 정하기 위해 각자 주사위를 굴린다. 낮은 숫자가 상승자를 맡고, 높은 숫자가 하강자를 맡는다. 그 외에 연필, 종이, 그리고 표준 6면 주사위 한 쌍이 필요하다(주사위는 시뮬레이션하기 쉽다. 인터넷에서 '주사위 굴림'을 검색해보라).

목표는 무엇일까?

숫자 10개를 상승하는 순서로(상승자일 경우), 또는 하강하는 순서로(하강자일 경우) 나열한다.

거짓말쟁이. 진짜 목표는 뭐야? 알았어, 좋아. 상승자는 모든 단계를 상승할 필요가 없다. 게임 중 딱 한 번, 패턴을 깨고 하강해도 된다. 하지만 한 번뿐이다! 그 뒤에는 다시 상승해야 한다. 하강자에게는 이 규칙이 반대로 적용된다.

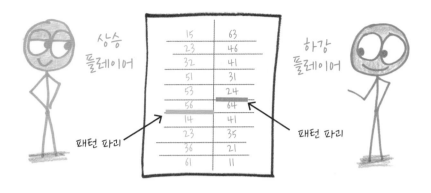

상승 플레이어

하강 플레이어

15	63
23	46
32	41
51	31
53	24
56	64
14	41
23	35
36	21
61	11

패턴 파리

패턴 파리

규칙은 무엇일까?

1. 상승자가 주사위를 굴리는 것으로 시작한다. 각 주사위는 두 자릿수의 숫자
   하나씩을 나타내며 어떤 순서로든 결합할 수 있다.

26... or 62?

2. 이제 상승자는 두 자리 숫자 둘 중 하나를 선택해 목록의 다음 자리에 놓거
   나 '통과'라고 말할 수 있다.

내가 가질래!

어, 나한텐 안 맞는데.

26

옵션 #1

옵션 #2

3. 통과하면 하강자가 그 주사위를 가질 수 있다. 그러면 하강자 턴에 굴린 것으로 간주되고 다음 굴림은 다시 상승자 턴이 된다. 하강자는 통과로 넘겨받은 주사위를 거부할 수도 있으며, 이 경우는 주사위를 새로 굴린다.

내가 가질 테니 울지나 마라!

어, 나한텐 안 맞는데.

62

옵션 #1

옵션 #2

4. 모든 턴이 이런 방식으로 전개된다. 먼저 주사위를 굴린다. 그런 다음 사용하거나 통과한다. 상대방은 통과한 숫자를 받거나 혹은 거부하고 자기 턴을 진행한다.

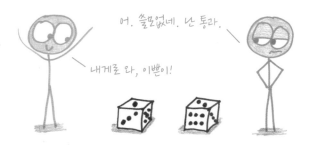

5. 주사위를 더블로 굴리면 추가 옵션이 있다. 원하는 경우, 통과 여부를 결정하기 전에 하나는 그대로 두고 다른 하나의 주사위를 다시 굴릴 수 있다. 그러나 같은 주사위를 다시 굴리는 건 턴당 한 번만 허용된다. 즉 다시 굴려서 또 더블이 나오더라도 또다시 굴릴 수 없다.

6. 게임당 한 번, 단 한 번! 일종의 리셋 버튼처럼 상승 또는 하강 패턴을 깨뜨릴 수 있다. 미리 선언할 필요 없다. 적당한 주사위가 나올 때까지 기다려도 된다.

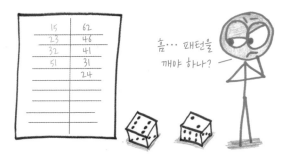

7. 먼저 숫자 10개를 나열한 사람이 승자다. 반복되는 숫자(예를 들어 41 바로 뒤
   에 41)는 허용되지 않는다.

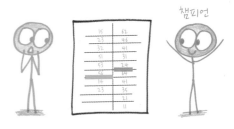

맛보기 노트

〈아르페지오〉는 경주 게임이다. 그러나 라이벌이 서로 반대 방향으로 이동하며, 결코 목적지에 도달해서는 안 되는 특이한 종류의 경주다. 또한 '굴린 대로 쓰기' 게임이기도 하다.

또한 이 장르의 가장 유명한 게임인 〈야찌〉Yahtzee와 공통점이 거의 없으며 보드 게임계를 휩쓸었던 최근 타이틀(〈퀸토〉Qwinto, 〈큐윅스〉Qwixx, 〈영리한 여우〉Ganz Schön Clever 등)과도 닮지 않았다. 한편으로 이 게임은 위험과 보상에 대한 사례 연구이기도 하다. 그런데도 대부분의 경우 '올바른' 선택이 매우 명확하다고 느껴질 것이다. 이런 모든 이유 때문에 나는 그것을 주사위 게임계의 레몬 라임 탄산수라고 생각한다. 거품이 많고 상쾌하며 차분하게 두기가 약간 어렵다.

게임의 유래

내가 가장 좋아할 뿐 아니라 미치도록 환상적인 게임 발명가인 월터 조리스는

〈주사위 쌓기〉Pile Die라는 매우 간단한 개념을 만들었다. 나는 거기에 벨, 휘파람, 플레이어 상호 작용, 두 번째 주사위, 상승/하강 구분, 그리고 명목상의 음악 이론 참조(〈아르페지오〉는 일련의 상승 또는 하강 음으로 나눠지는 코드다.)를 추가했다. 다시 말해 〈아르페지오〉 게임은 조리스의 도움으로 올린이 꾸민 바구니와 같다.

왜 중요한가

위험과 보상은 우리가 틀을 어떻게 구성하고 어떤 관점으로 보느냐에 따라 매우 다르게 나타난다.

예를 들어 여러분이 의사라고 치자. 전문의 자격 획득을 축하한다. 그러나 너무 들뜨지는 마라. 암울한 과업에 직면했으니.

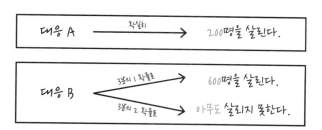

여러분은 600명을 죽일 수 있다고 예보된 위험한 질병의 유행을 예방해야 한다. 어떻게 대응할 것인가?

| 대응 A | 확실히 | 200명을 살린다. |

| 대응 B | 3분의 1 확률로 | 600명을 살린다. |
| | 3분의 2 확률로 | 아무도 살리지 못한다. |

여러분이 대부분의 사람과 같다면 대응 A를 선택할 것이다. 400명을 더 구할 기회를 얻자고 200명의 목숨을 걸고 도박하는 것은 무모하다고 느껴지기 때문이다. 안타깝게도 그 결정 뒤에 나쁜 소식이 더 있다.

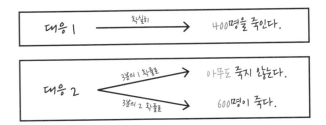

또 다른 감염이 발생했고, 마찬가지로 600명을 죽일 수 있다고 예상된다. 의사인 당신은 어떤 선택을 할 것인가?

대응 1 ──확실히──→ 400명을 죽인다.

대응 2 ──3분의 1 확률로──→ 아무도 죽지 않는다.
      ──3분의 2 확률로──→ 600명이 죽다.

이번에는 어떤 선택을 할 것인가?

여러분이 대부분의 사람과 같다면(다시 말하지만, 여러분의 다사다난한 의료 경력을 감안할 때 그렇지 않을 수도 있다.) 대응 2를 선택할 것이다. 왜 그런 선택을 하는 걸까? 400명이나 죽게 내버려두는 것은 의무를 포기하는 것처럼 느껴지기 때문이다. 또 다른 200명을 위험에 빠뜨리더라도 적어도 그들을 구하려고 노력해야 한다.

바로 여기에 문제가 있다. 사실상 두 시나리오의 선택은 동일하다. 대응 A는 대응 1과 동일하다. 대응 B는 대응 2와 동일하다. 문구만 다를 뿐이다. 그러나 나침반 근처에 있는 자석처럼 그 문구는 우리의 본능을 다른 방향으로 회전시키기에 충분하다. 200명의 생존이 확실함을 강조하면 우리는 위험을 피한다. 400명의 사망이 확실함을 강조하면 우리는 그 위험에 뛰어든다.

왜 이토록 중요한 결정이 단어 선택 같은 사소한 것에 따라 달라지는 걸까? 아모스 트버스키Amos Tversky와 함께 이 시나리오를 고안한 심리학자 대니얼 카너먼Daniel Kahneman은 에둘러 말하지 않는다. 그 이유는 '여러분이 도덕적 머저리'이기 때문이다. 내가 한 말이 아니고 카너먼의 말이다.

카너먼은 《생각에 관한 생각》에서 "여러분에게는 그 문제를 해결하는 데 도움이 되는 강력한 도덕적 직관이 없다. 여러분의 도덕적 감정은 현실 그 자체가 아니라 현실에 대한 묘사와 틀에 묶여 있다."라고 썼다. 이는 옷차림을 보고 정치인을 선택하는 것과 윤리적 동치다.

온 세계에 퍼져 있는 도덕적 머저리들을 대표해서 말하련다. "정말 뼈 때리네…"

그러나 내게 노벨상 수상자의 말을 반박할 기회가 주어진다면 조금은 더 밝은 면을 지적하고 싶다. 그래, 틀 짜기는 강력하다. 그러나 그 힘의 고삐를 쥔 것은 우리다. 틀 짜기는 일종의 조명 도구라서 잘 비추면 혼란을 명료함으로, 희망 없는 혼란을 유망한 모델로 바꿀 수 있다.

예를 들어 내 친구 애덤 빌더시Adam Bildersee는 〈아르페지오〉를 솜씨 좋게 재구성했다. 시작할 때 주사위를 굴려서 나올 수 있는 모든 숫자 후보 목록을 작성한다. 그리고 그 목록을 하나 더 작성해서 뒤에 붙인다. 게임을 진행하며 선택한 숫자에는 동그라미를 쳐서 표시한다. 예를 들어 게임 시작 시 16, 24, 34가 나왔다면, 다음 그림과 같이 표시한다.

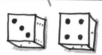

이 목록을 '끝에 도달하기 전에 10개의 숫자를 모으는 것을 목표'로 달려가는 일종의 활주로라고 상상해보자. 활주로를 많이 소비하지 않고 새 숫자를 차지하는 것이 현명한 선택이다.

11, 12, 13, 14, 15, (16,) 21, 22, 23, (24,) 25, 26,
31, 32, 33, (34,) 35, 36, (41,) 42, 43, 44, 45, 46,
51, 52, 53, 54, 55, 56, 61, 62, 63, 64, 65, 66,
11, 12, 13, 14, 15, 16, 21, 22, 23, 24, 25, 26,
31, 32, 33, 34, 35, 36, 41, 42, 43, 44, 45, 46,
51, 52, 53, 54, 55, 56, 61, 62, 63, 64, 65, 66

헤헤···.

반대로 한 번 굴리는 데 활주로를 많이 사용하는 것은 위험하다. 나중에 공간이 부족할 수 있다.

11, 12, 13, 14, 15, (16,) 21, 22, 23, (24,) 25, 26,
31, 32, 33, (34,) 35, (36,) 41, 4̶2̶,̶ 4̶3̶,̶ 4̶4̶,̶ 4̶5̶,̶ 4̶6̶,̶
5̶1̶,̶ 5̶2̶,̶ 5̶3̶,̶ 5̶4̶,̶ 5̶5̶,̶ 5̶6̶,̶ 6̶1̶,̶ 6̶2̶,̶ 6̶3̶,̶ 6̶4̶,̶ 6̶5̶,̶ 6̶6̶,̶
1̶1̶,̶ 1̶2̶,̶ (13,) 14, 15, 16, 21, 22, 23, 24, 25, 26,
31, 32, 33, 34, 35, 36, 41, 42, 43, 44, 45, 46,
51, 52, 53, 54, 55, 56, 61, 62, 63, 64, 65, 66

이 수는
잘못 됐어.

여기에 놀라운 통찰이 있다. 상승하는 대신 한 단계 하강하는 게임 중반의 '리셋'은 전혀 특별한 수가 아니다. 그냥 활주로의 세 번째 줄(66으로 끝남)에서 네 번째 줄(11로 시작)로 이동할 때 발생하는 수일 뿐이다. 예를 들어 54에서 13으로 가는(따라서 리셋하는) 것은 24에서 43으로 가는(일반적으로 이동하는) 것과 같은 양의 활주로를 소비한다.

이 게임을 처음 접할 때는 리셋이 크고 빨간 버튼처럼 느껴지며, 게임당 단 한 번 열리는 화려한 이벤트로 인식된다. 하지만 그렇지 않다. 적절하게 틀을 짜면 다른 수와 다를 바가 없다.

처음 접했을 때

틀을 다시 짠 후

틀을 잘 짜면 그런 효과가 날 때가 많다. 낭떠러지처럼 보이는 것이 완만한 언덕으로 드러나는 것이다. 예를 들어 나처럼 아기를 좋아하는 사람이 직면하는 가장 큰 질문 중 하나를 생각해보자. 언제 아기를 가져야 할까?

몇 년 더 늦추면 그만한 보상이 따른다. 더 성숙해지고 재정적 안정성이 생기며, 자녀가 있는 친구에게서 물려받는 물건도 많다. 그러나 늦춘 만큼 위험도 따른다. 특히 나이가 들수록 임신하기는 더 어려워진다.

많은 의료 전문가들은 특정한 틀을 선택했다. 35세를 뚝 끊어지는 한계선으로 취급하는 것이다. 그전에는 자궁이 황금빛을 발산한다. 하지만 35세가 넘으면 '고령 임신'(이전에는 '노령 임신'이라고 했음)에 도달한 것이고 모든 판돈이 거두어들여진다.[9]

그러나 이것이 유일한 틀 짜기는 아니다. 경제학자 에밀리 오스터Emily Oster

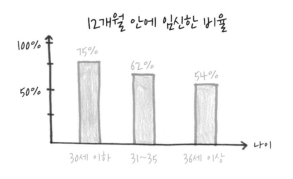

12개월 안에 임신한 비율

100%
75%
62%
54%
50%

30세 이하   31~35   36세 이상

나이

가 임신 연구를 파헤쳐봤지만 그런 절벽을 발견하지 못했다. 다음은 프랑스에서 1년 동안 임신을 시도한 수천 명의 여성에 대한 데이터다.

나쁜 소식은 100퍼센트 보장되는 나이가 없다는 것이다. 10대 때부터 시작해 매년 출산율이 약간씩 감소한다. 좋은 소식은 30대 후반까지도 1년 이내에 임신할 확률이 50퍼센트 이상이라는 것이다. 즉 마법에 한계선은 없다. 35세는 절벽 끝이 아니다. 활주로를 따라가는 단계 중 하나일 뿐이다.

처음 접했을 때

틀을 다시 짠 후

항상 '올바른' 틀 짜기만 있지는 않다는 점을 고백한다. 카너먼의 질병 시나리오에서는 "200명이 살 것이다." 또는 "400명이 죽을 것이다."라고 말하는 것이 정확하다. 그 결정은 화강암을 쪼개는 것처럼 어려울 수밖에 없고, 쉬운 것처럼 느껴지게 만드는 다른 어떤 틀도 현혹의 다른 이름일 뿐이다.

틀을 잘 짜더라도 즉각적인 답을 얻지 못할 수 있다. 예를 들어 〈아르페지오〉의 숫자를 고려하면 활주로에서 턴당 얼마를 소비해야 할까? 7점? 10점? 불편한 진실은 그것이 여러분의 목록 길이, 상대방의 목록 길이, 그리고 여러분에게 남은 활주로의 양에 따라 다르다는 것이다. 겨우 주사위 게임이 이 정도라면, 전염병을 치료하는 방법이나 아기를 가질 시기와 같은 실세계의 결정은 얼마나 어렵고 복잡할지 상상해보자.[10]

우리가 할 수 있는 최선은 명확하고 지능적인 틀을 찾은 뒤 위험과 보상을 동시에 조명하고, 쉬운 편향에 저항하며, 진정한 맞바꾸기에 집중하는 것이다. 실제 세상에 운이 가득하다 해도 우리가 할 수 있는 최선의 결정을 내리는 것이 우리의 의무다.

변종과 연관 게임

다인용 〈아르페지오〉

최대 6명의 플레이어와 함께 플레이할 수 있다. 원처럼 둘러앉아서 상승과 하강을 번갈아 가며 하면 된다. 주사위를 왼쪽 사람에게 주면서 턴을 넘긴다.

상승자(1인용)

10개의 공백 목록으로 시작한다. 주사위를 굴린다. 모든 주사위 굴림은 목록 어딘가에 적어야 하는데, 두 주사위 눈의 자릿수 배정은 자유롭게 해도 된다. 꼭 나오는 순서대로만 적을 필요는 없다. 어느 빈칸에나 적을 수 있다. 여기서 중요한 점은 목록에서는 상승만 할 수 있다는 점이다. 10개의 빈칸을 모두 채우면 승리한다. 배치할 수 없는 숫자가 나오면 패배한다.

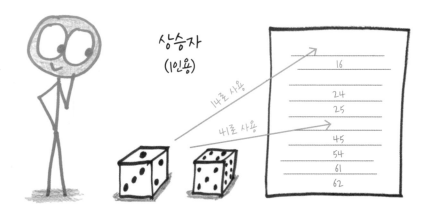

상승자
(1인용)

14로 사용

4로 사용

16
24
25
45
54
61
62

상승자(2~10인용)

이 깔끔하고 귀여운 게임은 조 키센웨더가 고안했다. 각 플레이어는 15칸의 공백 목록으로 시작한다. 모든 주사위 굴림은 공동이므로 모든 굴림 후 모든 사람은 자신의 개인 목록 어딘가에 숫자를, 어느 순서로든 적어야 한다. 주사위 굴림을 건너뛸 수는 없다. 마지막에 연속 상승 숫자가 가장 긴 사람이 이긴다. 동률이면 두 번째로 긴 연속 상승으로 비교한다.

제21장

상식 밖의

바보야, 중요한 건 무엇을 모르는지 아는 거야

불확실한 세상을 위한 불확실한 상식 게임

나는 〈상식 밖의〉 게임을 즐긴다. 게임을 하며 느끼게 되는 동지애, 긴장감, 칩, 살사…. 내가 상식을 알아야 한다는 성가신 부분을 제외하고는 정말 모든 것이 좋다.

〈상식 밖의〉는 나 같은 사람들을 위한 게임이다. 각 질문("예수님에겐 몇 명의 사도가 있었을까?")에 특정한 숫자가 아니라 범위로 대답한다. 정답을 벗어나면(예를 들어 '50에서 100') 점수를 얻지 못한다(그래서 '상식-밖-의'). 정답을 포착하면 범위가 얼마나 좁은지에 따라 더 많은 점수를 얻는다(따라서 '10에서 13'이 '11에서 18'보다 점수가 높음).

결국 이 게임은 여러분이 얼마나 알고 있느냐에 관한 것이 아니다. 여러분이 모르는 것을 제대로 인식하느냐에 관한 것이다.

게임 방법

무엇이 필요할까?

플레이어 4~8명(3명만으로도 할 수는 있다). 연필, 종이, 그리고 인터넷(최소한 첫 몇 분 동안은 필요하다).

시작하기 전에 각자 5분 정도 시간을 내서 답이 '숫자'이며 '쉽게 검색되는 몇 가지 상식 질문'을 찾아낸다.

그럼 이 게임에서는 그냥 둘러앉아서 폰이나 보는 거야?

아, 알쓰.

시작할 때만.

(가장 오래 산 고릴라는 몇 살이었을까?)

(종이 1kg은 몇 장이나 될까?)

(인구 100만 이상인 호주 도시는 몇 개일까?)

목표는 무엇일까?

모든 정답은 숫자다. 정답을 포함하는 범위를 추측하되 가능한 한 범위를 좁히려고 노력하는 것이다.

규칙은 무엇일까?

1. 플레이어 1명(그 라운드의 심판)이 퀴즈의 질문을 발표한다. 다른 플레이어는 추측하는 역할을 맡으며 각자 비밀리에 값의 범위를 기록한다.

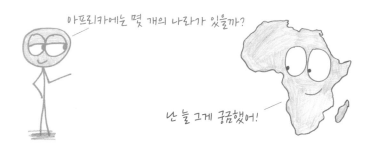

2. 모두가 답을 종이에 적으면 추측이 공개된다. 목표는 범위를 가능한 한 좁게 잡는 한편으로 정답을 포함시키는 것이다.

3. 심판이 정답을 공개한다. 정답에서 벗어난 사람은 0점을 받는다. 아무리 아깝게 놓쳤더라도 0점이다. 대신 심판은 잘못된 추측당 1점을 보상으로 받는다.

4. 그런 다음 정답을 맞힌 플레이어 중에서 가장 좁은 범위(가장 날카로운 추측)부터 가장 넓은 범위(가장 무딘 추측)로 순서를 지정한다.

5. 이 플레이어들은 자신보다 뒤에 있는 사람당 1점을 받는다. 답을 놓친 사람이 맨 뒤에 있다는 점에 유의한다.

6. 모두가 심판을 맡는 턴이 같아지도록 라운드를 충분히 많이 플레이한다. 결국 가장 많은 점수를 얻은 사람이 승자다.

맛보기 노트

처음 추측을 형성할 때는 기분이 꽤 좋아질 것이다.

그런 다음 정답이 공개되면 자신이 정답 범위를 얼마나 자주 놓치는지에 충격을 받을 것이다.

이것은 '넓어지기' 위한 동기 부여가 된다. 자신의 무지를 인정하는 것만으로도 잘못 추측한 사람을 이기고 점수를 올릴 수 있다.

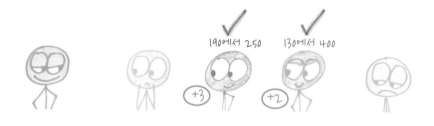

그런 한편으로, 모든 사람이 범위를 넓힌다면 조금 더 좁힐 동기가 생긴다. 0에서 100만까지 추측하는 사람들로 가득한 세상에서는 5에서 500까지 추측하는 사람이 왕이다. 이 역학 관계를 살펴보기 위해 2명의 플레이어를 위한 간단한 질문에 집중해보겠다.

10면 주사위를 굴린다. 질문은 "어떤 숫자가 나올까?"다. 만일 내가 1에서 8까지라는 넓은 범위를 추측하면 여러분의 가장 좋은 전략은 1에서 7까지로 추측해 나를 '짤'하는 것이다. 그렇게 하면 답이 1에서 7 사이일 때 더 좁은 범위를 잡은 여러분이 이긴다. 한편 답이 9 또는 10이면 둘 다 틀렸으므로 무승부다. 주사위가 8이 나올 때만 패배한다.

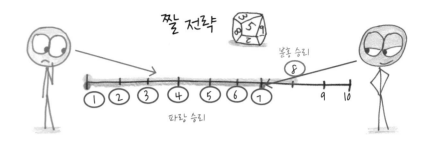

만일 내가 '1에서 3까지'처럼 좁은 범위를 추측하면 어떻게 될까? 이 경우 여러분이 사용할 최선의 전략은 가급적 넓게, 즉 1부터 10까지로 하는 것이다. 주사위가 1~3이면 지고 4~10이면 승리한다. 그러니 맞바꾸기를 할 가치가 있다(1~2 짤 전략을 사용하는 것보다 낫다).

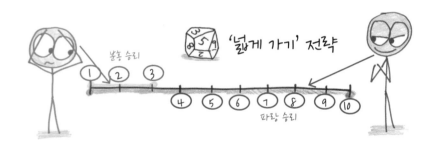

간단히 다시 설명하면 이렇다. 내가 넓게 가면 여러분은 조금 더 좁게 가야 하고, 내가 좁게 가면 여러분은 넓게 가야 한다. 바로 이런 이유로 내가 선택할 범위를 미리 말하는 것은 바보짓이다. 대신 나는 답변을 랜덤으로 선택하려 한다. 여러분도 똑같이 하는 것이 현명할 것이다. 게임 이론을 사용하면 최적 확률을 계산할 수 있다.

이상하지 않은가? 실제 최선의 전략은 질문, 점수, 자신의 지식 및 플레이어 수에 따라 달라진다. 그리고 이런 요소가 더 많을수록 더 넓게 가는 편이 좋다. 이것으로 게임의 미묘한 압력을 맛볼 수 있기를 바란다.

하지만
이건
너무…
너무…

범위	확률
1 에서 3	17/96
1 에서 4	31/96
1 에서 5	4/96
1 에서 6	20/96
1 에서 8	15/96
1 에서 10	9/96

최적 전략

너무
랜덤해!

게임의 유래

더글러스 허버드Douglas Hubbard의 《뭔가를 측정하는 법》How to Measure Anything에서 나는 〈상식 밖의〉 식 질문 10개와 다음 지침을 발견했다.

각 문항마다 정답을 포함할 확률이 90퍼센트라고 확신할 만한 범위를 잡는다. 정확히 90퍼센트다. 더도 말고 덜도 말고 90퍼센트. 수학 교사이자 확률 애호가이자 내 형제들의 묘사대로 '로봇'인 나는 이 전략이 성공할 것이라고 확신했다. 90퍼센트 정확하고 10개 중 하나를 놓칠 것이다. 운에 따라 0개 또는 2개를 놓칠 수도 있다.

그런데 막상 해보니, 내 예상과 달랐다. 무려 4개를 놓쳤다. 확실했던 A-가 D-로 떨어지는 것을 보면서 내 자신감에 약간의 위기가 찾아왔다. 그럴 만도 한 것이 내게 자신감은 심각한 문제였기 때문이다. 내 자신감은 목줄을 풀고는 다람쥐에게 짖고 차를 뒤쫓으며 날뛰고 있었다. 나 자신의 능력을 판단하는 감이 그렇게 형편없는데, 어떻게 내가 내 인생의 위험과 보상을 제대로 계산한다고 믿을 수 있을까?

여기에 영감과 교훈을 받은 나는 〈상식 밖의〉를 교실 게임으로 개발했다.[11] 나 말고도 이와 같은 개념을 독립적으로 개발한 사람이 여럿 있다.

위험을 계산하고 감수하려면 자신이 지닌 계산력의 한계부터 알아야 한다. 인간은 완벽하지 않다. 나도 마찬가지지만 여러분의 세계관은 사실과 허구, 역사와 신화, "토마토는 과일이다."와 "장난하냐? 과일샐러드에 토마토를 넣을 수는 없다."가 부글거리는 혼합체다.

문제는 내 믿음이 참인지 거짓인지가 아니다. 나에게는 참 믿음과 거짓 믿음이 모두 넘친다. 문제는 내가 그 둘을 구분할 수 있느냐 하는 것이다. 안타까운 현실은 우리 대부분이 이를 구분할 수 없다는 것이다. 우리에겐 옳고 그름을 구분하는 안목이 없다. 대신 완전히 공짜로 얻은 자신감과 허세로 잔뜩 무장하고 있을 뿐이다.

한 고전적인 연구에서 심리학자 폴린 애덤스Pauline Adams와 조 애덤스Joe Adams는 피험자들에게 몇 가지 까다로운 단어의 철자를 묻고 각 단어에 대한 자신감을 평가하도록 요청했다. 때로는 사람들이 "그 단어를 100퍼센트 확실히 맞출 수 있다."라고 말할 것이다. 이는 전액 보증하는 확고함을 보여준다. 하지만 실제는 그렇지 않았다. 이 연구에서는 오류율이 20퍼센트나 됨을 발견했다. "나는 절대적으로 긍정하고 거기에 내 고양이의 생명도 걸 수 있다."라

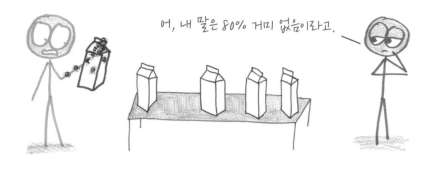

어, 내 말은 80% 거짓 없음이라고.

는 말이 실제로는 "어, 다섯 중 넷은 맞을 거야."로 번역되는 것이다.

약간의 과신과 허세는 범죄가 아니다. 적어도 법치국가 대부분에서는 말이다. 약간의 과신과 허세는 소설 쓰기, 공직 출마, 받은 편지함 전부 읽기처럼 야심 차지만 실패할 가능성이 높은 프로젝트를 시작할 용기를 북돋는 데 도움이 될 수도 있다. 하지만 인간이 함께 일할 때는 늘 지식을 공유해야 한다. 아무도 자신의 지식과 무지를 구별할 수 없다면 협업에는 먹구름이 깔리게 된다. 위조지폐와 진짜 지폐를 구별할 수 없다면 돈을 모으는 것이 무슨 소용이겠는가.

운 좋게도 고귀한 소수의 사람은 이 어두운 불확실성의 터널을 탐색하는 방법을 배웠다. 그들은 통계학자라고 불리며, 확실한 것은 아무것도 없다고 확실하게 말할 것이다.

평균적인 미국인이 하루에 14.2번 치즈에 대해 생각한다는 연구 결과를 상상해보자. 연구자들이 얼마나 주의를 기울여 조사했든 간에, 그뤼에르 치즈를 얼마나 감칠맛 나게 만들었든 간에 약간의 의심은 남아 있다. 아마도 정답은 조금 더 낮거나(비정상적으로 치즈를 좋아하는 표본을 조사했기 때문에) 조금 더 높을 것이다(피험자들이 유난히 치즈를 싫어했기 때문에).

이에 대한 해결책은 신뢰 구간을 설정하는 것이다. 그리고 이보다 더 나은 방법은 신뢰 구간의 모음이다.

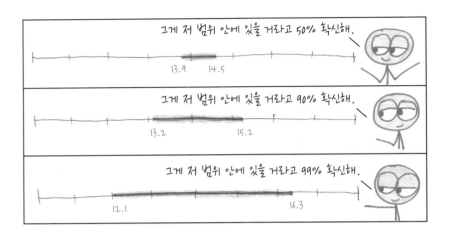

이런 구간은 내재적인 맞바꾸기를 구현한 것이다. 좁은 범위를 콕 집어서 지정할 수 있다. 아니면 거의 확실히 정답이 들어 있는 넓은 범위를 제시할 수도 있다. 하지만 두 가지를 동시에 할 수는 없다.

범위가 좁을수록 표적을 놓칠 위험이 커진다. 〈상식 밖의〉 게임도 동일한 맞바꾸기를 요구한다. 점수를 많이 받을 수 있는 좁은 범위를 제시할 수 있다.

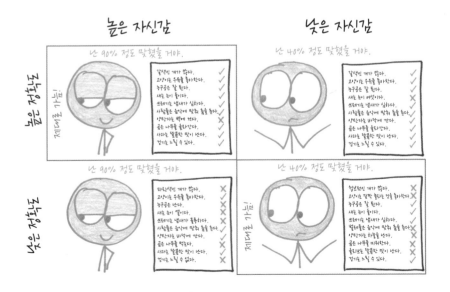

또는 넓은 범위를 제시해 **최소한 몇 점은 득점할** 기회를 높일 수 있다. 하지만 한 번에 둘 다 할 수는 없다.

어느 한쪽 전략을 실행하려면 일상에서는 희박한 심리 상태, 즉 **정밀한 가늠**을 추구해야 한다. 이것은 여러분의 자신감이 여러분의 정확성과 일치하는 상태를 의미한다. 90퍼센트 자신감을 느끼면 90퍼센트는 옳다. 50퍼센트 자신감을 느끼면 50퍼센트는 옳다. 여러분은 여러분이 뜻하는 바를 말하고 여러분이 말하는 바를 뜻한다. 주관적인 느낌이 객관적인 성공률과 일치한다.

확실히 말하자면 '가늠'은 편협한 미덕이다. 상어가 물고기라고 50퍼센트 확신하고(참) 프레리도그가 물고기라고 50퍼센트 확신한다면(별로 그렇지 않음), 여러분은 가늠은 잘하는 편이지만 바보다. 한편 폭탄 실험이 지구상의 생명을 소멸시킬 것이라고 5퍼센트 확신하면서도 어깨를 으쓱하고 카운트다운을 시작한다면 어떤가? 가늠을 잘했을 수도 있고 그렇지 않았을 수도 있다. 하지만 어쨌든 당신이 괴물인 것은 확실하다.

가늠이 잘 된 것만으로는 좋은 판단을 할 수 없다. 그러나 좋은 판단에 매우 필요하기는 하다. 〈상식 밖의〉 같은 게임은 가늠을 바라보는 독특한 창문과 이를 개선하기 위한 훈련 기반을 제공한다.

아내가 수학 대학원에 다닐 때, 우리는 같은 프로그램을 진행하는 친구들

과 팀을 이루어 목요일 밤에 술자리 퀴즈 게임을 했다. 우리 팀은 매주 같은 방식으로 승리했다. 주제별 라운드(스포츠, 지리, 음악 등)에서 바짝 추적하다가 마지막 일반 지식 라운드에서 승리를 거두는 것이다.

이것은 우리에게 약간의 수수께끼를 던졌다. 다른 팀이 예를 들어 역사, 과학, 영화에서 우리를 능가했다면 일반 지식에서도 우리를 이겨야 하지 않을까?

나는 결국 우리 팀의 이상한 성공에 대해 분석하고 이론을 발전시켰다. 주제별 라운드 동안 각 팀은 답안지를 관련 전문가(스포츠 팬, 음악 전문가, 지리 전문가) 팀원에게 떠넘길 수 있다. 그러나 일반 지식 분야는 군림하는 전문가가 없다. 모든 사람이 의견을 나눈다. 곧 4~5개의 제안이 나올 것이며 그중 하나는 아마 맞을 것이다. 하지만 어느 것이 맞는지 어떻게 알까? 가장 과신하는 한 사람이 아닌 전체 집단이 어떻게 정답을 판단할 수 있을까?

바로 이 부분에서 수학자들이 빛을 발했다. 수학적 연구는 여러분을 단련해서 빈틈없는 지식, 신뢰할 수 있는 믿음, 그럴듯한 직감, 맹목적인 추측을 신중하게 구별할 수 있도록 돕는다. 우리 팀원들은 자기가 내놓은 답이 정답이라며 싸우지 않았다. 그러면 진실이 맨 위로 떠오르게 된다.

수학자들은 가늠이 잘 되어 있다. 어쨌든 그것은 내 믿음이다. 마지막 라운드까지 갔을 때 다른 사람들은 모두 술에 취한 반면, 수학자들은 술을 잘 마셔서 많이 안 취했을 가능성도 있다. 다른 여느 것과 마찬가지로 이 또한 100퍼센트 확신할 수는 없다.

변종과 연관 게임

비율 점수 계산

달까지의 거리를 추측한다고 치자. 나는 '5,000에서 50만 킬로미터'라고 적고 여러분은 '16만에서 64만 킬로미터'라고 적었다. 우리 둘 다 맞혔다(실제로는 38만 킬로미터다). 그리고 내가 제시한 범위가 조금 더 좁다. 하지만 정말 내 추측이 더 나은 것일까? 내 하한선은 달과 지구가 뉴욕과 런던보다 더 가까울 수 있음을 시사한다. 여러분의 추측이 훨씬 더 합리적인 것 같다. 그러면 여러분이 더 높은 점수를 받아야 하지 않을까?

해결책이 있다. 빼기가 아니라 나누기를 하는 것이다. 즉 차이가 아닌 비율을 계산한다. 여기서 내 비율은 100(50만을 5,000으로 나눈 값)이고 여러분의 비율은 4(64만을 16만으로 나눈 값)이다. 여러분의 추측이 훨씬 더 정확하다.

이 채점 시스템은 범위가 여러 자릿수에 걸쳐 있을 수 있는 질문(예를 들어 '라스베이거스의 슬롯머신 수')에 대해 권장한다. 더 제한된 범위(예를 들어 특정 유명인의 나이)의 경우는 원래 채점 시스템이 더 잘 작동한다.

아무것도 모르는 퀴즈 게임

몇 년 전, 긴 비행기 여행 중에 수학자 짐 프롭과 두 친구는 이 이상한 게임의 원석을 발명했다. 말만 들으면 거의 모순이다. 답을 찾지 않고도 플레이할 수 있는 퀴즈 게임이니까.

이 게임은 플레이어 수가 홀수라야 작동한다. 번갈아 가며 퀴즈 질문을 제시한다. 예를 들어 "배리 본즈는 전체 선수 경력 동안 몇 개의 홈런을 쳤을까?" 같은 질문을. 그런 다음 여러분 모두(질문하는 사람 포함)가 비밀을 추측해서 적는다. 추측이 공개되면 가장 중앙값을 적은 사람이 승자가 된다.

예를 들어 3개의 추측이 900, 790, 2,000이면 900을 맞힌 사람이 승자다. 진실이 762라는 사실은 신경 쓰지 마시라. 여러분은 정답을 추측하는 것이 아니라 친구들의 답 사이에 놓일 답을 추측하면 된다(실제로는 일반적으로 최선의 추측을 하는 것을 의미하지만).

질문 작성에 대한 조언

게임이 시작되기 전 10분 동안 구글 및 위키백과를 보면 여러분이 심판을 할 턴이 왔을 때 내놓을 질문 2~3개는 준비할 수 있다.

질문은 청중에게 맞춘다. 터무니없이 어려운 질문은 좋지 않다. 모두 어깨를 으쓱할 수 있는 매우 넓은 범위의 질문이 좋다. 가장 좋은 질문은 감질나는 것이다. 답을 알지 못하지만 알아야 할 것 같은 느낌이 드는 그런 질문 말이다.

질문 문구는 가급적 정확한 게 좋다. 질문과 관련된 단위('킬로미터 단위 거리'), 날짜('2019년 현재 인구'), 출처('위키백과에 따른 영화 예산')를 지정한다.

몇 가지 예시 질문을 제시하면 다음과 같다. 이 질문들은 다른 아이디어를 얻기 위한 소재로 쓸 수도 있다. 유명인/장소/세계 기록/대중문화만 다른 것으로 바꾸면 된다.

- 제이미 폭스의 나이
- 에이브러햄 링컨이 사망한 나이
- 역대 최고령 매너티의 나이
- 주디 판사_{Judge Judy}의 연간 수입
- 이달의 현재 날짜(찾아보지 않고)
- 달까지의 거리(킬로미터)
- 뉴욕부터 로스앤젤레스까지의 직선거리
- 가장 높은 아이스크림콘의 높이
- 역대 가장 키가 큰 여자 NBA 선수의 키
- 사상 가장 뜨거운 육지 온도
- 〈보헤미안 랩소디〉의 길이
- 캐나다 해안선의 길이
- 〈심슨 가족〉의 모든 에피소드를 이어서 봤을 때의 길이
- 넬슨 만델라의 수감 기간
- 역대 가장 긴 손톱 길이
- NBA 경기당 리바운드 시즌 기록
- NFL 단일 시즌 최다 인터셉트 기록
- 〈세서미 스트리트〉_{Sesame Street} 에피소드 수
- 텍사스의 노천 수영장 수

- 미네소타의 호수 수
- 2미터 거리에서 이 그릇에 성공적으로 던질 수 있는 금붕어 크래커의 수(10개 중)
- 애거사 크리스티의 소설 수
- 펭귄의 종 수
- 뒤로 날 수 있는 새의 종 수
- 제니퍼 로페즈의 스튜디오 앨범 수
- 야생 악어가 있는 미국 주의 수
- 햄릿의 '사느냐 죽느냐' 독백의 단어 수
- 1992년 로스 페로가 얻은 대통령 득표율
- 초콜릿 우유가 갈색 소에서 나온다고 믿는 미국 성인의 비율
- 정체성이 남성인 미국인의 비율
- 전 세계 대서양 바다오리 개체 수
- 남미 인구
- 평균적인 미국 시민이 하루에 배출하는 쓰레기의 양
- 가장 최근 판매된 반 고흐의 그림 가격
- 첫 번째 《해리 포터》 책의 출판일
- 1,000번째 소수
- 내가 들고 있는 이 공을 허리 높이에서 떨어뜨렸을 때 굴러가는 데 걸리는 시간
- 여기에서 엠파이어 스테이트 빌딩까지 운전하는 데 걸리는 시간, 구글 지도 기준
- 〈어벤져스: 엔드게임〉 총 흥행 수입
- 디즈니 사의 총 가치
- 혹등고래의 평균 몸무게
- 마지막 프랑스 왕이 태어난 연도
- 최초의 노벨상 수상 연도

제22장

종이 권투

'크게 패하고 작게 이기는 것'이 진정한 승리라고?

아슬아슬한 전략이 돋보이는 승리의 게임

연필과 종이로 하는 권투 시뮬레이션 게임인 〈종이 권투〉는 실제 스포츠와 혼동하기 너무 쉽다. 둘 다 두 선수를 15라운드의 무자비한 전투에 밀어 넣고, 둘 다 반짝이는 반바지를 입고 플레이할 수 있다. 또한 둘 다 여러분의 코너에 있는 누군가가 여러분의 땀을 닦으며 "잘했어, 챔피언. 정말 잘했어."라

일반 권투	종이 권투
상금 수백만 달러	상금 0백만 달러
세계 챔피언은 어색할 정도로 무거운 벨트를 착용해야 한다.	세계 챔피언은 벨트든 뭐든 아무거나 착용해도 된다.
플로이드 메이웨더(50전 50승을 기록한 미국 권투 선수— 옮긴이)와 맞설 때는 극도로 위험하다.	플로이드 메이웨더와 맞설 때는 약간만 위험하다.
우리의 원시적인 경쟁 본능에 마치 검투사처럼 어필한다.	우리의 원시적인 경쟁 본능에… 잠깐, 이건 차이가 아닌데.

고 중얼거린다. 그래도 자세히 살펴보면 몇 가지 확실한 차이점을 발견할 수 있다.

어쨌든 종이 권투 게임에선 상대의 얼굴은 때리지 마시라. 숫자가 여러분을 대신해줄 테니 말이다.

게임 방법

무엇이 필요할까?

플레이어 2명, 펜 2개, 종이 4장. 2장을 따로 둔다. 나머지 2장에 각 플레이어는 4×4 모눈을 그린다. 그런 후 왼쪽 상단 모서리는 비워두고 다른 칸은 상대가 못 보게 하고 1에서 15까지의 숫자로 채운다.

목표는 무엇일까?

경기의 15라운드 중 과반수를 얻으면 승리한다.

규칙은 무엇일까?

1. 옆으로 나란히 앉아서 서로 모눈을 드러낸다. 이 모눈종이는 앞면이 보이
   도록 유지되어야 하며 게임을 하는 동안 서로 볼 수 있어야 한다. 그런
   다음 다른 종이에다가 비밀리에 첫 번째 숫자를 적는다. 비어 있는 '시작'

칸에 인접한 3개의 숫자 중 하나여야 한다.

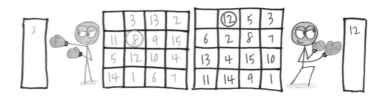

2. 상대에게 여러분이 선택한 것을 공개한다. 더 높은 숫자를 선택한 사람이
   라운드에서 승리해 1점을 얻는다. 동점의 경우 두 플레이어 모두 득점하지
   못한다.
   어느 쪽이든 이제 각 플레이어는 빈칸에서 선택한 사각형까지 선을 그려
   경로를 기록한다.

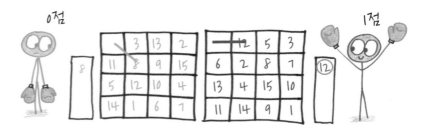

3. 가장 최근 숫자에서 이웃 숫자로 이동하면서 이 과정을 반복한다. 경로
   는 대각선을 따라 교차할 수 있지만 한 번 갔던 칸을 다시 방문할 수는 없다.
   매 라운드마다 높은 숫자가 1점을 얻는다.

4. 만일 여러분이 더 이상 계속할 수 없는 함정에 스스로 갇힌다면, 사실상 남은 모든 라운드에 대해 숫자 0을 선택한 것이다.

5. 더 많은 라운드에서 승리한 사람이, 즉 더 많은 점수를 얻은 사람이 챔피언이다. 무승부도 가능하다.

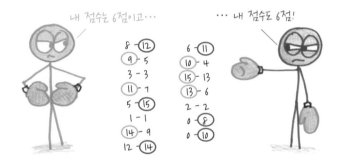

맛보기 노트

어슬렁거릴 여유가 없다. 몇 라운드는 지게 될 것이다.[12] 하지만 괜찮다. 그런 손실을 기회로 보고 이용하면 된다. 패배할 때는 약한 숫자(예를 들어 1, 2, 3)를 불살라서 상대방이 강한 숫자(13, 14, 15 등)를 낭비하게 만들어야 한다. 상대가 압도적인 승리에 더 많은 자원을 낭비할수록 여러분은 더 많은 승리를 거둘 수 있다.

요약하자면 크게 패하고 작게 이기는 것이 전략이다.

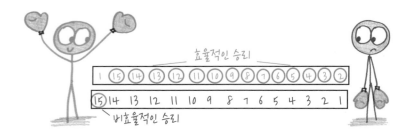

효율적인 승리

| 1 | 15 | 14 | 13 | 12 | 11 | 10 | 9 | 8 | 7 | 6 | 5 | 4 | 3 | 2 |

| 15 | 14 | 13 | 12 | 11 | 10 | 9 | 8 | 7 | 6 | 5 | 4 | 3 | 2 | 1 |

비효율적인 승리

그다음에는 두 번째 전략 계층이 있다. 전체 경로를 차트로 작성하는 것이다.

게임판을 누비는 방법은 무수히 많다. 15개의 칸 모두를 방문하는 경로가 거의 3만 8,000개 정도다. 또 다른 30만 개의 경로는 대다수를 방문하다가 어딘가에 갇히게 된다.[13] 초기에 잘못 선택하면 미래의 선택이 제한되어 최종 이동이 뻔해지고 상대가 완전히 통제하게 된다. 그러나 신중하게 계획하면 마지막까지 옵션을 열어둘 수 있다.

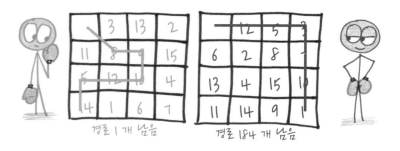

경로 1개 남음

경로 184개 남음

전략의 세 번째 계층은(그리고 나에게는 가장 어리둥절한) 게임판을 처음부터 디자인하는 것이다. 1에서 15까지의 숫자를 배열하는 방법은 1조 가지가 넘으며, 좋은 것과 나쁜 것을 구별하는 것은 거의 불가능하다. 마른 콩으로 가득 찬 통에서 소 한 마리 가치에 걸맞은 마법의 콩을 한 줌 걸러내는 것과 같다.

이쯤에서 조언을 해줘야겠다. 숫자를 다소 랜덤하게 분산시켜라. 그러면 적어도 여러분이 선택할 기회가 열려 있을 것이다.

게임의 유래

시드 잭슨은 1969년 자신의 책 《게임의 개요》A Gamut of Games에서 〈종이 권투〉를 소개했다.

나는 그의 영리한 원본을 다양하게 수정해서 가지고 놀았고 두 가지 룰을 추가했다. 첫째는 사소한 변화다. 스스로 함정에 빠지면 즉시 패배하지 않고 (잭슨이 제안한 대로) 대신 나머지 라운드에서 0점을 얻는다. 가끔 주차 미터기로 걸어 들어가는 사람인 나로서는 잘못된 방향 전환에 대한 벌칙을 완화하고 싶었다.

둘째는 중대한 변화다. 잭슨의 게임 원본에서는 마지막 라운드에서 승리한 사람부터 시작해 한 번에 1명의 플레이어가 전체 보기에서 숫자를 선택한다. 후수는 선수가 선택한 것을 정확히 볼 수 있다. 나는 남몰래 미리 선택하는 걸 선호한다. 두운이 맞을 뿐만 아니라, 내 생각에는 그러는 편이 게임에서 펀치가 더 많이 나온다.

왜 중요한가

〈종이 권투〉 게임은 미국 민주주의를 위협한다.

자, 보충 설명을 하겠다. 크게 패하고 작게 이기는 것은 종이 권투에 관한 것만이 아니다. 두 가지 조건이 충족될 때는 언제나 적용된다. (1)유한한 자원을 여러 노력에 분산해야 하고 (2)성공과 실패 사이에 뚜렷한 경계가 있을 때다. 예를 들어 성적을 최대화하기 위해 냉철하게 생각하는 학생은 안정권인 99퍼센트에 들어갈 성적을 받기보다 최소한인 93퍼센트 수준으로 A를 받을 것이다. 여기서 남은 6퍼센트 포인트는 다른 수업 또는 〈콜 오브 듀티〉Call of Duty를 할 시간을 버는 용도로 쓰인다. 큰 승리는 결코 승리가 아니다. 다른 곳에 사용할 수 있는 자원을 태우는 낭비에 불과하다.

나는 성적을 최대화하는 학생들이 우리의 시민 생활을 위협한다는 말을 하는 것이 아니다. 어쩌면 그럴 수도 있지만. 어쨌든 더 큰 위협은 〈종이 권투〉의 고위험 입법 버전에서 우리가 새로 발견한 기술이다. 바로 〈게리멘더링〉gerry-mandering이라는 위험과 보상 게임 말이다.

플레이 방법은 다음과 같다. 어떤 주에서 대략 절반의 사람들이 빨간 코끼리에게 투표하고 나머지 절반은 파란 당나귀에게 투표한다. 여러분의 임무는 주를 동일한 크기의 구역으로 분할하는 것이다. 각 구역에서 유권자 수가 더 많은 정당이 1점(즉 입법부의 1석)을 얻는다. 여러분은 팀의 점수를 극대화할 수 있겠는가?

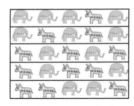 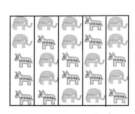 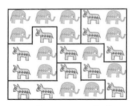

당나귀가 3 대 2로 승리   코끼리가 3 대 2로 승리   당나귀가 4 대 1로 승리

유권자는 유한한 자원이며, 여러 선거구에 걸쳐 분포되어 있고, 각 선거구에는 50퍼센트라는 뚜렷한 선이 있다. 따라서 일부 지역에서는 크게 패하더라도 나머지 지역에서는 근소한 차이로 승리할 수 있다.

낭비되는 투표의 관점에서 생각해보자. 1,001 대 1,000으로 승리하는 것은 매우 기쁜 일이다. 여러분은 단 한 표도 낭비하지 않았고 여러분의 상대는 모든 표를 낭비했다. 그러나 그보다 즐거운 것은 2,001 대 500으로 지는 것이다. 물론 여러분은 패배에 500표를 낭비했다. 하지만 여러분의 상대는 어떤

가? 불필요하게 높은 승률에 무려 1,500표를 낭비했다. 이처럼 상대방의 표를 낭비하도록 지도를 조정하면 전체 집계에서는 지더라도 선거에서는 여전히 앞서나갈 수 있다.

1개의 큰 승리

4개의 작은 승리

미국은 수 세기 동안 이 게임을 해왔다. '게리맨더'라는 단어는 1812년 《보스턴 가젯》이 '게리'(매사추세츠 주지사 엘브리지 게리Elbridge Gerry)와 '샐러맨더'(게리가 몸부림치는 도마뱀처럼 보일 정도로 뒤틀린 지역을 제안했기 때문에)의 합성어로 만든 것이다.[14]

미국 역사의 대부분에서는 게리맨더링이 위협이라기보다 성가신 일이었다. 우선 손으로 지역을 그리는 것이 어렵다. 게다가 정치적 바람이 조금만 다르게 불어도 아슬아슬한 승리를 아슬아슬한 패배로 바꿀 수 있다. 게리맨더링은 신중함과 오산이라는 한계가 있기 때문에 권력을 쥐는 데 있어 과학보다는 사이비 과학에 가까웠다. 2000년대까지도 게리맨더를 꿈꾸는 사람들은 여전히 어둠 속에서 비틀거리고 있었다.

그러다가 빅 데이터가 나왔다. 2010년이 되자 정당들은 수십억 개의 지도에 대한 선거 결과를 시뮬레이션하고 이들 중에서 가장 무자비하게 효율적인 것을 선택할 수 있었다. 당연히 그들은 그렇게 했다. 2018년 민주당은 위스콘신에서 53퍼센트의 득표율을 얻었지만 압도적인 게리맨더링 덕분에 공화당이 주 하원 선거구의 63퍼센트를 차지했다.

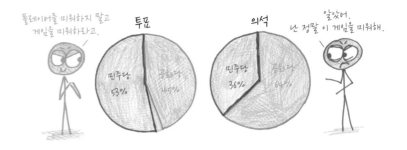

어째서 도마뱀 모양의 지역구를 금지하지 않을까? 음, 수학자 문두친Moon Duchin이 지적했듯이 '도마뱀 모양'을 정의하는 것은 어렵고, 정의할 수 있다 해도 이걸로 문제가 풀리진 않을 것이다. 그래도 편향된 선택이 가능한 지도가 1,000경 개는 남아 있으리라. 여러분은 완벽하게 멋진 모양을 가진 지역구를 그려도 압도적인 우위를 점할 수 있다.

좋다, 그럼 의석 비율을 투표 비율과 일치하도록 요구하지 않는 이유는 무엇일까? 글쎄, 게리맨더링 없이도 그런 일은 일어나지 않는다. 빨간색과 파란색 물감을 55 대 45 비율로 혼합한 다음 혼합물을 더 작은 분량으로 나눈다치자. 빨간색 물감은 모든 분량에서 '승리'한다. 일부 국가에는 비례 시스템이 있지만, 좋든 나쁘든 미국에는 비례 시스템이 없다.

그럼 이런 상황에서 우리가 뭘 할 수 있을까? 문두친은 《콴타》Quanta에 올린 기고문에서 "대표 민주주의에서는 다양한 이상이 서로 긴장 관계를 이룬다."라고 말한 적이 있다. 다수결 원칙. 소수의 목소리. 임의의 기하학이 아닌 실제 지역사회와 일치하는 지역구. 이 문제들은 "'최고'를 찾으려고 하기보다 우선순위가 어떻게 균형을 이루는지를 이해하는 것이 중요하다."

게임에는 승자와 패자가 있다. 그러나 훌륭한 민주주의는 그렇지 않다. 민주주의에는 갈등이 있으며, 갈등이 대화로 이어지고 대화가 타협으로 이어진다. 결코 합의에 도달하지 못할 수도 있지만 적어도 우리 모두는 또 다른 날을 플레이하기 위해 살아간다.

변종과 연관 게임

고전 종이 권투

〈고전 종이 권투〉Paper Boxing Classic의 경우 비밀리에 숫자를 선택하지 않는다. 대신 마지막 라운드에서 이긴 사람부터 시작해 한 번에 1명의 플레이어가 공개적으로 숫자를 선택한다. 게임의 첫 번째 턴에는 빈칸에 인접한 숫자의 합이 큰 사람부터 시작한다.

종이 종합 격투기

〈종이 종합 격투기〉Paper Mixed Martial Arts의 경우 1에서 15까지의 숫자를 배치하는 대신 합계가 120인 15개의 정수(0 포함)로 게임판을 채울 수 있다.

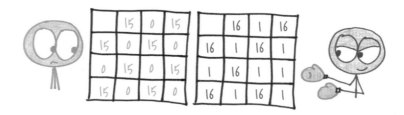

원한다면 다음과 같은 규칙으로 게임판의 다양성을 다소 제한할 수 있다.

- 30 이상의 숫자를 포함해야 한다.
- 15보다 큰 숫자는 사용할 수 없다.
- 서로 다른 숫자는 최대 5개까지만 사용할 수 있다.
- 서로 다른 숫자를 최소 10개는 사용해야 한다.
- 1명의 플레이어는 짝수만 사용해야 한다. 다른 1명은 모두 홀수(합계 121)만 사용해야 한다.

블로토

번개처럼 빠른 〈블로토〉Blotto 게임은 일종의 단순화된 〈종이 권투〉로, 게임 이론의 발전에 핵심적인 역할을 했다. 각 플레이어는 가장 작은 것부터 큰 순서로 3개의 정수로 구성된 비밀 목록을 작성한다. 반복은 허용되지만 숫자의 합이 정확히 20이 되어야 한다. 그런 다음 서로 목록을 비교한다. 각 자리에서 큰 숫자가 이기고, 이긴 숫자가 더 많은 사람이 게임에서 이긴다.

다인용 게임이나 더 복잡한 게임의 경우 매개변수를 조정할 수 있다. 예를 들어 합계가 100인 숫자 5개 또는 합계가 500인 숫자 10개를 쓴다.

〈블로토〉는 전통적으로 군사 게임으로 포장된다. 각 플레이어는 3개의 '전장'에 배치되는 20개의 '부대'를 가진다. 그러나 내가 선호하는 것은 수학 교사이자 골프 코치인 잭 맥아서Zach McArthur가 한 비유다. "파 4홀인데 도그레그 꼭대기에 벙커가 있는 것." 그리고 그는 이렇게 덧붙인다. "시작할 때는 멀리 돌아가고 그 뒤로 매번 최대한 모서리를 깎아서 들어가다가 벙커에 빠지고 난 뒤에는 다시 멀리 돌아서 가려고 한다." 나는 이게 무슨 말인지 전혀 모르지만, 뭘 뜻하는지는 정확히 안다.

발걸음

〈발걸음〉Footsteps이라는 2인용 게임에서 여러분은 사랑스러운 당나귀의 애정을 놓고 경쟁한다. 당나귀는 각 상대에게서 세 걸음 떨어진 들판 한가운데에서 시작한다. 각 플레이어는 귀리 50톨이 든 봉지를 가지고 시작하며 매 턴마다 당나귀에게 줄 귀리의 수를 비밀리에 선택한다. 그런 다음 당나귀는 더 많이 주는 쪽을 향해 한 걸음 내디딘다. 당나귀가 여러분이 준 귀리를 거절해도 여러분은 그 귀리는 결코 되찾지 못한다. 당나귀가 먼저 와 닿는 쪽이 이긴다.

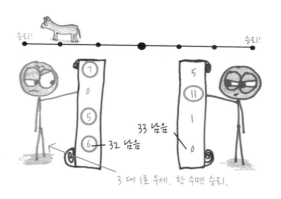

두 플레이어 모두 귀리가 떨어지면 당나귀와 더 가까운 사람이 이긴다. 하지만 조심하라. 상대의 귀리가 아직 남아 있을 때 자신의 귀리를 모두 사용하면, 당나귀의 사랑을 획득할 때까지 상대가 계속해서 1 대 0으로 승리하는 것을 속수무책으로 구경할 수밖에 없으니까.

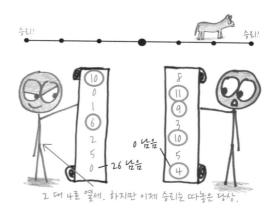

제23장

경주로

그저 게임을 했을 뿐인데 저절로 물리학 이론을 깨우치다

물리에 관한 게임

이력서에 다음 두 항목이 나란히 있는 게임은 〈경주로〉Racetrack 단 하나뿐이라 생각한다. 첫째, 수업에 지루해진 학생들이 교실에서 시간 때울 때 애용하는 게임. 둘째, 과학 교사들이 관성이나 가속 같은 개념을 설명할 때 사용하는 게임. 아마도 어딘가에서 어느 마법 같은 날, 멍청한 고등학생 2명이 스스로 무시하려 했던 바로 그 게임을 하다가 자신도 모르게 물리학 수업을 통과했을 것이다.

게임 방법

무엇이 필요할까?

플레이어 2명, 색연필 2개, 모눈종이 1장. 두꺼운 검은색 펜을 사용해 경주로를 그린다. 원하는 만큼 구불구불 휘어지게 그려도 된다. 하지만 어떤 모눈 교차점이 트랙 내부에 있고 어떤 교차점이 외부에 있는지는 명확히 해야 한다. 그런 다음 출발선과 결승선을 그리고 각 차량의 시작 지점을 표시한다.

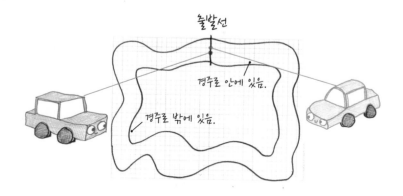

목표는 무엇일까?

관성을 제어해서 상대방보다 먼저 결승선을 통과한다.

규칙은 무엇일까?

1. 매 턴마다 정해진 거리를 직선으로 이동한다(자세한 내용은 4번 규칙에서 설명하겠다). 라이벌이 현재 있는 곳으로는 이동할 수 없다. 다만 라이벌이 이미 지나온 곳으로는 이동할 수 있다.

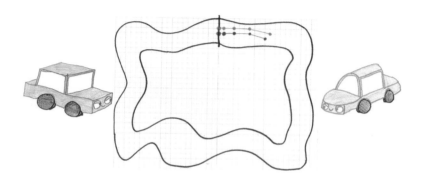

2. 벽에 부딪히거나 트랙을 벗어나면 2턴을 잃는다. 그런 다음 트랙에서 나
   간 지점에서 가장 가까운 지점부터 새로 시작한다.

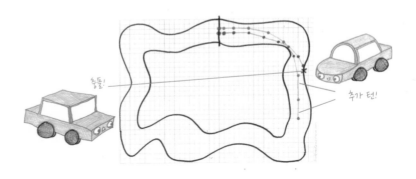

3. 먼저 코스를 완주하고 결승선을 통과하는 사람이 승자다. 두 플레이어가 같
   은 턴에 코스를 완료하면 결승선을 통과해서 더 멀리까지 간 플레이어가
   승리한다.

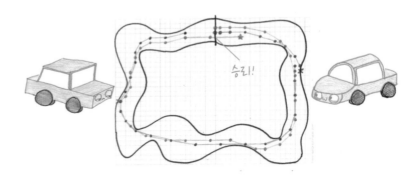

4. 이제 가장 중요한 규칙이다. 차량이 정확히 어떻게 움직이는가? 그건 관
   성에 달려 있다. 차량이 지난번 턴에 무엇을 했든 간에 이번 턴에도 그 행동을
   다시 한다. 다만, 원한다면 수직 방향으로 한 단위, 수평 방향으로 한 단
   위만큼 움직임을 조정할 수 있다.

지난번 턴에 오른쪽으로 3단위 이동했다고 치자. 이번 턴에는 수평 이동에 대해서 2, 3, 4단위 오른쪽으로 이동한다는 세 가지 옵션이 있다.

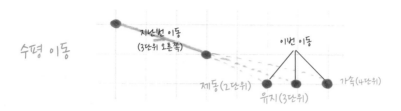

그리고 수직 이동에 대한 옵션도 세 가지 있다. 지난번 이동에서 1단위 아래쪽으로 이동했다면 이번 턴에는 0, 1, 2단위 아래쪽으로 이동하는 것이다.

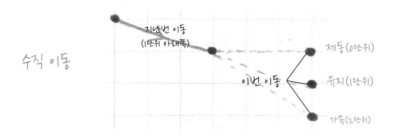

이 두 선택은 독립적으로 발생한다. 예를 들어 수직으로 제동하는 동안 수평으로 가속하거나 그 반대로 할 수 있다. 그래서 가능한 이동 경로는

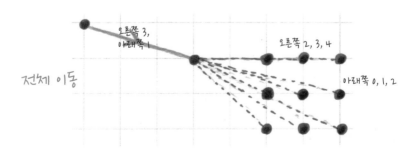

모두 9개가 된다.

참고할 것이 하나 있다. 게임을 시작할 때 또는 충돌 후 다시 시작할 때는 '지난번 턴'이 수평 수직 모두 0단위로 구성되었다고 가정한다.

맛보기 노트

고통스러운 충돌과 아슬아슬한 스침이 있는 〈경주로〉는 모눈종이로 겪을 수 있는 가장 흥미진진한 운명일 것이다. 더 좋은 점은 일단 규칙을 숙달하면 게임이 실제 물리학을 불러내기 시작한다는 점이다. 물론 그러기까지 약간의 인내심이 필요할 수는 있다.

오른쪽으로 4칸 이동하고 다음 턴에 왼쪽으로 3칸 이동할 수 없는 이유는 무엇일까? 고속도로에서 순식간에 U턴을 할 수 없는 것과 같은 이유다.

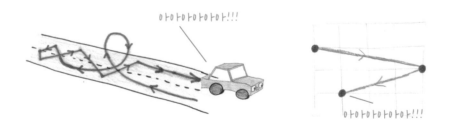

여러분은 이 게임에서 속도를 신중하게 조정하는 방법을 배울 것이다. 직선 주로에서 너무 천천히 가면 소중한 시간을 낭비하게 된다. 그렇다고 너무 빨리 달리면 다음 곡선 구간에서 제동을 걸기 어려워진다. 요컨대 이 게임은 실제 자동차 경주와 같지만 탄소 배출량이 적다는 점이 다르다.

게임의 유래

많은 민속 게임과 마찬가지로 〈경주로〉의 기원은 알 수 없다. 하지만 '1960년 대 서유럽'에서 탄생했다는 것이 가장 그럴듯한 추측으로 보인다. 1971년에 〈르 집〉Le Zip이라는 엄청나게 멋진 이름으로 프랑스어 버전이 출판되었다. 마 틴 가드너Martin Gardner는 1973년 잡지 《사이언티픽 아메리칸》에 실린 칼럼에 서 이 게임을 두고(스위스에서 컴퓨터 과학자에게 이 게임을 배운 후) 미국에서 '사 실상 알려지지 않은' 게임이라고 설명했다.

어쨌든 이 게임은 1973년 미국에 알려진 후 학교에서 가장 유행하는 게임 이 되었다. 특히 일리노이 대학의 초보적인 컴퓨터 버전은 학교 당국이 일주 일 동안 금지할 정도로 인기 있고 중독적인 시간 낭비임을 입증했다.

왜 중요한가

위험과 보상은 어디에나 도사리고 있다. 심지어 냉엄한 결정론적 세계에서도.

아이작 뉴턴 경은 "모든 물체는 힘이 가해져서 그 상태를 바꾸지 않는 한 정지 상태 또는 직선 등속 운동 상태를 유지한다."라고 했다. 그 뒤로 수 세기 동안 우리는 뉴턴의 지혜를 말만 바꿔서 반복해왔다. "정지 중인 모든 물체는 정지 상태를 유지하는 경향이 있다.", "움직이는 모든 물체는 계속 움직이는 경향이 있다.", "모두 신체를 제대로 흔들어봐. 백스트리트가 돌아왔잖아, 좋 아." 같은 식으로 말이다.

이 모든 공식은 스릴 있고 무서운 아이디어 하나로 귀결된다. 궤도를 도는 행성, 아래로 떨어지는 사과, 부활한 1990년대 보이 밴드… 그 모두가 몇 가지 보편적인 운동 법칙을 따른다는 것이다. 모든 것은 다른 무언가가 건드릴 때까지 하던 일을 계속한다.

〈경주로〉는 이 원칙을 액션으로 옮긴다. 여러분이 실제로 운전하는 차는 여러분이 약간 수정하는 것 말고는 지난번 턴과 똑같이 움직인다. 이것은 연필과 종이 버전의 관성과 같다. 〈경주로〉 게임은 매우 우아하게 디자인되었기에 자동차 전문 잡지 《카앤드드라이버》Car and Driver는 그 사실성을 '거의 초자연적'이라고 칭송하기까지 했다.

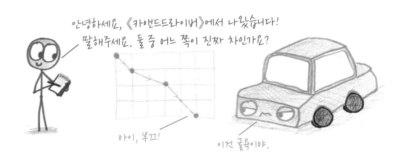

안녕하세요, 《카앤드드라이버》에서 나왔습니다!
말해주세요. 둘 중 어느 쪽이 진짜 차인가요?

아이, 부끄!

이건 굴욕이야.

무작위성이 전혀 없음에도 〈경주로〉는 위험과 보상에 대한 기본적인 경험을 할 수 있게 해준다. 한쪽 편에는 안전한 플레이가 있다. 한 번에 몇 칸만 이동하고, 벽에 가까이 붙지 않는 식으로 충돌 위험을 최소화하는 것이다. 반대편 끝에는 무모한 질주가 있다. 고속으로 가속하고, 벽 가까이에 바싹 붙어 돌며, 운 좋게 산산조각이 나는 일이 없기만을 바란다. 실제 자동차 경주에서처럼 보상은 속도고 위험은 재앙이며, 여러분의 임무는 그 사이의 균형을 잡는 것이다.

지금까지 살펴본 위험과 보상 게임들에는 정확히 알 수 없는 요소가 포함되어 있다. 〈아르페지오〉에서는 주사위 굴림이 어떻게 될지를 알 수 없다. 〈짤〉, 〈상식 밖의〉, 〈종이 권투〉에서는 상대방이 무엇을 선택할지를 예측할 수 없다. 〈경주로〉는 이와 대조적으로 거의 모든 것을 알 수 있다. 이론적으로만 보면 게임이 시작되기도 전에 자동차의 최적 경로를 계산해서 마지막 칸까지 그 경로를 그대로 따라갈 수 있다. 다만 그런 계산을 하는 데는 너무 오랜 시간이 걸리고 그동안 상대방이 더 흥미로운 친구를 사귀기 위해 떠날 수 있다. 그렇기 때문에 하지 않을 뿐이다.

이 게임에서는 위험과 보상이 알 수 없는 것에서 오는 것이 아니라 아직 모르는 것에서 온다.

철학적으로는 이런 구분이 매우 중요하다. 미래는 근본적으로 알 수 없는 것일까(여러 방향으로 전개될 수 있기 때문에)? 아니면 단순히 아직 모르는 것일까(계산하기 어렵기 때문에)? 첫 번째 견해는 자유 의지를 허용한다. 두 번째 견해는 그렇지 않을 수도 있다. 뭔지는 잘 몰라도 중요한 차이인 듯싶다.

그렇다면 거기서 더 나아가 내가 '예측할 수 없는 미래'와 내가 '예측하지 않는 미래'의 차이는 무엇일까? 어느 쪽이든 내가 할 수 있는 최선의 행동은 가능한 결과를 비교하고, 그 확률을 평가하고, 측정된 위험을 감수하는 것일 텐데 말이다.

진정한 존재론적 불확실성이 있는 세계

인식론적 불확실성만 있는 세계

두 그림에서 차이점 10개를 찾아낼 수 있나요?
(이거 유용을 공유와 같이공부 '워너룸: 쉽)

〈경주로〉는 턴마다 할 수 있는 선택이 제한되어 있다. 미친 듯이 속도를 내고 있을 때는 (1)속도를 더 미친 듯이 내거나, (2)속도를 덜 미친 듯이 내거나,

(3)미친 듯한 속도를 그대로 유지할 수 있다. 그밖엔 별다른 통제권이 없다. 그러나 충분히 긴 시간 범위에서는 무엇이든 할 수 있다. 속도를 높이거나 낮추거나 방향을 바꾸거나, 또는 8자 경주로를 무한대로 따라가거나….

인생에서와 마찬가지로 〈경주로〉에서도 관성은 인내와 의지로 극복할 수 있는 장애물이다.

결론적으로 보면 〈경주로〉가 교사와 학생에게 동시에 사랑을 받는 것은 놀랄 일이 아니다. 이 게임은 규칙에 지배받는 현실을 단순화한 버전이면서도 열광하기에 충분한 자유 선택권이 있다. 이런 것을 우리는 '수학적 모형'이라고 부른다. 또 다른 말로는 '게임'이라고 한다.

변동과 연관 게임

〈종이 권투〉처럼 〈경주로〉도 온갖 자작 규칙house rule을 가미해서 다른 맛을 내기 좋다. 이 책에는 아주 약간의 예시만 담아두었다.

충돌 페널티

충돌에 대한 페널티를 높일 수 있다. 예를 들어 충돌하면 3턴을 놓친다. 또는 마틴 가드너 버전의 규칙에서처럼 즉시 패배를 겪을 수도 있다.

다인용 경주로

〈다인용 경주로〉Multiplayer Racetrack 게임은 3~4명의 플레이어가 함께 한다. 더 길고 넓은 주로를 위해 2장의 종이를 결합해도 좋다.

기름 유출

한 지역을 색칠한 뒤 '미끄럽다'고 표시한다. 이 지역을 통과하는 자동차는 가속하거나 감속할 수 없다. 같은 속도, 같은 방향으로 계속 가야 한다.

깃발 뺏기

〈깃발 뺏기〉Point Grab는 트랙을 그리는 대신 페이지 전체에 걸쳐 아무 모눈 교차점에나 20개 정도의 '깃발'을 배치한다. 한쪽 모서리에서 시작해 일반적인 규칙에 따라 이동한다. 깃발에 가장 먼저 도달하는(그냥 통과하는 것이 아니라 정확히 그 점 위에서 턴을 종료하는) 사람은 점수를 얻는다. 깃발을 가장 많이 획득한 사람이 이긴다.

기울어진 출발선

'선수 유리'를 줄이기 위해 기울어진 출발선을 그린 다음 두 번째 플레이어가 원하는 시작 지점을 선택하게 해도 좋다.

관문 통과

트랙을 그리는 대신 모눈종이에 숫자가 매겨진 일련의 '관문'(1, 2, 3, 4…)을 각각 2~3칸 너비로 배치한다. 숫자 순서대로 모든 관문을 가장 먼저 통과하는 사람이 승자다.

제24장

위험과 보상 게임 신속히 살펴보기
단순한 게임이 어떻게 복잡한 삶의 진실을 포착할까?

하이 리스크 하이 리턴, 달콤 쌉싸름한 6종의 게임

이제 게임 6개를 속사포처럼 빠르게 살펴보려 한다. 각 게임은 하나의 작은 모형 우주다. 그 게임들은 각각 자신만의 달콤 쌉싸름한 맞바꾸기와 성가신 결정이 있는, 실제 삶에서 위험과 보상을 협상받는 것에 대한 일종의 실전 연습이다.

주사위 게임이 여러분에게 투자 전략을 가르쳐준다거나 가위바위보 몇 판으로 여러분의 협상 전술이 향상될 것임을 약속하려는 게 아니다. 그건 현실적으로 불가능하다.

게임은 간단한 반면 인생은 복잡하다. 게임에서는 확률을 미리 알고 있지만 인생에서는 확률 자체를 모른다. 그런데도 스틱맨 캐릭터가 인간의 형태에 대한 본질을 포착하듯이 나는 이런 단순한 게임이 우리의 너저분한 세계에 대한 진짜 진실을 포착한다고 믿는다.

돼지

운을 시험하는 주사위 게임

운을 시험하는 게임은 많다. 〈블랙잭〉Blackjack은 '다른 카드를 가져올 것인가, 버스트하기 전에 멈출 것인가?'를 시험한다. 〈휠 오브 포춘〉Wheel of Fortune은 '다시 돌릴 것인가, 퍼즐을 풀 것인가?'를 시험한다. 〈백만장자가 되고 싶은 사람?〉Who Wants to Be a Millionaire?은 '다음 질문에 도전할 것인가, 지금 상금을 받고 끝낼 것인가?'를 시험한다. 〈딜 오어 노 딜〉은 '거래할 것인가, 안 할 것인가?'를 시험한다.

아마도 이런 모든 게임 중 가장 간단한 것은 2~8인용 게임 〈돼지〉Pig일 것이다. 자기 턴에 주사위 한 쌍을 원하는 만큼 굴리며 나온 값을 합계에 더한다. 그리고 그만두고 싶을 때 그만둔다. 맨 처음 100점에 도달한 사람이 승자다.

그리고 몇 가지 보너스가 있다. 더블의 점수는 합계를 두 배하고(예를 들어 5 + 5는 20점), 더블 중에서도 스네이크 아이즈(즉 1 + 1)는 가장 좋아서 25점이다.

하지만 조심하자. 1이 다른 숫자와 함께 나오면 그 턴의 점수는 모두 잃고 0이 된다. 이때 지난번 턴의 점수는 영향을 받지 않는다. 전체 주사위 굴림의 약 28퍼센트에서 이런 일이 발생한다.

내가 너무 욕심을 냈어.
난 마치… 음, 일종의 탐욕스러운 동물처럼 행동했어.

〈돼지〉는 데이트, 투자, 등산 등에서 볼 수 있는 역동성을 제공한다. 지금 멈출까, 아니면 계속 가야 할까? 지금 내가 가진 것에 만족할 것인가, 아니면 더 장대한 영광을 얻기 위해 재난을 무릅쓸 것인가? 〈돼지〉가 등산과 다른 점은 턴당 평균 점수를 최대화하는 최적의 해, 즉 잠정적인 정답이 있다는 것이다(스포일러에 대해서는 참고 문헌을 참조하라).

〈돼지〉 게임보다 훨씬 더 간단한 버전도 있다. 하나의 주사위로 플레이하고, 주사위를 굴려서 나온 눈을 점수로 기록한다. 다만 1이 나오면 지금 턴의 점수를 지우고 턴을 끝낸다.

수학 교사인 케이티 맥더못이 학교 버전도 있다고 내게 알려주었다. 학교 버전 게임은 모든 학생이 선 채로 시작한다. 교사가 주사위 한 쌍을 굴리는데, 이 주사위 값은 모든 학생에게 적용된다. 주사위를 굴릴 때마다 각 학생은 계속 서 있을지(추가 굴림의 위험을 감수할지) 아니면 자리에 앉을지(그 라운드에 더 이상 참여하지 않을지) 결정한다. 5라운드 후 가장 높은 점수를 낸 학생이 승리한다.

교차선

거미줄에 관한 게임

나는 이 보석을 이반 모스코비치Ivan Moscovich의 《1000가지 놀이: 퍼즐, 역설, 착시, 게임》1000 Playthinks: Puzzles, Paradoxes, Illusions, and Games 속 빽빽한 페이지 사이에서 발견했다(구체적으로는 216번이다). 그리고 나중에 나무 조각에 박힌 16개의 못 사이에 고무 밴드를 끼워 플레이하는 나만의 물리적 프로토타입을 만들었다. 그러나 여러분은 플레이어 2명, 두 가지 색깔의 펜, 종이만 있으면 플레이할 수 있다.

〈교차선〉Crossed 게임을 시작하려면 그림과 같이 정사각형으로 16개의 점을 그린다. 그런 다음 차례로 턴을 받아서 아직 사용하지 않은 점 2개를 직선으로 연결한다. 정사각형의 같은 면에 있는 점은 연결할 수 없다. 상대가 그린 선과 교차할 때마다 1점, 자신이 그린 선과 교차할 때마다 2점을 얻는다. 그 과정에서 실수하지 않도록 잘 기록한다.

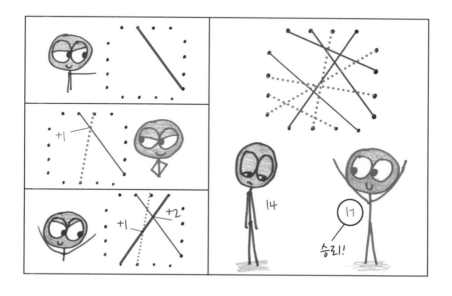

더 이상 둘 수가 없을 때까지 계속 플레이한다. 더 이상 둘 수가 없는 경우는 모든 점이 사용되었거나 사용되지 않은 점이 모두 사각형의 같은 면에 있을 때다. 점수가 높은 사람이 승리한다.

〈교차선〉에서 둘 수 있는 수는 그렇게 욕을 먹는 틱택토보다도 하나가 적은 최대 여덟 번뿐이라 단순하게 느껴질 수 있다. 그러나 한 수마다 수십 가지 선택지가 있어 게임 트리가 깨진 유리의 금처럼 빠르게 바깥쪽으로 뻗어나간다. 점수 시스템은 즐거운 긴장감, 그리고 위험과 보상의 고전적인 맞바꾸기를 만든다. 짧은 선은 스스로 교차할 기회가 줄어드는 반면, 긴 선은 상대방도 교차하기 좋게 만든다. 마치 양쪽 끝에서 당기는 밧줄 같은 느낌이 드는 것이다.

가위바위보도마뱀스팍

가위바위보 확장팩

〈가위바위보도마뱀스팍〉Rock, Paper, Scissors, Lizard, Spock 게임은 선구자 캐런 브릴라Karen Bryla와 샘 카스Sam Kass가 만든 게임이다. 가위바위보가 무승부로 끝나는 빈도가 너무 높아 좌절한 그들은 도마뱀과 스팍이라는 두 가지 새로운 손짓을 추가했다. 이것은 게임의 대칭 구조를 유지하면서 무승부의 기회를 줄인다. 각각의 손짓은 다른 두 손짓을 이기고, 또 다른 두 손짓에게는 지며, 자신과는 무승부다.

플레이하려면 셋까지 세고 동시에 어떤 손짓을 할지 정한 손을 내민다. 다음 그림에 나온 화살표는 승자에서 패자로 가는 흐름을 가리킨다.

참 즐거운 구조 아닌가? A가 B를 이긴다고 할 때, B에게는 지지만 A를 이겨서 순환을 완료하는 C를 항상 찾을 수 있다. 인기 시트콤 〈빅뱅이론〉The Big Bang Theory에서 이 게임이 아찔한 찬사를 받은 것은 어찌 보면 당연하다.

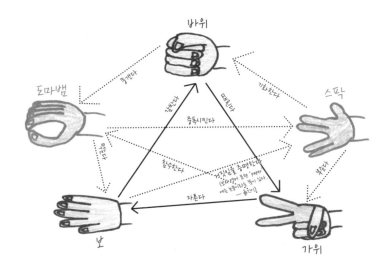

이런 손짓은 홀수 개라면 얼마든지 확장할 수 있다. 7, 9, 11, 13개 등. 한 담대한 열광자가 자그마치 1년을 소비해 101가지 손짓 버전을 만들었다. 원래 〈가위바위보〉 게임에는 암기할 규칙이 3가지고 〈도마뱀스팍〉 확장판에는 10가지가 된다. 하지만 이 궁극의 손짓 게임에는 '흡혈귀가 수학을 가르친다', '수학이 아기를 혼란시킨다', '아기가 흡혈귀가 된다' 등 5,050가지 규칙이 있다. 이 정도면 셸던(〈빅뱅 이론〉의 주인공으로 IQ 187의 천재다. —옮긴이)에게도 버거울지 모른다.

101이면 큰일

자릿수 게임

수학 교육자 매릴린 번스Marilyn Burns는 초등학생들에게 자릿수를 가르치기 위해 〈101이면 큰일〉이라는 게임을 고안했다. 이 매력적인 게임은 2~4명이 할 때 가장 좋다. 이 게임을 하려면 먼저 최적의 전략을 찾아야 하는데, 그것

자체가 매우 즐겁고 쾌활한 퍼즐이라서 나처럼 노쇠한 성인에게도 좋다.

각자 턴을 받아 표준 6면 주사위를 굴린다. 굴린 후 숫자를 그대로 둘지(예를 들어 3) 아니면 10을 곱할지(예를 들어 30) 결정한 다음 점수에 더한다. 각 플레이어는 총 여섯 번 굴려야 한다. 목표는 100에 최대한 근접하되 절대 넘지는 않는 것이다. 100을 초과하는 모든 값은 0으로 계산된다.

5라운드를 플레이해서 가장 많은 라운드를 이기는 사람이 챔피언이다.

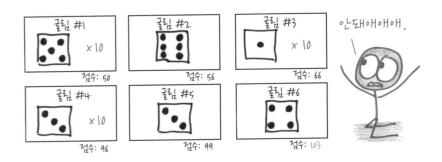

이 게임을 하다 보면 소위 탐욕 알고리즘greedy algorithm이라는 것에 빠질 수 있다. 그럴 여유만 있으면 항상 10을 곱하는 것이다. 출발점으로는 좋지만, 굴림이 두 번 남아 있는 상태에서 96까지 도약하는 것은 어리석은 일이다. 그럴 땐 깊이 주의해야 한다.

흥미를 더하기 위해 각 플레이어의 첫 번째 주사위 굴림은 비밀로 유지할 수 있다. 그 이후의 굴림은 모든 사람이 볼 수 있도록 공개하되 10을 곱할지 말지에 대한 결정은 비공개하는 걸 유지한다. 그러다가 마지막 굴림이 끝나면 모든 선택과 결과를 공개한다.

속임수 게임

실제 세계 매시브 멀티플레이어 게임

제임스 어니스트가 디자인한 〈속임수 게임〉Con Game은 몇 시간, 심지어 며칠에 걸쳐 진행될 수도 있다. 휴양지나 컨벤션에서 즐기는 여행, 캠핑, 가족 모임에 이상적인 게임이다. 가위바위보가 타격 연습이라면 〈속임수 게임〉은 본격적인 야구라 할 수 있다. 이 게임은 캐러멜 팝콘과 땅콩 맛이 좋은 크래커 잭이랑 오르간 음악과도 잘 어울린다.

언제든지 새로운 플레이어가 끼어들 수 있으며, 그럴 때는 빈 카드 10장을 받는다. 1부터 10까지 숫자를 매기고 각각에 자신의 이름과 '가위', '바위', '보' 중 하나를 적는다. 어떤 비율로 써 넣든 상관없다. 예를 들어 10개 모두 '가위'여도 된다.

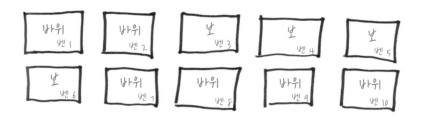

다른 플레이어를 만나면 두 가지 방식으로 상호 작용할 수 있다.

1. **싸움**: 각 플레이어는 자신이 소유한 카드를 선택하고 동시에 공개한다. 싸움의 승자는 두 카드를 모두 소유한다. 무승부일 경우(예를 들어 바위 대 바위) 숫자가 높은 쪽이 승리한다. 그래도 무승부라면 카드를 각자 그대로 가지고 있도록 한다. 상대의 도전을 받으면 적어도 한 번은 싸워야 한다. 그 후에는 각자 다른 사람과 싸울 때까지 도전을 거절할 수 있다.

2. **거래**: 서로 원한다면 어떤 플레이어와도 카드를 일대일로 교환할 수 있다. 거래 시 정보를 숨기는 것은 마음대로지만 거짓말을 해서는 안 된다.

미리 정해진 시간에 게임을 종료한다. 여러분이 가진 카드 중에 상대방의 이름이 적힌 카드를 찾아보고, 각 상대방마다 **가장 높은 값**을 선택한다. 이들을 더한 것이 여러분의 점수다. 실상 자신의 카드는 아무 가치가 없다. **가장 높은 점수**가 승리한다.

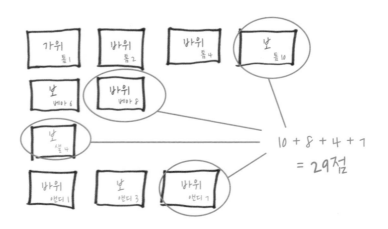

정말로 괴짜스러운 경험을 하고 싶다면, 〈사기꾼 게임〉을 〈가위바위보도마뱀스팍〉과 조합해서 플레이해보라.

순위 격파

운에 맡기는 퀴즈 게임

〈상식 밖의〉와 마찬가지로 〈순위 격파〉Breaking Rank는 운에 맡기는 퀴즈 게임이다. 여기서 가장 중요한 기술은 여러분 자신이 얼마나 많이 또는 얼마나 적게 알고 있는지를 아느냐다. 목표는 간단하다. 최대한 긴 목록을 틀리지 않고 만드는 것이다. 그러나 공정함을 기해 경고는 해야겠다. '간단'은 '쉬움'과 동의어가 아니다. 시작할 때 심판 역할을 할 플레이어 1명이 7개 대륙과 같은 **항목 그룹과 순위를 매길 수 있는 통곗값**(예를 들어 육지 면적)을 선택한다. 4개에서 8개 항목으로 구성되어 있으며, 미리 지정된 그룹이 가장 잘 작동한다. 하지만 여러분이 원한다면 좀 더 개방적인 그룹도 가능하다. 예를 들어 '전 세계의 국가'도 그룹이 될 수 있다.

아프리카　　남극 대륙　　아시아　　유럽　　북아메리카　　남아메리카　　오세아니아

심판을 제외한 각 추측자의 임무는 육지 면적이 큰 것부터 원하는 만큼 많은 대륙을 나열하는 것이다. 목록이 정확해서 각 대륙이 그 위의 대륙보다 작다면 항목당 1점을 얻는다.

하지만 여러분이 틀린다면(어디서든 큰 대륙이 작은 대륙 밑에 있게 된다면) 점수는 받지 못한다. 대신 심판이 여러분을 쩔쩔매게 한 대가로 1점을 받는다.

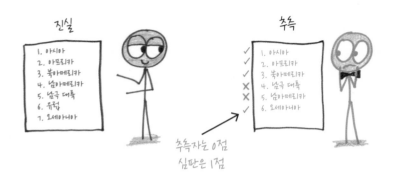

점수를 올리기는 쉬운 듯 보인다. 언제든 바란다면 1점 획득은 보장되며, 랜덤으로 추측해도 2점을 얻을 확률이 50 대 50이다. 하지만 나는 꼭 아이템 하나를 더 넣어서 틀리곤 한다. 7개 항목을 모두 나열하려면 하늘이 도와줘야 한다. 가능한 순서가 5,040개고 그중 잘못된 순서가 5,039개다.

〈상식 밖의〉에서와 마찬가지로 심판의 역할은 돌아가며 맡고, 게임을 시작하기 전에 10분 동안 질문을 찾아야 한다. 모두가 들어본 유명인처럼 잘 알려진 항목과 명확한 통계(예를 들어 '가장 인기 있는'이 아니라 '스포티파이의 월간 청취자 수')를 선택해야 한다. 기존 항목 범주(예를 들어 '유럽 국가')를 자유롭게 선택하면 되고, 몇 가지 항목(예를 들어 '프랑스, 독일, 이탈리아, 스페인, 영국')을 직접 선택해도 된다. 확실하지 않은 경우는 위키백과를 참고하라. 훌륭한 정보 원칙이 되어준다.

마지막으로, 다음은 퀴즈의 질문으로 활용하기 좋은 몇 가지 예다.

- 국가의 인구: 예를 들어 프랑스, 독일, 이탈리아, 스페인, 영국
- 대륙의 해안선 길이: 아프리카, 남극 대륙, 아시아, 유럽, 북아메리

카, 오세아니아, 남아메리카
- 미국 각 주가 합중국에 가입한 시기: 예를 들어 아칸소, 캘리포니아, 캔자스, 켄터키, 아이오와, 네브래스카
- 국가의 GDP: 예를 들어 호주, 인도네시아, 일본, 멕시코, 필리핀
- 음악가의 인스타그램 팔로워 수: 예를 들어 아리아나 그란데, 비욘세, 에드 시런, 리애나
- 음악 예술가의 스튜디오 앨범 수: 예를 들어 콜드플레이, 카녜이 웨스트, 퀸, 테일러 스위프트
- 노래의 발표일 순서: 예를 들어 〈보헤미안 랩소디〉, 〈돈트 스톱 빌리빙〉, 〈리빙 온 어 프레이어〉, 〈테이크 온 미〉
- 앨범의 플레이 길이: 예를 들어 〈애비 로드〉, 〈헬프!〉, 〈리볼버〉, 〈러버 소울〉, 〈서전트 페퍼스 론리 하츠 클럽 밴드〉
- 영화의 오스카 후보 수: 예를 들어 〈노예 12년〉, 〈킹스 스피치〉, 〈더 파티드〉, 〈뷰티풀 마인드〉, 〈포레스트 검프〉
- TV 프로그램의 방송된 에피소드 수: 예를 들어 〈내 사랑 레이몬드〉, 〈더 프레시 프린스 오브 벨 에어〉, 〈프렌즈〉, 〈사인필드〉
- 배우의 트위터 팔로워 수: 예를 들어 크리스 에반스, 크리스 헴스워스, 크리스 파인, 크리스 프랫, 크리스틴 스튜어트
- 책의 굿리드(미국 서평 사이트) 리뷰 수: 예를 들어 《빌러비드》, 《무한한 농담》Infinite Jest, 《백년의 고독》, 《제5도살장》
- 저자의 소설 수: 예를 들어 마크 트웨인, 찰스 디킨스, 버지니아 울프, H. G. 웰스
- 정치인 나이순: 예를 들어 앨 고어, 힐러리 클린턴, 존 케리, 하워드 딘
- 행성의 위성 수: 수성, 금성, 지구, 화성, 목성, 토성, 천왕성, 해왕성
- 새의 날개 너비: 예를 들어 흰머리수리, 홍학, 회색 왜가리, 펠리컨

제5부

정보 게임

"이기고 있다면 명확히 하라.
지고 있다면 복잡하게 만들어라."

INTRO

나는 미국의 수학자이자 컴퓨터 과학자이며, 정보 이론의 아버지라 불리는 클로드 섀넌Claude Shannon의 집에서 약 1.5킬로미터 떨어진 곳에서 자랐다. 61세의 나이 차이 탓에 우리가 함께 어울려 다닌 적은 없지만 나는 늘 그와 친하게 지냈더라면 좋았겠다고 생각한다. 왜냐하면 그의 집은 기이한 발명품으로 가득한 박물관이니까.

대량의 외발자전거. 화염 방사 트럼펫. 저글링하는 로봇. 로마 숫자 계산기. 그중에서도 내가 가장 좋아하는 것은 '궁극 기계'Ultimate Machine라 불리는 것이다. 스위치가 달린 상자를 켜면 상자 안에서 몸통 없는 손이 나와 투덜대듯 스위치를 다시 끈다. 일종의 실존적 스누즈 버튼(알람 시계에서 잠시 후 다시 울리게 하는 버튼. 보통은 조금 더 자기 위해 사용한다. ─옮긴이)에 가깝다.

그 많은 것들 중 섀넌의 가장 위대한 발명품은 그가 쓴 논문이다. 구글에서 1948년 논문인 〈통신의 수학적 이론〉A Mathematical Theory of Communication을 검색하면 바로 볼 수 있다. 전자적 소통에 혁명을 일으킨 논문, '정보'라는 모호한 개념을 정확하고 측정 가능한 양으로 변환시킨 논문이다. 그리고 정보 이론을

아, 내가 가장 좋아하는 아이.

고마워요!

무례하기는.

탄생시킨 논문이다.

계량컵이 어떤 물질로 채워지는지 상관하지 않는 것처럼 정보 이론은 정보가 전달하는 내용에 무관심하다. 클로드 섀넌은 "메시지의 '의미'는 일반적으로 관련이 없다."라고 설명했다. 대신 우리는 각 메시지를 가능성 목록에서 하나씩 선택되는 것으로 상상한다. 선택할 수 있는 가능성이 많을수록 그 선택지들을 전달하는 데 더 많은 정보가 필요하다. 메시지의 정보는 여러분이 한 말이 아니라 하지 않은 말들에 의해 정의된다.

잘 이해되지 않는다고? 사실 생각처럼 그리 미친 소리는 아니다. 여러분의 친구 알레그라가 지금 기분이 어떻든 항상 "잘 지내고 있어."라고 말한다고 해 보자. 그 말은 정보를 전혀 전달하고 있지 않다. 이와 대조적으로 다른 친구 어니스티아가 항상 진실을 말한다면 그녀의 "잘 지내고 있어."라는 말은 실제로 정보를 전달한다. 왜냐하면 그녀는 다른 여러 가지 가능성 대신 그 말을 선택했기 때문이다.

따라서 동일한 메시지가 전달하는 정보량은 문맥에 따라 다를 수 있다. 예 컨대 "나는 거북이가 좋아."라는 말이 "거북이 좋아해?"라는 질문에 대한 답으로 나온 것이라면 담긴 정보가 그리 많지 않다. 그 외에 나올 만한 대답은 "거북이 안 좋아해."라는 말밖에 없기 때문이다. 하지만 "너 자신을 소개해

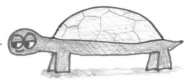

여러분은 방금
"나는 거북이가 좋아."라는 말을 했다.
거기엔 정보가 얼마나 들어 있을까?

여러분이 받은 질문	예시 답변	나올 만한 답변 수
"거북이 좋아해?"	나는 거북이가 좋아. 나는 거북이 안 좋아해.	약 2개
"어떤 파충류를 좋아해?"	나는 카멜레온이 좋아. 나는 뱀이 좋아. 나는 게코 도마뱀이 좋아. 나는 악어가 좋아.	약 30개
"자신에 대해 좀 더 얘기해봐."	내 팔꿈치는 바깥쪽으로도 휘어. 나는 랩 가사를 따라 해. 나는 지하철에서 원숭이를 본 적이 있어. 나는 오렌지 주스를 절대 안 먹어.	약 1,000,000,000개

봐."라는 질문에 "나는 거북이가 좋아."라고 답했다면 이야기가 달라진다. 이 말에는 '훨씬' 더 많은 정보가 담겨 있다. 다른 할 말도 많은데 굳이 거북이를 좋아한다는 말을 맨 처음 했기 때문이다.

이렇게 얻은 직관을 어떻게 정량화할까? 먼저 이진수를 사용해 가능한 모든 메시지를 열거한다. 사실상 메시지를 0과 1의 코드로 변환하는 것이다. 전체 메시지가 많지 않다면 짧은 코드로 모든 메시지를 커버할 수 있다. 따라서 필요한 숫자가 적을수록 전달되는 정보의 양도 적다.

여러분이 받은 질문	예시 답변	예시 코드	필요한 숫자
어떤 파충류를 좋아해?	나는 땅거북이 좋아 나는 도마뱀이 좋아 나는 〈스타트렉〉에 나오는 외계인 '잼해더'가 좋아. 나는 악어가 좋아.	00000 00001 00010 00011	5

여러분이 받은 질문	예시 답변	예시 코드	필요한 숫자
자신에 대해 좀 더 얘기해봐.	나는 풍차를 공격해본 적이 있어.	0000000000000000000	20 (이상)
	나에게는 하인이 있는데, 걔는 내 절친이야.	0000000000000000001	
	나는 이름 뒤에 붙는 호칭이 있어.	0000000000000000010	
	나는 불가능한 꿈을 꿔.	0000000000000000011	

이와 대조적으로, 가능한 메시지 목록이 길고 그 안에서 선택해야 하는 경우에는 필요한 코드도 길어진다. 따라서 필요한 숫자가 많을수록 더 많은 정보가 전달되는 셈이다.

따라서 섀넌의 근본적인 정보 단위는 이진수binary digit이며, 줄여서 표현하면 '비트'bit다. 실제로 작동하는 비트를 이해하기 위해 숨겨진 정보에 대한 고전 게임인 〈행맨〉Hangman[1]을 플레이할 때 비트가 어떻게 개입되는지를 살펴보자. 약 28만 개의 단어 목록이 있는 2019년판 콜린스 스크래블(단어 찾기 게임—옮긴이)용 사전에서 목표 단어를 뽑기로 한다. 이 사전에 있는 단어들을 모두 열거하려면 18자리 이진 코드(더하기 19자리 코드 몇 개)가 필요하다. 따라서 섀넌식으로 표현한다면, 단어를 알아낸다는 것은 대략 18.09비트의 정보를 얻는 것을 의미한다. 잠깐 비교하자면 디지털 사진의 정보는 이것의 100만 배 정도 된다.[2]

이제 상대방이 빈칸을 7개 그렸다고 치자. 그러면 글자가 7개인 단어로 검색 범위가 좁혀지며 거기에는 약 3만 4,000개가 있다. 15자리 이진 코드(더하기 약간의 16자리 코드)로 이들을 열거할 수 있으므로, 수집해야 할 정보가 아직 15.2비트 남아 있다. 다시 말해 방금 얻은 정보, 즉 단어의 길이가 일곱 자리라는 정보의 가치는 3비트 미만이다.

18.1비트 중 2.9

34,342단어 남음

이제 첫 번째 글자를 추측해보자. 나는 E로 시작하는 것을 좋아한다. 오호, 한 글자를 맞혔다!

이로 인해 범위가 1만 단어 미만으로 좁혀지며 1.8비트의 정보를 더 얻었다. 가능성의 95퍼센트 이상을 제거했지만 비트 단위로 측정하면 아직 시작인 셈이다.

다른 모음이 필요할 듯하다. A는 어떨까? 아아, 나쁜 소식이다.

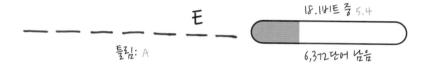

패배에 한 걸음 더 가까이 갔지만, 적어도 정보는 얻었고 목록에서 3,500단어를 제거했다. 이는 0.6비트에 해당한다.

이제 마지막 자리 빈칸을 보면서 추측해본다. D일까? 확인해본 결과 답은 아니었다.

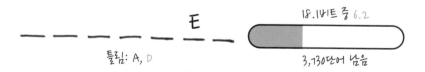

또 틀렸지만 계속 나아가자. 우리는 0.8비트에 해당하는 2,600단어를 범위에서 제거했다.[3] 다음 추측을 위해 마지막 자리 글자에 다시 눈독을 들인다. S는 어떨까? 오, 저거 봐라!

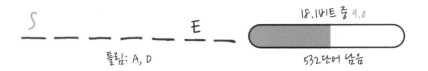

S _ _ _ _ _ E _

틀림: A, D

18.1비트 중 9.0

532단어 남음

예상한 것과는 다르지만 좋은 결과다. 덕분에 2.8비트의 정보를 얻었으며, 이는 지금까지 해온 것 중 최고 성과다. 자, 아직 모음이 더 필요하다. 그럼 I는 어떨까?

S _ _ _ _ _ I E _

틀림: A, D

18.1비트 중 11.8

78단어 남음

예, 승리의 I!

그걸로 2.8비트의 정보를 더 얻었다. 이제 가능한 단어는 수십 개 정도다. 아직도 모음이 하나 더 필요한 것 같다. O는 어떨까? 오, 아냐.

S _ _ _ _ _ I E _

틀림: A, D, O

18.1비트 중 12.4

52단어 남음

세 번째 잘못된 추측이며 그걸로 얻은 정보는 겨우 0.6비트다. 다른 모음을 시도해보자. U는 어때? 성공!

S U _ _ _ I E _

틀림: A, D, O

18.1비트 중 14.2

15단어 남음

이번엔 1.8비트 가치가 있었고 범위를 15개 단어로 좁혔다. 이제는 또다시 마지막 글자로 주의를 돌려보자. N일까? 아—니.

S U _ _ _ I E _

틀림: A, D, O, N

18.1비트 중 14.5

12단어 남음

겨우 3개의 단어만 제거해서 0.3비트의 정보만 얻었다. 다시 해보자. R은 어떨까? 오오, 보너스!

S U R _ _ I E R

틀림: A, D, O, N

18.1비트 중 16.5

3단어 남음

이로 인해 12가지 가능성이 세 가지로 줄어들었고, 정확히 2비트의 정보를 얻었다. 다음은… P는 어떨까? 이런, 잘못된 추측이다.

S U R _ _ I E R

틀림: A, D, O, N, P

18.1비트 중 16.5

3단어 남음

'surpier'는 단어가 아니므로 아무 의미가 없는 시도였다. 우리가 얻은 정보는 0비트다. 이번에는 더 조심해보자. F는 어떨까? 이번에도 실패다.

S U R _ _ I E R

틀림: A, D, O, N, P, F

18.1비트 중 17.1

2단어 남음

그래도 세 가지 가능성 중 하나인 'surfier'를 제거해 0.6비트를 얻었다. 이제 2개 남았다. 1비트의 정보가 우리의 손을 빠져나간다. L을 해볼까? 아, 들어맞는다! 우리가 이겼다.

S U R L I E R   18.1비트 중 18.1

틀림: A, D, O, N, P, F   단어 해결!

좋아, 단어 게임은 이제 충분하다. 수학 게임으로 넘어가자.

제5부에 소개되는 게임은 〈행맨〉의 먼 친척들이다. 각 게임에서 승리하려면 올바른 정보를 찾아내야 한다. 그 정보란 비밀 숫자(〈숫자 야구〉Bullseyes and Close Calls)일 수도 있고, 경매 물품의 실제 가치(〈매수자 위험부담 원칙〉Caveat Emptor)나 뒤얽힌 지역 지도LAP일 수도 있다. 혹은 신비한 '카드'의 정체(〈양자 낚시〉Quantum Go Fish)거나, 여러분이 플레이하는 규칙 바로 그 자체(〈사이사라〉Saesara)일 수도 있다. 각 게임에서 한 사람은 정보를 가능한 한 적게 누설하려 하고 다른 사람은 최대한 많은 정보를 빼내려 한다.

서스펜스가 지식을 갈망하는 상태라고 한다면, 정보 게임은 가장 순수한 형태의 서스펜스를 제공하는 셈이다. 그야말로 실시간으로 펼쳐지는 미스터리 소설이라 할 수 있다.

한때 내 이웃이었던 클로드 섀넌은 그의 웅대한 이론이 그렇게 경박한 용도로 쓰이는 것에 대해 어떻게 생각할까? 나는 그가 좋아할 거라고 확신한다. 섀넌은 "과학의 역사는 귀중한 결과가 단순한 호기심에서 비롯되는 일이 많음을 보여주었다."라고 말한 적이 있기 때문이다. 그럴 수밖에 없다. 그는 벨 연구소에서 일할 때 공용 공간에서 하루 종일 보드 게임을 하며 시간을 보내곤 했다. 그의 상사는 "클로드가 '비생산적이 될 권리'를 얻었다."고 말했다.

그렇지만 여러분의 상사가 섀넌의 상사만큼 멋지지 않은 경우를 대비해서 이런 게임은 근무 시간이 아닐 때만 하는 편이 좋다.

제25장

숫자 야구

정보의 바다에서 유의미한 것을 어떻게 건져내야 할까?

고전적 암호 해독 게임

〈숫자 야구〉 게임은 〈마스터마인드〉Mastermind라는 이름으로 1970년대에 가장 잘나가는 보드 게임 중 하나가 되었으며, 〈대부〉의 유료 영화표만큼(굳이 숫자를 따지자면 5,000만 장) 팔렸다. 하지만 이 게임이 그 알록달록한 플라스틱 못으로 시작된 것은 아니었다.

이 게임은 한 세기 전에 이미 〈황소와 암소〉Bulls and Cows라는 저속한 이름으로 펜과 종이를 사용해 플레이되고 있었다. 현대의 나는 열렬한 소 페미니스트로서 황소가 암소보다 낫다는 생각을 거부한다. 그래서 이름을 바꿔 전자를 스트라이크, 후자를 볼이라고 부른다. 그러나 여러분이 원하는 대로 단어를 자유롭게 사용해도 된다(벤 올린은 '명중'Bullseye과 '지근탄'Close Call이라는 말을 사용했으나, 번역서에서는 우리나라에서 널리 쓰이는 '스트라이크'와 '볼'이라는 말을 사용했다. 지은이가 말했듯이 단어는 원하는 대로 쓰면 되니까. ―옮긴이). 이 암호 게임은 암호명이 무엇이든 암석처럼 단단한 고전으로 남아 있다.

무엇이 필요할까?

플레이어 2명, 펜, 종이

목표는 무엇일까?

상대의 비밀 숫자를 추측해내는 것.

규칙은 무엇일까?

1. 각 플레이어는 비밀리에 네 자리 숫자를 적는다. 각 숫자는 모두 달라야 한다.

2. 번갈아 가며 네 자리의 숫자를 추측한다(다시 말하지만 반복되는 숫자는 없다). 상대는 여러분이 추측한 숫자 중 몇 개가 **스트라이크**(올바른 숫자, 올바른 위치)인지, 또 몇 개가 **볼**(올바른 숫자, 잘못된 위치)인지 대답해줄 것이다.

그러나 어느 숫자가 어느 숫자인지는 알 수 없다.

3. 승자는 가장 적은 추측 횟수로 4스트라이크를 달성하는 사람이다.

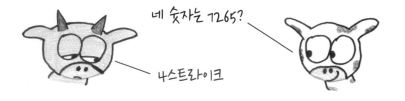

맛보기 노트

나는 전략을 실험하기 위해 간단한 컴퓨터 프로그램을 작성했다. 첫째, 가능한 모든 숫자의 목록으로 시작해 랜덤으로 추측한다. 그런 다음 피드백을 받은 숫자와 일치하지 않는 모든 숫자에 줄을 긋는다. 거기서 남은 숫자로 다른 랜덤 추측을 한다. 비밀 숫자가 밝혀질 때까지 이 과정을 반복한다.

그 프로그램은 잘 돌아갔고, 보통 대여섯 번의 추측으로 충분했다. 그러나 수천 라운드에 한 번씩, 더듬거리며 아홉 번이나 추측하곤 했다. 다음 그림이 바로 그런 식으로 대실패한 경우다.

추측	응답	남은 숫자
5873	🐷🐷	1155
3951	🐷🐷	189
2938	🐷🐷	45
3712	🐷🐷	20
8791	🐷🐷	4
8152	(없음)	3
3097	🐷🐷🐷	2
3497	🐷🐷🐷	1
3697	🐷🐷🐷🐷	해결!

처음 다섯 번의 추측은 순조로웠고, 범위는 8152, 3097, 3497, 3697의 네 가지 가능성으로 좁혀졌다. 하지만 결승선을 남겨둔 몇 걸음 앞에서 컴퓨터는 자기 발에 걸려 넘어졌다. 그리고 네 가지 옵션 중에서 선택하는 데 4턴을 불살라야 했다.

그냥 운이 나빠서만은 아니다. 전략이 나빴기 때문이기도 하다. 프로그램이 6턴째에 더 현명한 숫자를 선택했다면 7턴째에는 해답을 보장할 수 있었다.

왜 프로그램은 이것을 생각하지 못했을까? 어리석은 프로그래머 탓이다.

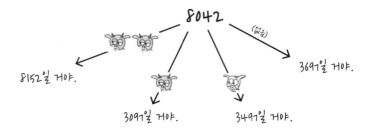

나는 프로그램이 이미 제거한 숫자를 추측하는 것을 금지했으며 사실상 각각의 추측을 승리할 기회로 취급했다. 그러나 추측에는 다른 용도도 있다. 바로 귀중한 정보를 수집할 수 있는 기회 말이다.

교사 폴 록하트Paul Lockhart는 "수학자에게 문제란 탐침, 즉 수학적 현실이 어떻게 작동하는지 확인하기 위한 테스트다. 우리 나름대로 '막대로 찔러' 무슨 일이 일어나는지 보는 방식인 것이다."라고 했다. 〈숫자 야구〉를 최적으로 플레이하려면 가장 많은 정보를 수집하는 방식으로 비밀 숫자를 찔러봐야 한다.

이는 때때로 이미 틀렸음을 알고 있는 숫자를 일부러 추측에 넣는 것을 의미하기도 한다.

게임의 유래

많은 고전 게임과 마찬가지로 이 게임의 기원도 역사 속으로 사라졌다. 우리가 아는 것이라곤 20세기 초 영국인들이 이 게임을 〈황소와 암소〉라고 불렀다는 것뿐이다.[4] 1960년대 말에서 1970년대 초에는 케임브리지와 MIT에서 이 게임의 컴퓨터 버전이 출현했다. 그러다 몇 년 후 이스라엘 통신 전문가 모데카이 메이로비츠Mordecai Meirowitz가 〈마스터마인드〉라는 이름으로 출시해 이 게임에 세계적인 명성을 안겨주었다.

왜 중요한가

인생은 정보 사냥인데, 인간은 게으른 사냥꾼이다. 여러분은 이미 이 사실을 알고 있다. 여러분 자신이 인간이건 아니면 인간 문화에 정통한 외계인이라 이 책과 같은 인간의 서적을 즐기는 것이건 상관없다. 인간이든 외계인이든 간에 여러분은 '호모 사피엔스'가 몇 시간에 걸쳐 정보를 게걸스럽게 먹고 난 다음 아무 영양분도 없이 파티장을 떠나는 것을 본 적이 있으리라.

비참하고 전형적인 표본인 나를 보자. 나는 77개의 팟캐스트를 구독하고, 트위터에서 600명을 팔로우한다. 또한 내 폰에 있는 위키백과 앱이 열려 있는 탭 수는 이미 최댓값을 넘어설 정도다.[5] 이 모든 정보를 고려할 때 과연 나는 정보를 얼마나 얻었을까? 얼마 전 어린 딸이 솔방울을 집어 들었다. 그런 딸에게 "그건 솔방울이야."라며 나는 자원해서 정보를 제공했다. "소나무에서 나오는 거지. 그건… 일종의 큰 씨앗 아닐까?"

이것은 치기 힘든 공이 아니었다. 내 딸은 퀘이사, 톰 스토파드의 희곡, 또는 의식에 관한 어려운 문제를 물어보지 않았다. 분명히 솔방울에 대한 진실은 저 너머에 있다. 단지 내가 모를 뿐이다. 겨우 열 마디 정도의 말을 했을 뿐인데, 나는 솔방울에 대한 내 지식을 소진했다.

일반적으로 인간은 적절한 장소에서 정보를 찾지 않는다. 한 고전적 심리학 연구를 살펴보자. 피험자들은 한쪽 면에는 문자가 있고 다른 면에는 숫자가 있는 카드 4장을 보았다. 그런 다음 규칙을 배웠다. 모음이 있는 카드는 숫자가 짝수라야 한다.

여기서 질문이 있다. 규칙을 위반했는지 확인하려면 어떤 카드를 뒤집어야 할까?

이 책을 더 읽기 전에 생각해보자. 여러분이라면 어떤 카드를 뒤집겠는가? 여러분이 다른 사람의 숙제를 베껴 쓰는 타입이라면 그냥 봐라. 1971년에 실시된 일반적인 반복 연구에서 도출된 가장 일반적인 답변은 다음과 같다.

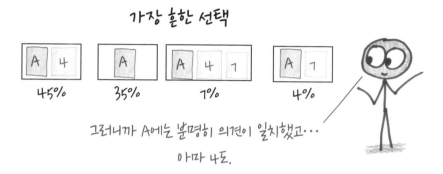

가장 흔한 선택

| A 4 | A | A 4 7 | A 7 |
| 45% | 35% | 7% | 4% |

그러니까 A에는 분명히 의견이 일치했고…
아마 4도.

우리가 A를 뒤집을 필요가 있다는 것은 꽤 분명하다. 그러나 그 뒤에는 논란이 시작된다. 대부분의 사람은 4를 뒤집기를 원한다. 아마도 모음을 확인하기 위해서일 것이다. 그렇게 해서 J나 W, P가 나왔다고 치자. 무슨 상관인가? 그래도 규칙 위반은 아니다. 규칙에 따르면 모음은 짝수여야 하지만 자음이 짝수면 안 된다는 규칙은 없다.

한편 대부분의 사람은 7을 뒤집는 건 거부한다. 짝수도 아니므로 규칙과 관련이 없지 않을까? 아니, 틀렸다. 7을 뒤집었는데 E나 U가 나오면 규칙이 위반된 것이다.

이 연구는 '확증 편향'이라는 패턴을 강조한다. 우리는 이론에 반대될 수 있는 예를 찾는 대신 이론이 맞음을 확인하기 위한 예를 찾는 경향이 있다. 확증 편향은 감정에 기인할 때가 많다. 민화당이 시민 미덕의 모범이고 공주당(미국 양대 정당인 민주당과 공화당을 반반 섞은 표현이다. —옮긴이)은 엄청난 위선자라고 믿는다면 확증 사례는 나를 의롭고 우월하다고 느끼게 할 것이다. 또한 반례는 나를 불안하게 만들고 박해받는다고 느끼게 할 것이다.

사람들이 어느 쪽을 추구할지는 뻔한 일이다.

감정이 중요한 역할을 하는 것 말고도 확증 편향에는 더 깊은 면이 있다. 카드 4장 연구에서 사람들은 모음에 대한 추상적인 규칙에 감정적 이해관계가 없다. 그뿐만이 아니다. 틀려도 아무런 이득이 없다. 그래도 96퍼센트는 논리적으로 정답을 맞히지 못한다. 왜일까?

우리는 잘못된 행성에 탐사선을 보내는 우주 프로그램처럼 습관적으로 잘못된 장소에서 정보를 찾는다. 이게 그 이유다.

그게 무엇이든 잘못된 믿음은 비용이 들지 않는다. 평평한 지구를 믿는 사람도 비행기 표를 사는 데는 문제가 없다. 달 착륙을 의심하는 사람도 별을 문제없이 바라본다. 미국의 힙합 듀오인 아웃캐스트를 싫어하더라도 행복에 가까운 삶을 살 수 있다.

이와 대조적으로 〈숫자 야구〉는 자업자득의 대표적 게임이다. 쓸데없는 질문을 하면 쓸데없는 대답을 듣게 된다. 정보가 우리를 덮치도록 내버려두는 대신 목적의식을 갖고 세상을 조사하면서 정보를 찾아야 한다. 그리고 어쩌면 게임이 끝났을 때 솔방울이 실제로 무엇인지 찾아볼 수도 있다.[6]

반복 허용

비밀 숫자와 추측 모두에서 숫자 반복을 허용한다. 예를 들어 비밀 숫자가 1112이고 추측이 1221이라면 응답은 1스트라이크(첫 번째 숫자 1) 2볼(마지막 두 자리는 2와 1이지만 순서가 다름)이다.[7]

자기부죄

〈자기부죄〉Self-Incrimination[8]는 모든 추측이 두 비밀 숫자 모두에 적용된다. 즉 여러분이 추측하면 상대방이 거기에 응답을 해줄 뿐만 아니라, 마치 상대방이 방금 그와 똑같은 추측을 한 것처럼 여러분도 응답을 해줘야 한다. 예를 들어 3456을 추측했는데 자신의 숫자가 1234라면 "2볼."이라고 말해야 한다. 당연히 자신의 숫자를 드러내는 추측은 하고 싶지 않을 것이므로, 추가 전략이 필요하다.

거짓말 탐지

〈거짓말 탐지〉Spot the Lie는 전체 게임 중 단 한 번, 각 플레이어가 잘못된 응답을 할 수 있다. 예를 들어 실제로는 스트라이크가 없고 볼만 3개 있는데, "1스트라이크, 1볼."이라고 말하는 것이다.[9] 가장 혼란스러운 순간에 거짓말을 전개해보라.

과묵함

각 추측은 최소한의 응답만 받는다. "그래, 스트라이크가 하나 이상 있다." 또는 "아니, 스트라이크가 없다."는 식이다. 이렇게 하면 더 느리고 까다로운 게임이 된다.

조또

〈조또〉Jotto는 〈숫자 야구〉와 같은 방식의 단어 게임이다. 각 플레이어는 네 자리 숫자 대신 네 글자 단어(반복되는 글자 없음)를 선택한다. 플레이는 〈숫자 야구〉와 같은 방식으로 진행되며 한 가지 추가 반전이 있다. 임의의 문자 조합(예를 들어 racb)이 아닌 실제 단어(예를 들어 crab)만 추측할 수 있다. 도전성을 높이려면 네 글자 단어 대신 다섯 글자 단어를 사용하라.

제26장

매수자 위험부담 원칙

패배보다 더 나쁜 승리, 승자의 저주를 피하는 방법은?

경매 게임

유감스럽게도 〈매수자 위험부담 원칙〉에서 이기는 방법은 가르쳐줄 수가 없다. 하지만 패배하는 가장 좋은 방법은 쉽게 말할 수 있다. 모든 경매에서 낙찰받으면 된다. 진짜다.

몇 라운드만 플레이해도 과도한 입찰이 너무 흔함을 알게 된다. 이른바 상처뿐인 승리라는 것이다. 이는 낙찰자가 실제 가치보다 더 많은 비용을 내고 보상을 가져가야 하는 경우다. 낙찰받으려고 입던 옷까지 잡히는 이 현상은 실제로 너무 만연하다. 그래서 경매 경제학자들이 이 현상을 지칭하는 용어인 '승자의 저주'라는 말이 따로 있을 정도다.

다행히도 〈매수자 위험부담 원칙〉은 일반적인 경매보다 훨씬 더 많은 정보를 플레이어들에게 제공한다. 여러분이 이 저주에서 벗어나기에 충분할 정도인지는 모르겠지만.

게임 방법

무엇이 필요할까?

플레이어 2~8명. 4~6명이 가장 좋다. 그리고 5분 정도 시간을 들여 경매에 내놓을 가정용품 아무거나 5개를 모으자.

또한 각자 1에서 6까지 숫자가 매겨진 6장의 카드가 필요하다. 종잇조각을 접어서 써도 괜찮다. 이 카드는 입찰에 사용되는 게 아니라 비밀로 할 각 물품의 '진짜 가격'을 결정하는 데 사용된다.

별도의 종이에 각 플레이어의 점수와 사용한 카드를 추적할 표를 그린다.

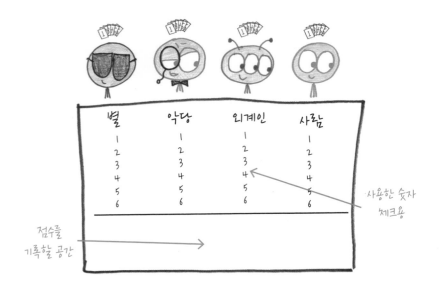

목표는 무엇일까?

경매에서 가정용품을 낙찰받되 그 가치보다 더 지불하지는 않기.

규칙은 무엇일까?

1. 각 라운드에서 플레이어 중 1명이 경매인을 맡는다. 경매인이 품목을 선택하고 그것이 얼마나 유익하고 가치 있는지에 대해 약간의 설명을 한다.

주목하세요! 이 포근한 육식동물은 시어도어 루스벨트를 기리는 이름을 받았습니다. 루스벨트에 대해 말하자면, 모든 미국 대통령 중에서 가장 포근하고 가장 육식성인 사람이었죠.

2. 이제 품목의 진짜 가치를 결정할 때다. 이를 위해 경매인을 포함한 모든 플레이어는 비밀리에 1에서 6까지의 값을 선택한다. 아직 아무도 모르는 이 가치들의 합이 경매 품목의 진정한 가치다.

테디 베어의 진짜 가치는 이 비밀 숫자의 합계다.

3. 다음은 입찰 시간이다. 각 플레이어는 실제 가치보다 낮은 가격으로 아이템을 구매하기를 희망한다. 입찰은 경매인 왼쪽에 있는 플레이어부터 시작하며, 그 품목에 대해 기꺼이 지불할 가격을 선언한다.

좋은 곰이야. 10달러를 입찰하겠어.

누군가는 나를 원할 거야!

4. 입찰은 왼쪽으로 돌아가며 계속된다. 자기 턴이 되면 입찰가를 올리거나 경매를 포기해야 한다. 포기하면 그 플레이어가 선택했던 가치 카드를 펼친다. 따라서 플레이어가 탈락할 때마다 나머지 플레이어들은 품목의 실제 가치에 대한 정보를 얻게 된다.

옵션 1: 올린다   옵션 2: 포기한다

12달러로 하자고.

아냐, 포기. 난 2를 냈었어.

5. 마지막으로 남은 플레이어가 자신의 마지막 입찰 가격으로 경매에서 낙찰받는다. 그리고 자신의 숫자를 공개한다. 이제 모두가 품목의 진짜 가치를 알게 된다.

잠깐... 내가 낙찰? 13달러에 저 곰이 내 거라고?

이런, 낙찰받은 게 최악이었군.

진짜 가치: 12달러

6. 경매의 '낙찰자'는 품목의 진짜 가치에서 낙찰가를 뺀 점수를 얻는다. 이 점수는 음수가 될 수 있다. 또한 한 번 선택한 가치 카드는 다시 사용할 수 없다. 종잇조각을 버리고 채점표에서 해당 숫자에 줄을 긋는다. 폐기된 종잇조각을 모두가 볼 수 있도록 놔두어도 동일한 결과를 얻을 수 있다.

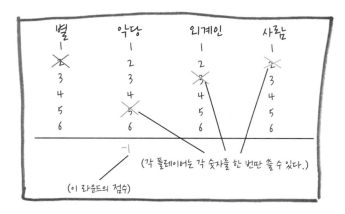

7. 5라운드를 플레이하며, 매 라운드 경매인을 변경한다.[10] 모든 사람이 경매인이 되는 기회를 얻지 못해도 괜찮다. 결국 총점이 가장 높은 사람이 이긴다.

맛보기 노트

이 게임에서 내가 가장 좋아하는 부분은 품목 설명이다. 나는 부러진 연필에 존경심을 느끼고 땅콩버터 크래커에 눈물을 흘리게 되었다. 미국의 마트 체인점 베드배스앤드비욘드Bed Bath&Beyond의 20퍼센트 할인 쿠폰을 칭송해달라는 요청을 받으면 누구나 시인이 되는 것 같다.

발표가 끝난 다음엔 전략이 시작된다. 여기서는 두 가지 기본 접근 방식이 두각을 드러낸다. 첫째, 낮은 값을 선택한 다음 높은 값을 선택한 것처럼 행동해 상대가 더 높게 입찰하게 한다. 둘째, 높은 값을 선택한 다음 자신이 경매에서 낙찰받기를 바라면서 낮은 값을 선택한 것처럼 행동한다.

그런데도 각 라운드가 전개될 때마다 새로운 정보가 유입되면 전술을 즉석에서 조정해야 한다. 예를 들어 다음과 같이 시작하는 라운드가 있다고 해보자.

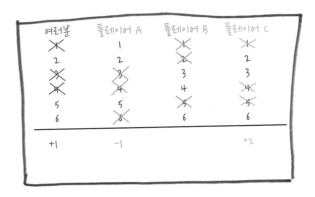

다음 품목의 가치가 최소 8(2+1+3+2)에서 최대 23(6+5+6+6)이라는 건 바로 계산할 수 있다. 자신의 카드(예를 들어 5개)를 선택한 후에는 이 범위를 다시 업데이트할 수 있다. 이 경우 품목의 가치는 최소 11(5+1+3+2)에서 최대 22(5+5+6+6)가 된다.

모든 플레이어가 비슷한 계산을 한다. 따라서 A가 12로 입찰을 시작하면

지금까지의 라운드

1(이 경우 최소 가치는 8)이 아니라 5(이 경우 최소 가치는 12)를 선택했다고 의심할 수 있다. 하지만 A가 허풍을 치고 있을지도 모른다. 판단하기가 어렵다. 어쨌든 B가 13에 입찰하고 C가 포기하며 2를 보여줬다고 치자.

여러분의 모험은 직접 선택해보시라. 다음 턴에 무엇을 할 것인가?

여러분의 선택

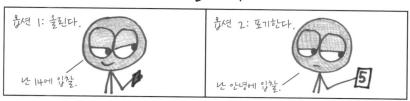

미리 보기 금지!

경고했다.

먼저 선택한 다음에 보시라.

좋아, 준비됐나?

옵션 1 '올린다'를 선택한 경우

당당하게 자신감을 갖고 제임스 본드의 미소를 지으며 입찰가를 14로 높인다. 현명하게 느껴진다. 이 느낌이 맞다. 플레이어 A가 높은 카드를 사용했다고 확신하므로 그 값은 ㅡ.

오, 안 돼. 플레이어 A가 방금 포기하며 1을 보여줬다. 그러자 플레이어 B도 포기하며 4를 보여준다. 그럼으로써 여러분은 경매의 낙찰자가 된다. 방금 12달러 가치인 품목에 대해 14달러를 지불했다. 분발하게나, 본드.

옵션 2 '포기한다'를 선택한 경우

테이블 주위를 슬쩍 훑어보며 '나는 아웃'이라고 중얼거리며 5를 보여준다.

위축되고, 불안하고, 뭔가 부끄럽다. 진정해, 친구! 이건 그냥 게임일 뿐이야.

어쨌든 플레이어 A가 포기하며 1을 보여주면 기분이 한결 나아진다. 이제 13의 입찰가로 낙찰한 플레이어 B는 신음하며 카드를 뒤집어 4를 보여준다. 따라서 품목의 총 가치는 12달러다. 낙찰가는 1달러 초과였다. 포기하길 잘했어!

게임의 유래

추상적인 전략 게임을 연구하는 데 깊이 몰두하다 보니 나는 페이스 변화를 갈망하게 되었다. 느슨하게 진행하고 다인용이며 파티에 적합한 뭔가가 있을까? 종이 클립의 장점에 대해 일장 연설하는 뭔가가 있을까? 그때 이 게임이 떠올랐다. 〈매수자 위험부담 원칙〉 게임 말이다. 매수자는 매사에 항상 신중해야 한다.

이 게임의 초기 반복 테스트에서는 승자의 저주가 매우 잘 작동했다. 초과 입찰이 너무도 만연했기 때문에 입찰을 전혀 하지 않는 것이 최선이었다. 플레이어들에게 더 많은 정보가 필요함이 확실했다. 하지만 어떻게? 친구들과 진행한 플레이 테스트 세션에서 각 숫자를 게임당 한 번만 사용한다는 아이디어를 창출해 후반 라운드에서 최대한 가치 후보를 좁혔다. 그런 다음 각 플레이어가 탈락할 때 선택한 가치를 드러내도록 정보를 추가해 살짝 비틀어봤다. 이 추가 정보를 집어넣음으로써 승자의 저주가 감당할 수 있는 수준으로 낮아졌다.

왜 중요한가

모든 것에는 가격이 있는데, 경매 낙찰자는 실제 가격보다 훨씬 비싼 가격에 구매할 때가 많다. 우리는 경매의 세계에 살고 있다. 사진은 500만 달러, 시계는 2,500만 달러, 자동차는 5,000만 달러, jpeg는 NFT 덕분에 6,900만 달러에 경매되었다. 구글은 검색어에 붙는 광고를 경매하고, 미국 정부는 전파 대역폭을 경매하며, 2017년에는 손가락을 교차하는(집게손가락과 가운뎃손가락을 교차시켜 십자가를 상징하는 손짓이다. ─ 옮긴이) 예수 그림이 경매에서 4억 5,000만 달러에 팔렸다. 이것을 두고 수억 달러를 날리는 역사상 가장 나쁜 방법이라고 지적하기 전에 다음 두 가지를 기억하자. (1)인류는 〈보스 베이비〉 영화표에 5억 2,800만 달러를 소비했다. (2)경매 낙찰자가 비싼 값을 부르는 것은 악명 높은 진실이다.

이런 승자의 저주가 존재하는 이유는 무엇일까? 어쨌든 올바른 조건하에서는 우리 인간은 매우 예리하게 추정해낼 수 있다. 아주 적절한 예가 있다. 통계의 초기 역사를 살펴보면 미국의 한 카운티(미국의 행정구역 단위로 주 바로 밑이다. ─ 옮긴이) 박람회에서 787명의 사람들이 황소의 무게 추측을 시도했다. 이들은 소 전문가가 아니었다. 그렇다고 무게 추측의 달인도 아니었다. 그냥 평범하고 공정한 사람들이었다. 어쨌든 그들이 한 추측의 평균(547킬로그램)은 진실(543킬로그램)과 1퍼센트도 차이가 나지 않았다. 인상적이게도 말이다.

여러분은 여기서 핵심 단어를 눈치챘는가? 바로 '평균'이다. 개별 추측은 온갖 범위에 퍼져서 나타났다. 일부는 매우 높았고 일부는 터무니없이 낮았

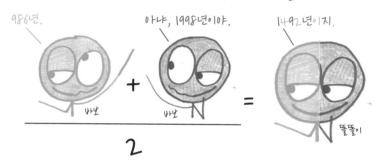

다. 하지만 데이터를 집계해서 단일한 평균값을 내자 비로소 군중의 지혜가 드러났다.

이제 경매에 입찰할 때를 보자. 특히 감정적이거나 개인적인 이유가 아니라 교환 가치를 원해서 품목에 입찰하는 경우라면 사실상 그 가치를 추정하는 셈이다. 다른 모든 입찰자도 마찬가지다. 따라서 실제 가치는 평균 입찰가에 거의 근접해야 한다. 바로 여기에 문제가 있다. 평균 입찰가는 낙찰되지 않는다.

품목은 '두 번째로 높은' 입찰자가 지불하고자 하는 가격보다 1달러 더 높은 가격으로 '최고' 입찰자에게 낙찰된다. 두 번째로 높은 가격을 제시한 사람은 아마 평균보다 높은 가격을 제시했을 터다. 소의 무게를 추측할 때 두 번째로 높은 값을 추측했던 사람처럼.

확실히 하자면 모든 승자가 저주받은 것은 아니다. 여러분은 알 수 없는 가치의 추정치로 입찰하는 게 아니라 해당 품목에 대해 여러분이 개인적으로 느끼는 가치를 선언하는 것이다. 상당히 많은 경우 그렇다. 그런 관점에서 승자는 단순히 품목을 가장 높이 평가하는 사람이다. 이럴 때는 저주가 없다.

그러나 그 밖의 경우에는 〈매수자 위험부담 원칙〉에 훨씬 더 근접하게 된다. 품목에는 아무도 정확히 알지 못하는 하나의 '진짜' 가치가 있으며 모든 사람이 이를 추정하려고 한다. 이 경우에는 승리를 조심해야 한다. 때로는 패배보다 더 나쁘기 때문이다.

변종과 연관 게임

실제 경매가 포함된 매수자 위험부담 원칙

〈매수자 위험부담 원칙〉에서 경매는 가상이며 게임 후 품목이 원래 위치로 반환된다(제발 누군가의 어린 시절 추억인 테디 베어를 들고 가려 하지 말아라).

그러나 조 키센웨더는 여기서 한 번 비튼 규칙을 제안했다. 바로 〈실제 경매가 포함된 매수자 위험부담 원칙〉Caveat Emptor with Real Auctions이다. 초코바, 등긁개, 또는 다음에 할 게임을 고를 수 있는 권리 등과 같은 '실제 품목'을 경매한다. 승자는 실제로 그것을 보유하게 된다. 그러나 나는 두 번째 반전을 제안한다. 여러분은 '그 품목의 진짜 가치 이하로 입찰해야만' 품목을 얻을 수 있다. 승자가 초과 입찰하면 아무도 품목을 얻지 못한다.

거짓말쟁이 주사위(일명 두도)

〈거짓말쟁이 주사위(일명 두도)〉Liar's Dice(aka Dudo)[7]는 남아메리카에서 시작된 허풍 게임이다. 이 게임을 하려면 각 플레이어는 주사위 5개와 이를 숨길 컵이 필요하다. 라운드를 시작할 때 주사위를 컵으로 덮은 후 흔들어서 굴린다. 혼자만 살짝 열어보되 여러분이 굴린 값을 다른 사람이 볼 수 없게 해야 한다.

그런 다음 입찰이 시작된다. 예를 들어 3이 5개(즉 전체 주사위 중 3이 나온 것이 최소 5개 있음)라고 하자. 입찰은 왼쪽으로 돌아가며 계속 진행되며 각 플레이어는 주사위 수를 늘리거나(2가 6개), 눈의 값을 높이거나(6이 5개), 또는 둘 다(4가 6개) 해서 입찰가를 올려야 한다.

아니면 "두도."Dudo(스페인어로 '의심한다'는 뜻)라고 말해 이전 입찰에 이의를 제기할 수도 있다. 이 시점에서 플레이어는 모두 컵을 들어 주사위를 드러낸다. 입찰이 참이면 도전자가 주사위 하나를 잃고, 입찰이 거짓이면 입찰자가 주사위 하나를 잃는다. 그런 다음 플레이가 계속되는데 그 라운드의 패배자가 다음 라운드에서 입찰을 시작한다. 다만 주사위가 바닥나면 탈락이다. 마지막까지 주사위를 가진 플레이어가 승자다.

게임은 긍정적 피드백 순환 고리를 생성한다. 주사위를 많이 잃으면 제어할 수 있는 정보가 적어지고 정확히 입찰(또는 설득력 있는 허풍)하기가 더 어려워진다. 반면에 많이 이길수록 게임을 제어하기 편해지고 다시 이기기가 더 쉽다.

거짓말쟁이 포커

〈거짓말쟁이 포커〉Liar's Poker는 거짓말쟁이 주사위와 비슷하다. 게임을 하기 위해 모두가 1,000원짜리 지폐를 꺼내서 일련번호를 다른 사람에게 보여주지 않고 혼자만 들여다본다.

그런 다음 입찰이 시작된다. 예를 들어 6이 5개(모든 일련번호의 숫자를 다 세면 6이 최소 5개 있다.)로 시작된다. 입찰은 왼쪽 방향으로 계속된다. 각 플레이어는 숫자를 높이거나(8이 5개) 개수를 늘리거나(3이 6개) 또는 둘 다(9가 7개) 해서 입찰가를 올려야 한다.

아니면 이전 입찰에 이의를 제기할 수 있다. 누군가가 도전했다고 즉각 일련번호를 공개하지는 않는다. 대신 다음 플레이어에게도 기회가 돌아가므로, 도전에 참여하거나 그냥 입찰가를 올릴 수 있다. 특정 입찰 하나에 다른 모든 플레이어가 도전할 때까지 플레이가 계속되다가 그 시점이 되면 일련번호가 공개된다. 입찰이 맞다면 모든 도전자는 입찰자에게 1,000원을 준다. 입찰이 틀릴 경우 입찰자는 모든 도전자에게 1,000원씩을 줘야 한다.

나는 마이클 루이스Michael Lewis의 월스트리트 시절에 대한 통렬한 회고록인 《라이어스 포커》에서 이 게임을 배웠다. 그의 말에 따르면 CEO 존 굿프렌드John Gutfreund는 한때 투자자 존 메리웨더John Meriwether에게 100만 달러의 지분을 걸고 〈거짓말쟁이 포커〉 게임에 도전한 적이 있다고 한다. 메리웨더는 1,000만 달러의 지분을 역제안했다. 허세였지만 굿프렌드는 물러섰다.

확실히 세계 경제도 여러분이 즐기는 문화에 따라 돌아가는 듯하다.

나는 이 게임을 용납할 수 없어!
나는 더 건전한 목적을 위해 돈이 사용되기를 바란다.
이를테면 조직범죄 같은.

제27장

LAP

고립된 세계와 열린 세계의 불편한 만남

미로 영역 퍼즐 게임

헤이, 혹시 〈배틀십〉 알아? 흠, 잊어버려라. 여러분의 기억에서 지우는 거다. 파일 삭제.

헤이, 〈배틀십〉 알아? 모른다고? 좋아. 기억 삭제가 작동했군. 이제 더 나은 게임, 더 어려운 게임, 〈배틀십〉이 원래 꿈꾸던 게임인 〈LAP〉을 만날 준비가 되었다. 이 게임의 이름은 제작자인 레흐 피야노브스키Lech A. Pijanowski의 머리글자서 따왔다. 하지만 '모두 함께 플레이하자'Let's All Play나 '미궁 영역 퍼즐'Labyrinthine Area Puzzle, '프로처럼'Like a Pro의 약자라고 해도 문제없다. 〈배틀십〉에서와 마찬가지로[11] 플레이어는 숨겨진 모눈을 탐색한다. 그러나 〈LAP〉은 더 깊고 미묘하며 궁극적으로 더 보람차다. 그럼 마치 프로가 된 것처럼 미로 영역 퍼즐을 모두 함께 플레이해보자.

게임 방법

무엇이 필요할까?

플레이어 2명. 각각 자신의 6×6 모눈종이와 상대방에게 얻은 정보를 추적할 수 있는 추가 모눈종이가 필요하다.

목표는 무엇일까?

상대방보다 먼저 상대방의 전체 지역 지도를 알아내기.

규칙은 무엇일까?

1. 시작하려면 먼저 자신의 모눈을 비밀리에 I, II, III, IV라는 동일한 크기의 4개 영역으로 나눈다. 각 영역은 정확히 9개의 사각형이 서로 연결되어 구성된다. 대각선 연결은 인정되지 않는다. 각 영역은 숫자, 음영 패턴, 연필 색깔의 세 가지 방법으로 구분할 것을 추천한다. 사실 이론적으로는 숫자만으로도 충분하다.

2. 번갈아 가며 상대방에게 직사각형으로 된 칸(예를 들어 B3에서 C4)에 대해 질문한다. 직사각형은 적어도 2×2 이상이어야 하지만 더 커도 상관없다. 상대는 해당 칸들이 속한 영역(예를 들어 I, II, IV, IV)은 알려주지만, 구조에 대해서는 알려주지 않는다. 따라서 '어느' 사각형이 영역 I에 속하는지는 알 수 없다.

3. 상대방의 게임판을 풀어냈다면 추측을 완성했다고 선언한다. 그런 다음 추

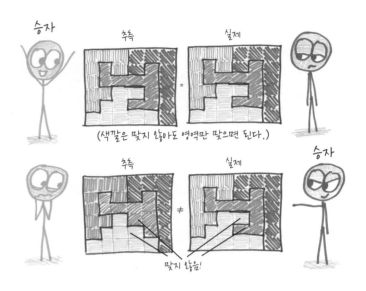

(색깔은 맞지 않아도 영역만 맞으면 된다.)

맞지 않음!

측한 게임판과 상대방의 게임판을 나란히 비교한다. 동일하면 이기고, 그렇지 않으면 패배한다.

맛보기 노트

이 게임의 이름은 〈정보 추출〉이다. 아, 사실은 아니다. 이 게임의 이름은 작고 사근사근한 탐색Little Affable Probes이다. 만일 '정보 추출'이 제목이 되지 못한다면 적어도 게임의 도전 과제이자 스릴은 된다.

불가능. 두 지역이 연결되지 못함.

나는 모서리부터 탐색하기를 좋아한다. 예를 들어 왼쪽 상단 모서리가 I 3개와 II 1개라고 들었다면, 다음 그림처럼 세 가지 구조 중 하나임이 틀림없음을 알 수 있다.

다음으로 오른쪽 상단 모서리를 탐색했더니 모두 I이라는 것을 알았다. 그렇다면 I이 상단 벽을 따라서 붙어 있다고 추론할 수 있다. 그렇지 않은 경우 I을 연결하려면 지역 II를 둘러싸야 하는데, 이는 불가능하다. 의심스럽다면 시도해보라. 영역 II가 9칸보다 작아야 하거나 영역 I이 더 커야 할 것이다.

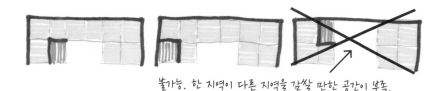

놀가능. 한 지역이 다른 지역을 감쌀 만한 공간이 부족.

〈LAP〉은 고전적인 맞바꾸기를 제공한다. 가장 '많은' 정보를 찾을까, 아니면 가장 '해석하기 쉬운' 정보를 찾을까? 내 경우에는 논리적 추론이 명확하다는 이유로 먼저 모서리를 선택한다. 그러나 8×8 게임판에서 플레이하는 전문 플레이어 바트 라이트Bart Wright는 중앙에서 시작하는 것을 선호한다. 그는 일반적으로 이곳의 정보에서 가장자리로 옮겨가며 값을 추론할 수 있기 때문이다. 나는 해석하기 쉬운 정보를 찾아 플레이하는 반면, 라이트는 가장 많은 정보를 찾아 플레이한다.

게임판을 설계할 때 전략적 고려 사항도 있다. 크고 단단한 덩어리가 있는 영역은 파악하기 쉬운 반면, 특정 게임판 디자인은 매우 교활하다.

2×2 탐색만 허용하는 피야노브스키의 원래 〈LAP〉 규칙에서는 앞서 나온 그림의 네 가지 게임판을 구별할 수 없었다. 그래서 이 모호성을 해결할 수 있게 더 큰 직사각형 프로브를 허용하도록 규칙을 수정했다.

게임의 유래

이 게임은 게임 제작자인 레흐 피야노브스키가 쓴 폴란드 신문 칼럼에 처음 게재되었다. 그는 나중에 유명한 게임 디자이너 시드 잭슨에게 이 게임에 대해 알려주는 모험을 했다. 레흐 피야노브스키는 시드 잭슨에게 보내는 편지에 이렇게 썼다. "머나먼 나라의 알지도 못하는 사람에게서 이런 편지를 받는 일이 충격적일지도 모르겠습니다." 하지만 피야노브스키는 걱정할 필요가 없었다.

시드 잭슨은 그 편지에 매우 감명받아 폴란드어로 된 그 게임을 영어로 번역('상당히 어려움이 있었다'고 한다.)해 1969년 히트작인 〈게임의 개요〉A Gamut of Games에 소개했다. 〈LAP〉은 잭슨이 좋은 게임은 이래야 한다고 말한 그대로의 게임이다. "배우기는 쉽지만 전략적 가능성은 무한하다. 그래서 의미 있는 선택을 할 기회를 주고 플레이어끼리 상호 작용하며,[12] 플레이 시간은 최대 한 시간 반 이내라야 한다."

"앞으로 20년이 지나면 서로에게 전해야 할 정보가 고갈될지도 모릅니다." 이런 말을 한 걸 보면 잭슨이 이 게임뿐만 아니라 그 제작자도 좋아했다는 것이 분명하다. 그러나 안타깝게도, 피야노브스키는 불과 몇 년 뒤에 죽었다. 잭슨은 그보다 28년 더 살았다.

어떤 정보도 고립되어 존재하지 않는다. 여러분도 이런 경험을 해봤을 터다. 어떤 사람이 "달은 사기다." 같은 거짓을 말한다. 여러분은 "달 착륙을 말하는 건가요?"라고 물어본다. 그러면 그 사람은 "아니, 달 그 자체가 사기다."라고 주장한다. 행동력에 자극을 받은 여러분은 영웅적인 일련의 주장을 참을성 있게 펼치고, 마침내 그 사람을 설득해 진실로 이끈다. 그리고 나서 몇 달 후 다시 그 사람을 만난다….

다시 만난 그 사람은 어떨까? 옛날과 똑같이 난센스를 흩뿌리던 때로 돌아가 있다.

뭐가 잘못된 걸까? 과거로 시간 여행을 해서 결정적인 논쟁이 아직 일어나지 않은 시점으로 돌아간 걸까? 힘들게 얻은 통찰이 모두 사라진 걸까? 심리학자 장 피아제Jean Piaget에 따르면 우리는 두 가지 기본 과정을 통해 새로운 정보에 반응한다. 그중 더 부드러운 쪽은 '동화'assimilation라고 한다. 새로운 사실을 기존 세계관에 맞게 조정하는 것이다. 더 거친 쪽은 '적응'accommodation이다. 새로운 사실에 자리를 내어주고 그만큼 세계관을 조정하는 것이다.

〈LAP〉은 이 과정에 존재하는 장난감 모형이다. 예를 들어 상대방이 "왼쪽 상단 모서리에 I 하나, II 하나, III 2개가 있다."라고 얘기했다 치자. 그 사실만으로도 12개의 포메이션이 가능하다. 내 게임판은 비어 있을 수 있지만 내 마음은 그렇지 않다. 나는 기존의 세계관을 갖고 있다. 특히 각 지역이 연결되어야 한다는 것을 알고 있다. 이는 모서리에 고립된 사각형이 있는 모든 구조를 배제한다.

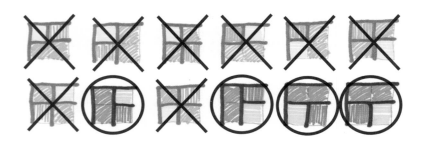

새로운 정보를 흡수하면서 수정하고 재해석해 12가지 가능성을 선별해 4가지로 줄인다. 이것이 동화가 작동하는 방식이다. 사실로 마음을 채우는 것은 그릇에 물을 채우는 것과는 다르다. 세계관이 있는 사람, 즉 심장이 뛰는 사람에게 동화는 능동적인 과정이다.

적응에 관해서는 새로운 정보 때문에 예전의 실수와 직면하게 되었을 때 발생한다. 게임판의 맨 위 두 행을 추론했다고 가정하자. 우선 정확하게 추론했음을 믿는다고 치자. 그런데 C3에서 D4까지를 탐색하고 여기에 I 3개, III 1개가 포함되어 있음을 알게 된다. 내 세계관에 따르면 이것은 불가능하다. 내 신념 중 하나는 포기해야 하기 때문이다.

〈LAP〉에서처럼 실제 삶에서도 지식은 단순한 논리적 명제 더미가 아니다. 신념, 경험, 가치가 함께 얽혀서 유지되는 논리적 명제의 네트워크다. 우리가 무언가를 배우지 못하는 것은 새로운 정보와 이전 정보를 조화시키는 데 어려

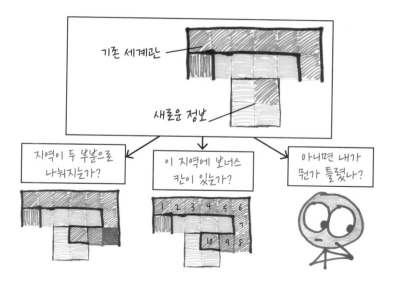

움을 겪기 때문일 때가 많다. 동화에는 실패하고 적응하기는 무섭다. 그렇기 때문에 외부에서 들어오는 데이터가 아무리 사실적이라 해도 외부에서 유입된 병원균처럼 거부된다.

여러분은 동료 인간에게 진리를 알려주어 그를 설득하고 싶은가? 그건 진짜 어려운 일이다. 그들의 세계관에 대고 이야기해야 하기 때문이다. 그들이 자신의 가치, 정체성, 자아를 온전하게 유지하면서 특정 신념을 수정할 수 있는 방법을 찾아내도록 도와야 한다. 절대 쉬운 일이 아니다. 따라서 그런 신뢰를 구축하는 계기를 친선 〈LAP〉 게임으로 시작하는 것도 나쁘지는 않다.

변종과 연관 게임

초보자용 LAP

〈초보자용 LAP〉Beginners' LAP은 6×6 모눈을 단 두 영역으로 나눈다.

전문가용 LAP

〈전문가용 LAP〉Experts' LAP은 8×8 모눈을 4개 지역으로 나누어 플레이한다. 이것은 게임이 원래 출판되었을 때의 방법이다. 36칸 대신 64칸을 사용하면 플레이 시간이 꽤 오래 걸린다.

고전 LAP

〈고전 LAP〉Classic LAP은 매번 2×2 상자를 조사해야 한다. 더 큰 직사각형은 허용되지 않는다. 대신 '맛보기 노트' 밑에 표시된 추측할 수 없는 게임판은 금지된다.

무지개 논리

수학 교육자 엘리자베스 코언Elizabeth Cohen과 레이철 로탄Rachel Lotan은 자신들의 책 《협업 디자인: 다원적 교실을 위한 전략》Designing Groupwork: Strategies for the Heterogeneous Classroom에서 〈LAP〉의 단순하고 우아한 변형판을 제시했다. 그것은 바로 〈무지개 논리〉Rainbow Logic이며, 이 게임은 크기가 동일한 영역 4개가 있는 4×4 게임판에서 플레이한다. 2×2 직사각형의 내용에 대해 묻는 대신 특정 행이나 열의 내용을 탐색한다. 게임을 더 어렵게 하려면 5×5 게임판에서 5개 영역을 시도해보라.

제28장

양자 낚시

때로는 게임으로 마법 같은 내면의 힘을 발견할 수도 있다

신비한 손가락에 관한 게임

이 장을 시작하면서 나는 오류를 고백하라는 양심의 강요를 받는다. 이 책에도 어쩔 수 없이 발생한 오류가 많이 있겠지만, 그중 단 하나만은 내가 알면서 고의로 한 거짓말이다. 〈양자 틱택토〉가 이 책에서 다루는 게임 중 가장 까다로운 게임이라고 말했던 것을 기억하는가?

진정한 챔피언은 〈양자 낚시〉라는 이 영광스러운 괴물이다. 나는 이 게임을 논리 퍼즐, 즉흥 코미디 세션, 그리고 집단 환각의 교배종이라고 생각한다. 솔직히 말해서 나는 아직도 이 게임에 대해 머리를 싸매고 있다. 〈양자 낚시〉는 수학 박사 과정 학생을 주요 팬층으로 하고 있는 그야말로 게임계의 별종이다. 어쨌든 어린 시절에 했던 게임에서 시작된 이 책의 절정을 차지하는 데 있어 〈양자 낚시〉보다 좋은 후보는 없다.

게임 방법

무엇이 필요할까?

플레이어 3~8명. 각자 손가락 4개를 편 채 게임을 시작한다. 이 손가락이 덱에 있는 '카드'다.

목표는 무엇일까?

승리 방법은 두 가지다. 첫째, 자신이 같은 무늬의 카드 4장을 가지고 있음을 증명한다. 둘째, 모든 플레이어가 손에 가지고 있는 카드가 정확히 무슨 무늬인지 설명한다.

규칙은 무엇일까?

1. 시작할 때는 아무도 자신 또는 다른 사람이 가진 카드의 무늬를 모른다. 모든 것이 수수께끼다. 아는 것이라곤 무늬당 4장의 카드가 있고 플레이어 수만큼의 무늬가 있다는 점뿐이다.

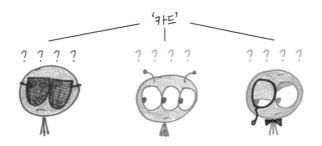

2. 자신의 턴에 다른 플레이어를 선택하고 특정 무늬의 카드를 달라고 요청한다. 새 무늬를 처음으로 언급하는 사람이 그 무늬의 이름을 웃기게 지으면 된다. 여러분이 이미 가지고 있는 무늬만 물어볼 수 있다는 점을 명심하자. 따라서 유니콘 무늬가 있는지 물어본다는 건 아직 알려지지 않은 여러분의 카드 중 하나가 유니콘임을 자인하는 것이다.

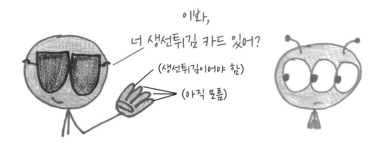

3. 질문을 받은 플레이어는 다음 두 가지 방법 중 하나로 응답할 수 있다.

• "아니, 하나도 없어." 따라서 가진 모든 카드는 질문과 다른 무늬라야 한다.
• "그래, 하나 줄게." 이 경우 요청한 플레이어에게 정확히 1장의 카드를 준다. 다른 카드는 수수께끼로 남아 있다. 동일한 무늬에 속할 수도 있고 아닐 수도 있다.

4. 때로는 선택의 여지가 없을 수 있다. 예를 들어 이미 무가 있다고 자인한 상태에서 무를 달라는 요청을 받으면 반드시 무를 주어야 한다. 이렇게 강제되는 경우가 아니라면 요청받은 플레이어는 자신이 바라는 대로 응답할 수 있다.

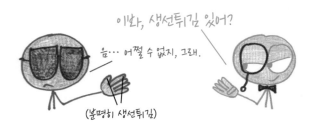

5. 다음 두 가지 방법 중 하나로 승리할 수 있다.
- 턴이 끝날 때, 각 플레이어가 무슨 카드를 가지고 있는지 정확히 설명한다.
- 턴이 끝날 때, 자신에게 같은 무늬의 카드가 4장 있음을 증명한다.

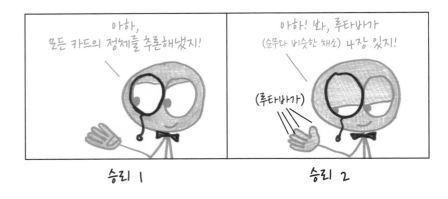

6. 그러나 모순이 발생하면 뭔가 잘못된 것이며 모두가 진다. 예를 들어 모든 플레이어가 가진 같은 무늬의 카드가 5장 이상이 되었는데, 아무도 이 오류를 때맞춰 잡아내지 못한 경우가 여기 해당한다.

옥수숫대가 너무 많음. 모두가 진다.

맛보기 노트

나 자신도 예시 라운드를 보기 전까지는 이 게임이 어떻게 작동하는지 전혀 감이 안 잡혔다. 따라서 3인용 예시 플레이를 여기서 단계별로 보여주려 한다. 3명이므로 카드 12장으로 시작한다. 세 가지 서로 다른 무늬가 각각 4장씩 있다. 자신 또는 다른 사람이 어떤 카드를 가지고 있는지는 아무도 모른다.

시아가 첫 턴을 받아서 요청한다. "야엘, '일각고래'(그림에서는 앞 글자 '일'을 따서 약식으로 표기) 있어?" 야엘은 "아니."라는 대답을 선택한다.

다음으로 턴을 받은 야엘이 묻는다. "조, '양심'(그림에서는 앞 글자 '양'을 따서 약식으로 표기) 있어?" 조는 "그래."를 선택한다.

그 결과 조는 3장, 야엘은 5장이 남았다. 야엘의 카드 중 2장은 '양심'이어야 한다. 하나는 요청에 의해 자인되었고 다른 하나는 조에게서 얻은 것이다.

다음으로 턴을 받은 조는 "야엘, '거리낌'(그림에서는 앞 글자 '거'를 따서 약식으로 표기) 있어?"라고 묻는다. 야엘은 "아니."라고 말하고 싶은 유혹을 느끼지만, 그렇게 했다간 게임을 파괴하는 역설로 이어질 것이다. 야엘은 '일각고래'가 아닌 카드를 3장 가지고 있다. 그 카드들이 '거리낌'도 아니라면 '양심'이어야 한다. 그렇다면 야엘은 '양심'을 5장 가진 것이며, 이는 불가능하다.

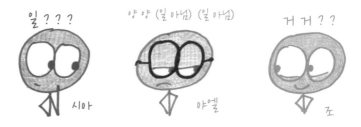

따라서 야엘은 "그래."라고 말하고 조에게 '거리낌'을 주어야 한다.

다음 턴인 시아는 조에게 "'일각고래' 있어?"라고 묻는다. 영리한 수다. 조가 "아니."라고 답한다면 야엘과 조 모두 '일각고래'를 가지고 있지 않은 것이다. 따라서 시아가 모든 '일각고래'를 소유했다며 승리를 주장할 수 있다.[13] 따라서 조는 "그래."라고 말하고 시아에게 '일각고래' 1장을 준다. 시아는 현재 '일각고래'를 최소 2장 소유하고 있다.

다음 턴인 야엘은 "시아, '거리낌' 있어?"라고 묻는다. 이것은 야엘의 남은 카드 중 하나가 세 번째 '거리낌'임을 의미한다. 시아는 "그래."라고 대답하고 야엘에게 마지막 '거리낌'을 준다. 이제 모든 '거리낌'이 언급되었다. 게다가 야엘의 마지막 카드는 '일각고래'가 아니고 더 이상 '거리낌'도 될 수 없으므로 '양심'이어야 한다.

다음 턴을 받은 조는 "시아, '양심' 있어?"라고 묻는다.

이것은 조의 마지막 카드가 '양심'임을 의미한다. 실제로 이것이 마지막 '양심'이므로, 이는 시아에게 '양심'이 없음을 뜻한다. 그럼 조는 시아에게 왜 '양심'이 있는지 물어봤을까?

모든 '양심'과 '거리낌'이 언급되어야 시아의 남은 카드가 '일각고래'임을 알 수 있기 때문이다. 이 지식을 선언하고 설명함으로써 조가 게임에서 이긴다.[14]

일요일 아침처럼 편하지 않은가?

내가 아는 어떤 수학자들은 연필과 종이를 금지해 게임을 완전히 머릿속으로만 추적하도록 강요한다. 안톤 게라셴코Anton Geraschenko는 "재미있긴 하지만 게임 플레이를 위한 실제 덱이 있으면 좋겠다. 귀찮은 부기 작업은 실물 카드에 맡기고 자유로워진 두뇌를 전략에만 집중하는 것이다."라고 말한다.

나 또한 안톤의 시스템을 진심으로 추천한다. 이렇게 하기 위해 필요한 것은 다음과 같다.

1. 플레이어당 종이 클립 4개(카드를 나타냄).
2. n명의 플레이어가 있다고 가정하면, 각각 앞면에 1부터 n까지 숫자가 매겨진 종이가 필요하다. 이는 소유할 수 있는 무늬를 나타낸다.

플레이하면서 다음 단계를 통해 변화하는 게임 상태를 추적한다.

1. 어떤 무늬가 하나도 없음이 확정되면("아니."라고 대답했거나 다른 사람이

4장을 가지고 있을 때) 그 무늬에 해당하는 종잇조각을 엎어놓는다.

2. 끼우지 않은 클립은 펼쳐진 어느 무늬에나 속할 수 있다.

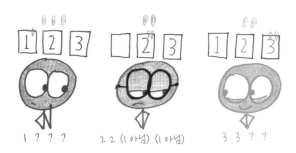

3. 한 카드의 무늬가 정해지면 종이 클립을 해당 종잇조각에 끼운다. 해당 슈트가 여러 장 있는 경우 클립도 여러 개 끼운다.

게임의 유래

이 게임은 수년간 수학자들 사이에서 돌았다. 나는 안톤 게라셴코에게 영입을 당했고, 게라셴코는 UC 버클리의 수학 박사 프로그램에서 이 게임을 접했다. 그곳에 있는 우리의 친구 데이비드 페니스David Penneys는 가장 열성적인 전도사였다.

거기 사람들은 이걸 술자리 게임으로 플레이할 때도 많았는데, 나는 그것이 일종의 미친 짓인 동시에 한편으로는 영감을 주는 행위라고 생각한다. 대부분의 음주 게임은 폭주하는 긍정적 피드백 순환을 만드는 반면(게임에 지면 벌주를 마셔 술에 취하고, 술에 취하면 지게 되고, 지면 다시 술에 취하고…), 이 게임은 건강한 '부정적' 피드백 순환 주기로 플레이된다. 오류를 낸 사람은 다음 라운드에서 술 마시기가 금지되기 때문이다.

어쨌든 게라셴코는 스콧 모리슨Scott Morrison에게서 배웠고, 모리슨은 딜런 서스턴Dylan Thurston의 공으로 돌렸다. 서스턴은 게임을 발명한 사람이 누구인지 모르지만 나에게 이 게임에 관한 가장 오래된 기록을 보여주었다. 그 자신과 샨충치에Chung-chieh Shan, 單中杰가 서명한 2002년 이메일이었다.

서스턴이 보여준 버전은 〈양자 손가락〉Quantum Fingers이라는 이름이 붙어 있었는데, 몇 가지 면에서 달랐다. (1)무늬를 완성하면 네 손가락을 내리지만 게임은 끝나지 않는다. (2)이기려면 모든 손가락을 내려야 한다. (3)아무도 같은 무늬의 카드 4장으로 시작할 수 없다.

왜 중요한가

수학 게임은 우리가 이미 갖고 있으나 알지 못했던 힘을 해방시킨다. 아홉 살때 나는 삶을 변화시키는 선물을 받았다. 나에게는 마법과도 같았던 〈러시아워〉Rush Hour가 바로 그 선물이다. 성룡과 크리스 터커의 화합도 마법 같긴 하지만, 어쨌든 액션 영화를 말하는 게 아니다. 내가 말하는 건 다채로운 플라스틱 승용차와 트럭 세트다. 6×6 모눈 보드와 퍼즐 카드 한 벌이 함께 제공되

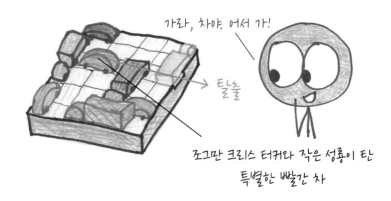

가라, 차야, 어서 가!

탈출

조그만 크리스 터커와 작은 성룡이 탄
특별한 빨간 차

며, 각 카드는 차량이 정렬되어 있는 교통 체증 상황을 묘사한다.

목표는 말을 이리저리 밀어서 특별한 빨간 차를 가장자리의 구멍을 통해 탈출시키는 것이다.

하향식 논리를 적용해 퍼즐을 풀려고 하면 항상 실패했다. 내 뇌가 필요한 소프트웨어를 실행하기에는 너무 구식인 1980년대 개인용 컴퓨터 같다는 느낌이 들었다. 하지만 생각을 멈추고 그냥 '움직이면' 모든 것이 제자리를 찾았다. 내 손가락은 내 의식이 결코 안무할 수 없는 춤을 추었다. 이유도 방법도 모른 채 퍼즐을 풀고, 답은 저속 촬영한 영상 속의 꽃처럼 피어난다.

그것이 놀라운 진실을 처음으로 맛본 때였다. 마음에는 자신의 인식을 넘어서는 힘이 있다는 진실 말이다. 우리의 지적 재산 중 일부는 장부 외 계정에 숨겨져 있음이 분명하다.

〈양자 낚시〉는 내가 아는 가장 어려운 손가락 게임이다. 이 게임을 처음 만났을 때 나는 내 우락부락한 유인원 같은 뇌가 필요한 모든 정보를 저글링할 수 있을지 의심스러웠다. 그런데 〈러시아워〉 역시 비슷하다. 알지 못하는 카드에 대해 추리하는 포커 플레이어, 위협과 기회를 직감하는 체스 마스터, 순식간에 다음 숫자를 추론하는 스도쿠 마법사에게도 비슷한 마법이 있지 않을까? 이처럼 게임은 항상 우리를 위대함으로 이끈다.

이것은 우리 인간이 상속받은 유산이다. 우리는 숨바꼭질을 하기 위해 나무에서 기어 나온 원숭이들이다. 우리는 영장류의 피터팬, 결코 성숙할 수 없는 침팬지다. 우리는 놀고, 놀고, 또 놀다가 심장이 멈출 때만 한 발짝 물러나 다른 사람들이 게임을 이어서 하게 자리를 내어준다.

나는 고등학교 때 배운 화학을 대부분 잊어버렸지만[15] 이것만은 기억한다. '금속에서 모든 원자는 전자를 공유하고 있다'는 사실 말이다. 전자는 물질 전체에 걸쳐 흐르며 전하의 공유 저장소 역할을 한다. 이것이 내가 게임 작동 방식에 대해 갖고 있는 가장 명확한 이미지다. 게임을 하다 보면 손에서 눈으로, 상대방에서 상대방으로 흐르는 일종의 에너지의 끌림이 있다. 서로의 수에 대한 기대가 공유되며 말이 필요 없는, 거의 텔레파시 같은 무언가를 만들어낸다.

〈양자 낚시〉는 내가 아는 그 어떤 게임보다 조잡한 영장류의 텔레파시 능력을 보여준다. 이것은 하나의 질문과 하나의 손가락으로 하나씩 쓰여지는 공동 저작 소설이다. 금속을 따라 흐르는 전자처럼 논리적 규칙을 따르지만 폭발과 불꽃으로 진행된다.

이것이 나 같은 수학 선생님들이 게임을 그토록 높이 평가하는 이유다. 재미있거나(물론 그렇지만) 핵심 개념을 설명하거나(몇 가지는 그렇지만) 방학 직전의 어색한 수업을 채울 수 있어서가 아니다(몇 번은 그랬지만). 교실 수학은 우리에게 혼자 추론하도록 요구할 때가 너무나 잦은 반면, 게임은 우리가 함께 추론하게 한다. 그리고 바로 그것이 우리가 최고가 되는 방법이다. 전기가 가장 잘 통할 때 우리는 가장 인간적인 존재가 된다.

게다가 손가락을 '별의 이상 현상'이나 '봉봉'이라고 부르고 싶지 않은 사람이 누가 있을까?

변종과 연관 게임

턴 잃기

나는 룩을 대각선으로 이동시키는 것처럼 모순적인 응답은 불가능하도록 플레이하는 것을 선호한다. 만일 모순을 시도하면, 다른 플레이어들이 여러분을 막을 것이고 여러분은 다른 수를 두게 된다. 그러나 원한다면 더 치열한 플레이를 할 수도 있다. 모순된 응답을 낸 사람은 벌칙으로 게임에서 패배하고, 다음 라운드에나 참가해야 한다.

계속 플레이

한 무늬인 4장의 카드를 얻으면 그 4개의 손가락을 접는다. 게임에서 이기는 유일한 방법은 손가락을 다 접는 것이다.

눈먼 사중주

빈센트 반 데어 노르트Vincent van der Noort에게서 〈눈먼 사중주〉Blind Kwartet 게임에 대해 배웠다. 네덜란드에서 〈사중주〉Kwartet 게임은 특정 카드 하나를 요청해야 한다는 점만 제외하면 〈양자 낚시〉와 매우 유사하게 작동한다. 예를 들어 "과일 있어?"라고 묻는 대신 "과일 중에서 바나나 있어?"라고 묻는 것이다. 이때 과일에 속하는 다른 세 카드는 사과, 망고, 키위일 수 있다. 물론 여러분에게 과일이 있는 경우에만 바나나를 요청할 수 있다.

〈눈먼 사중주〉는 이 원칙을 확장한다. 예를 들어 "1990년대 밴드 중에서 첨바왐바Chumbawamba 있어?"라고 묻는 것으로 시작할 수 있다. "아니."라고 대답해도 이브식스Eve 6나 서드아이블라인드Third Eye Blind 같은 다른 1990년대 밴드는 있을 수 있다. 각각의 개별 카드에 이름을 지정하면 웃기는 재미가 생길 확률이 높아진다. 하지만 모순에 주의하라. 여러분이 1990년대 밴드 카드를 들고 있으며 그 무늬의 4개 카드에 이름이 붙은 경우라면, 여러분의 카드는 그 중 하나라야 한다.

제29장

사이사라

논리 구조를 통해 창의성과 실험정신이 폭발하다

귀납법 게임

잠깐, 어휘 수업 시간이다. 철학에서 사용되는 중요한 용어 두 가지가 있다.

연역적 추론: 논리의 사슬을 쌓음으로써 일반 법칙에서 특정 결론을 유도한다.

귀납적 추론: 패턴을 식별함으로써 특정 증거에서 일반 규칙을 유도한다.

이제 얼마나 이해했는지 확인해보자. 대부분의 게임은 어떤 종류의 추론을 촉진할까?

대답은 '연역'이다. 우리는 처음부터 〈체스〉의 규칙을 알고 시작하며, 전략적 과제는 이를 새로운 상황에 적용하는 데 있다. 반대로 알 수 없는 규칙을 찾아내려는 귀납적 게임은 드물다. 드물 뿐만 아니라 특별하다. 특별할 뿐만 아니라 과학적 탐구의 흥미진진한 모형이 된다. 그리고 과학적 탐구의 흥미진진한 모형일 뿐만 아니라 꽤 재미도 있다.

게임 방법

무엇이 필요할까?

〈사이사라〉 게임을 하려면 플레이어 3~5명이 필요하다. 각자 펜이나 연필을 준비한다. 또한 각 라운드마다 충분한 크기의 칸이 있는 8×8 모눈이 필요하다.

목표는 무엇일까?

숫자를 배치하는 비밀 규칙을 알아낸다.

규칙은 무엇일까?

1. 라운드를 시작할 때 플레이어 1명(패턴 제작자)이 모눈에 어떤 식으로 숫자를 써야 할지 비밀 규칙을 생각해낸다. 패턴 제작자는 0으로 게임을 시작하도록 선택할 수도 있다. 0이 필요할 때는 숫자 규칙에서 '이전' 숫자가 있어야 할 때뿐이다.

'영' 표시

규칙

각 숫자는 앞 숫자의 밑 행에 있어야 한다.

2. 그러면 다른 플레이어들은 번갈아 턴을 받아서 특정 칸을 연필로 가리
키며 패턴 제작자에게 "여기에 숫자를 넣어도 돼?"라고 물어본다. 패턴
제작자가 "예."라고 대답하면 다음 숫자를 쓴다. 패턴 제작자가 "아니요."라
고 하면 아무것도 쓰지 않는다.

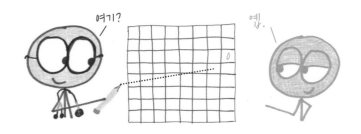

여기?

예.

3. 어느 턴에든, 숫자를 배치한 뒤에는 규칙을 추측할 수 있다. 여러분의 추
측이 틀렸다면, 패턴 제작자는 (1)여러분의 규칙으로는 금지되지만 패턴
제작자의 규칙으로는 허용된 이동 또는 (2)여러분의 규칙으로는 허용되
지만 패턴 제작자의 규칙으로는 금지된 이동을 보여줌으로써 이를 입증해
야 한다. 다른 힌트나 피드백은 허용되지 않는다.[16]

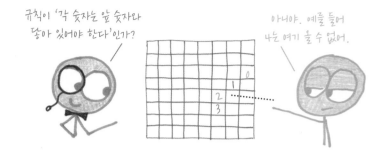

4. 규칙을 맞추면 라운드가 종료된다. 모눈의 가장 높은 숫자를 2로 나누고 (홀수인 경우 내림) 이 점수를 규칙을 추측해 맞힌 사람과 패턴 제작자 양쪽이 받는다.

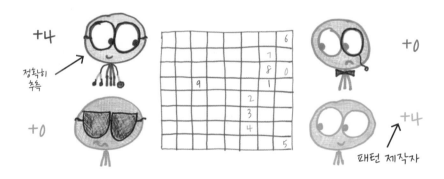

5. 그러나 다른 방식으로도 라운드가 종료될 수 있다. (1)게임판에서 숫자가 20에 이르렀는데 규칙을 추측할 수 없는 경우, (2)더 이상 숫자를 배치할 수 없게 된 경우 또는 (3)추측하는 사람 중 1명이 "포기해야 할까?"라고 물었을 때 나머지가 모두 동의한 경우다. 이런 경우 라운드는 교착 상태로 간주되며 모두 0점을 얻는다.

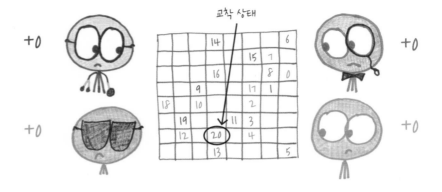

6. 모든 사람이 한 번씩(여러분이 원한다면 두 번씩) 패턴 제작자 역할을 맡을 때까지
   플레이한다. 총점이 가장 높은 사람이 승리한다.

규칙 디자인에 대한 주의 사항

다음은 아무리 강조해도 지나치지 않다. 규칙을 추측 가능하게 만들어라! 여러분
이 패턴 제작자를 맡았을 때는 점수를 얻을 수 있는 좋은 기회인데, 교착 상
태면 그 기회가 낭비된다. 규칙은 너무 복잡하지도 너무 이상하지도 않아야
한다. 또한 너무 까다롭지도(그러면 합법적인 수가 부족해진다.) 너무 관대하지도
(그러면 추측이 성공하지 못하고 20점에 도달해버린다.) 않아야 한다. 규칙은 항상,
항상, 항상 예상보다 추측하기 어렵다는 것을 기억하라.
  이 모두를 고려하면 규칙에는 다음 요소의 조합이 포함될 수 있다.[17]

  1. 게임판의 기하학적 구조: "모눈이 체스판처럼 색칠되어 있다면 검
     은색 칸에만 숫자를 배치할 수 있다."
  2. 숫자 자체: "게임판의 위쪽 절반에는 홀수, 아래쪽 절반에는 짝

수 배치."

3. **앞선 숫자:** "각 숫자는 앞선 숫자와 다른 행 다른 열에 있어야 한다."

4. **앞선 모든 숫자:** "각 숫자는 정확히 하나의 앞선 숫자와 닿아 있어야 한다."

맛보기 노트

〈사이사라〉에서 플레이어들은 협력해 데이터를 수집하며, 관찰한 모든 것을 관장하고 설명할 수 있는 규칙을 발견하려 한다. 마치 과학의 가장 좋은 면을 보여주는 것 같다. 또한 한 사람만이 공로를 독차지한다는 점은 마치 과학의 안 좋은 면과도 같다.

경쟁자보다 앞서가는 방법은 무엇일까? 글쎄. 다만, 규칙 추측이 이기기 위한 기회로만 작용하는 게 아님을 기억하라. 규칙 추측은 정보를 수집할 수 있는 기회로도 작용한다. '아무 데도 둘 수 없다' 같은 규칙을 제안하면 패턴 제작자는 어쩔 수 없이 여러분에게 유효한 수를 보여주어야 한다. 한편 직감을 조심하라. 거의 맞지만 완전히 맞지는 않는 규칙을 추측해버리면 상대방에게 라운드를 넘기게 된다. 공개적으로 추측을 하기 전에 가설을 몇 번 테스트하는 편이 더 안전하다.

패턴 제작자로서의 여러분은 발견되기를 원하지만 그렇다고 너무 빨리 발견되지는 않기를 바랄 것이다. 이 미묘함을 어떻게 관리해야 할까?

뭐, 플레이어가 규칙을 잘못 추측했을 때 피드백으로 조정하면 된다. 초기에는 라운드를 오래 끌기 위해 최대한 유익하지 않은 반례를 제시하라. 그리고 나중에는 교착 상태를 피하기 위해 규칙의 필수 기능을 강조하는 최대한 유익한 반례를 제시하는 것이다.

게임의 유래

〈사이사라〉는 '규칙 추측' 귀납적 게임이라는 뛰어난 가문 출신이다. 그 증조부는 로버트 애벗Robert Abbott의 1956년 카드 게임인 〈엘레우시스〉Eleusis다. 이 게임에서 플레이어는 카드를 플레이하는 딜러의 규칙을 밝혀내려고 시도한다.

애벗의 게임은 존 골든John Golden의 멋진 게임인 〈애벗표 엘레우시스 특급〉을 포함해 여러 자손을 낳았다. 다음 장에서 설명할 시드 잭슨의 〈패턴II〉Patterns II, 이 장르의 걸작인 코리 히스Kory Heath의 〈젠도〉Zendo, 그리고 〈사이사라〉의 직계 조상이자 제작자 에릭 솔로몬Eric Solomon이 마찬가지로 〈엘레우시스〉라고 불러 혼동을 일으켰던 연필과 종이 게임 등이 그들이다. 나는 솔로몬의 채점 시스템을 재작업했고 문자를 숫자로 바꾸었다. 또한 표시를 배치하는 게임에서 규칙을 추측하는 게임으로 바꿨다. 이 정도면 새로운 이름을 붙이기에 충분하다고 생각한다. 하지만 테마는 그대로 유지하기 위해 그리스 도시 엘레우시스의 고대 이름인 〈사이사라〉를 선택했다.

왜 중요한가

귀납적 추측이야말로 과학적 사고의 본질이다. 지난 몇 세기 동안 세상은 과학의 이미지대로 재구성되었다. 그것은 과학자들이 우리보다 더 나은 생각을 하기 때문이 아니다.[18] 그렇다고 생각을 '더 많이' 한다고 말하기도 어렵다.[19] 과학자를 특별하게 만드는 것은 생각 그 자체가 아니라 생각한 다음에 일어나는

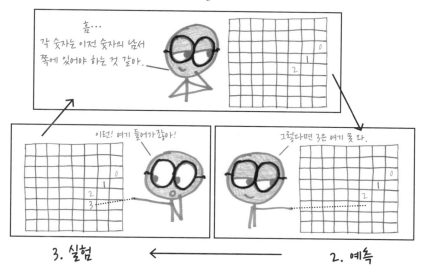

일이다.

과학자들은 자신의 생각이 틀렸음을 증명하려 한다. 과정은 다음과 같다. 첫째, 세상에 대한 아이디어를 공식화한다. 둘째, 그 아이디어에서 일련의 구체적인 예측을 개발한다. 셋째, 실험을 통해 이런 예측을 테스트한다. 마지막으로 원래 아이디어가 경험적 도전을 얼마나 견뎌냈는지 탐색하면서 이 순환을 새롭게 시작한다.

간단하게 들리는가? 그렇기도 하고 아니기도 하다. 각 단계는 필수적이며 보기보다 미묘하다.

첫째, 1단계를 건너뛰고 아이디어 없이 시작하는 것은 치명적이다(그런데도 너무 흔하다). 먼저 데이터를 수집하고 나중에 결과에 맞는 이론을 고안한다 치자. 여기서 문제는 결과로 나온 가설이 실제로 테스트가 되지 않았음에도 완전한 과학적 순환의 열매처럼 사실로 '느껴질' 것이라는 점이다.

어쨌든 잘 섞은 카드 덱에서도 항상 어떤 종류의 패턴은 찾을 수 있다.[20] 하지만 다음에 그것이 섞였을 때도 패턴이 유지된다는 의미는 아니다. 3단계로 바로 건너뛴다면, 실제로는 1단계에 머물러 있게 된다.

둘째, 올바른 '예측'을 찾는 건 까다로운 일이다. 우리는 '확인'만 찾는 경향이 있다. "내 이론은 X가 일어날 것이라고 말했고 실제로 일어났다." 그러나 17개의 다른 이론이 동일한 결과를 예측했다면 그런 증거는 가치가 없다. 대신 여러분의 이론이(오직 여러분의 이론만이) 살아남을 수 있는 장애물 코스를 구성해서 가능한 설명들 사이의 차이를 벌려야 한다.

셋째, 데이터 수집은 절대 뒤처리가 아니다. 〈사이사라〉에서는 데이터 수집이 쉽다. 빈칸을 가리키기만 하면 되니까. 그러나 실제 과학에서는 이것이 전투의 90퍼센트다. 경제학자들은 국가별로 이자율을 랜덤으로 할당할 수 없고, 물리학자는 실험실에서 빅뱅을 재현할 수 없으며, 심리학자들은 자신의 수업을 듣는 학부생이 아닌 다른 대상을 찾으려 고군분투한다. 실험이 이론 자체보다 어렵다는 말은 아니다. 그러나 아인슈타인이 1916년에 이론화한 중력파가 2015년까지 경험적으로 감지되지 않았다는 점은 주목할 가치가 있다.

좋아, 아무래도 나는 실험이 이론보다 어렵다고 말하고 '있는' 듯하다. 정확히 말하면, 99년 더 어렵다.

교과서에서는 수학이 연역적 과목이라고 알려줄 것이다. 사실 수학은 '가장' 연역적인 과목이며, 하향식이고, 규칙이 지배하는 사고의 모범이자 전형이다.

하지만 교과서를 누가 보겠는가? 벅R. C. Buck은 "창의력은 수학의 핵심이자 영혼이다."라고 썼다. "창의적인 측면 없이 수학을 보는 것은 세잔 그림을 흑백 사진으로 보는 것과 같다. 윤곽선은 있을 수 있지만 중요한 모든 것이 빠져 있다."

과학자와 마찬가지로 수학자도 새로운 아이디어를 갖고 놀며 가설을 테스트할 뿐 아니라, 연필과 종이로 실험을 하면서 하루를 보낸다. 다른 귀납적 게임과 마찬가지로 〈사이사라〉는 수학적 작업 중에서 알려지지 않은 이러한 측면에 대해 이야기한다. 마틴 가드너가 〈엘레우시스〉에 대해 썼듯이 '창의적 사상가의 직감', 그 기저에 깔린 것처럼 보이는 '개념 형성이라는 심리적 능력'을 이끌어낸다. 〈사이사라〉는 창의적인 수학자, 패턴을 찾는 수학자, 실험 수학자를 위한 게임이다. 다시 말해 귀납적 수학자를 위한 게임이다.

변종과 연관 게임

속기 사이사라

〈속기 사이사라〉Speed Saesara는 6×6 게임판에서 플레이하고 교착 상태 임계값을 10으로 낮춘다. 패턴 제작자에게 규칙을 더 쉽게 만들라고 압박하는 더 빠른 게임이다.

대형 사이사라

〈대형 사이사라〉Grand Saesara는 10×10 게임판에서 플레이하고 교착 상태 임계값을 30으로 높인다. 더 길고 느린 게임인 만큼 더 신비하고 복잡한 규칙을 허용한다. 초보자는 주의할 것!

모래 속의 보석

〈모래 속의 보석〉Jewels in the Sand은 2명에서 8명까지 즐길 수 있는 가장 간단한 귀납적 게임이다. 아마 귀납적 게임 중 가장 우아한 게임일 것이다. 플레이어 1명이 심판을 맡고 보석과 모래를 구별하기 위한 비밀 규칙을 만든다. 그런 다음 심판은 다른 플레이어에게 다음 정보를 제공한다.

1. 분류할 개체의 범주(예를 들어 숫자)
2. 보석의 예시(예를 들어 2,000)

3. 모래의 예시(예를 들어 7)

여러분의 차례가 되면 물체의 이름을 대고 "보석입니까?" 또는 "모래입니까?" 라고 묻는다. 심판이 "예."라고 하면 계속 질문한다. 심판이 "아니요."라고 하면 턴이 끝난다.

자신의 턴 중 언제든지 규칙을 추측할 수 있다(예를 들어 '100 이상의 숫자는 보석, 100 미만의 숫자는 모래'). 틀렸다면 심판이 반례(예를 들어 '12는 보석' 또는 '9,999는 모래')를 제시하고 턴이 종료된다. 추측이 맞다면 여러분이 이기고 다음 라운드의 심판이 된다.

앤디 주엘은 다음에 나오는 몇 가지 제안을 했는데 이는 거의 모든 학교 수업에 적합하다.

1. 화학: 수은과 브롬은 보석이다. 철과 헬륨은 모래다.
2. 영문학: '빨리'quickly, '어제'yesterday, '여기'here는 보석이다. '나 자신'myself, '자전거'bicycle, '초록'green은 모래다.
3. 역사: 섬터 요새fort sumter와 진주만은 보석이다. 게티스버그와 미드웨이는 모래다.
4. 음악: 라장조와 사장조는 보석이다. 다장조와 바장조는 모래다.

앤디는 이렇게 구분할 때 생각했던 규칙을 이미 잊었다고 했으므로, 여러분이 자유롭게 상상력을 발휘하면 된다.

제30장

정보 게임 발송
직관과 통찰, 허세와 담대함 사이

즙이 많은 복숭아 같은 정보 게임들

모든 게임이 정보 게임이라고 주장할 수도 있다. 각 턴은 일종의 신호이며 게임판은 특수한 형태의 데이터를 교환하기 위한 일종의 저음질 전화선이다. 글쎄, 그렇게 '주장할 수는' 있다…. 하지만 그럴 필요가 있을까? 진짜 정보 게임은 다음과 같이 '즙이 많은 복숭아'라는 것을 모두가 알고 있는데 말이다.

배틀십

달달한 전문용어 게임

밀튼 브래들리Milton Bradley의 플라스틱으로 된 보드에 꽂는 버전이 출시되기 수십 년 전에 이미 〈배틀십〉은 연필과 종이 게임으로 첫 번째 족적을 남겼다. 한 신문은 "새로운 게임과 함께 새로운 용어가 나라를 강타했다."라고 극찬하며 이렇게 덧붙였다. "톡 쏘는 맛이 있고 해양풍이며 생생하고 재미있다. '포격해봐', '내 배를 맞춰봐', '내 순양함을 잡아봐', '네 사거리를 파악했어' 등의 문구가 게임에 흥미를 더한다."

이 게임은 규칙이 수정된 버전이 수도 없이 많지만, 내가 선호하는 플레이 방법은 다음과 같다.

1. 각 플레이어는 10×10 모눈을 그리고 비밀리에 5개의 '함선'(길이 2, 3, 3, 4, 5)을 배치한다. 행 또는 열 안에서 연속된 칸에 색을 칠한다.

2. 서로 번갈아 가며 상대방의 칸 셋을 지명해 '미사일을 발사'한다. 상대방은 이 세 포격 중 몇 개가 명중했는지는 보고하지만, 어느 것이었는지는 말하지 않는다. 상대에게 받은 피드백을 자신의 빈 10×10 모눈에 차트로 표시한다.

3. 함선의 모든 사각형이 '명중'되면 침몰한다. 각 함선이 침몰할 때는 보고
   해야 하며 길이도 말해야 한다.

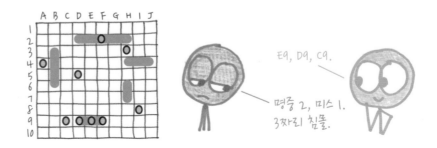

4. 상대방의 모든 함선을 먼저 침몰시키는 쪽이 승자다.

양자 행맨

동시 단어 게임

고전 행맨에서 플레이어는 한 번에 한 글자씩 추측하며 여덟 번 잘못 추측
하기 전에 비밀 단어를 알아내려 한다. 아비브 뉴먼Aviv Newman이 제안한 이 교
활한 변형에서는 길이가 같은 두 단어(예를 들어 'skunk'와 'apple')를 선택한다.
그런 다음 다른 플레이어가 글자를 추측하면 다음과 같은 결과를 얻는다.

1. 글자가 두 단어 모두에 없으면 추측이 틀린 것으로 간주된다.[21] 글자가 한 단어 이상에 있으면 해당하는 모든 빈칸이 채워진다.

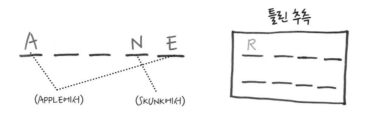

(APPLE에서)   (SKUNK에서)

틀린 추측

2. 언젠가는 하나의 빈칸에 충돌하는 두 글자가 들어가게 된다. 이런 일이 발생하면 추측자는 어느 문자를 유지할지 선택해 '파형 붕괴'를 해야 한다.

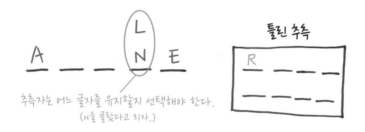

추측자는 어느 글자를 유지할지 선택해야 한다.
(N을 골랐다고 치자.)

틀린 추측

3. 이렇게 두 단어 중 하나가 제거될 때 그 단어의 모든 문자도 게임판에서 제거된다. 그 결과 일부 글자가 소급해 틀린 추측이 될 수 있다.

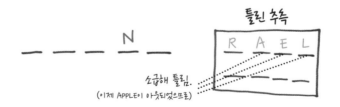

소급해 틀림.
(이제 APPLE이 아웃되었으므로)

틀린 추측

4. 이제부터는 일반 행맨처럼 플레이가 진행된다. 추측하는 사람이 틀린 추측을 여덟 번 하면 패배한다. 그 전에 단어를 맞추면 이긴다.

추측자 승리!   추측자 패배!

게임의 레벨을 높이려면 동시에 단어 '3개' 플레이를 시도해보자. 첫 번째 충돌이 발생하면 플레이어는 제거할 단어를 선택한다. 나중에 또 다른 충돌이 일어날 것이고, 그 시점에야 최종 단어가 결정된다.

파묻힌 보물

허세지만 거짓말은 안 하는 게임

나는 이 전통적인 2인용 게임 〈파묻힌 보물〉Buried Treasure을 에릭 솔로몬의 〈종이와 연필 게임〉Games with Pencil and Paper에서 배웠다. "이 게임은 플레이어에게 거짓말할 필요 없이 허세 부리는 개념을 소개한다."라고 그는 지적한다. 행동은 정직하지만 정신은 교활한 아이에게 딱이다.

시작하기 전에 각 종잇조각에 A에서 I까지의 문자를 쓴다. 종이에 써진 문자를 보지 않고 한 플레이어당 종잇조각을 4개씩 랜덤으로 준다. 그런 다음 1부터 9까지의 숫자에 대해 동일한 작업을 수행한다. 자신의 종잇조각을 살펴보되 상대에게는 비밀로 한다.

하나의 숫자와 하나의 문자가 남게 된다. 〈클루〉Clue의 아무도 받지 않은 카드처럼 이 내용을 모르는 종잇조각은 보물이 묻혀 있는 사각형을 지정한다.

매 턴마다 두 가지 행동을 취한다.

1. 상대에게 특정 문자나 숫자가 있는지 물어본다. 상대방은 진실을 말해야 한다. 허풍이 개입되는 곳은 다음과 같다. 자신이 이미 소유하고 있는 숫자에 대해 물어봄으로써 상대방의 관심을 딴 데로 돌릴 수 있다.

2. 매장된 보물을 파낼 위치를 제안한다. 상대방이 두 좌표 카드 중 하나를 가지고 있으면 "거긴 보물이 없어."라고 대답한다. '어떤' 카드를 들고 있는지 밝힐 필요는 없다.

여러분의 턴, 1부   여러분의 턴, 2부

상대방이 여러분의 발굴 위치에 해당하는 카드를 하나도 가지고 있지 않다면 다음 두 가지 경우다. 여러분이 허세를 부렸을 뿐 카드 중 하나를 직접 가지고 있거

나 혹은 여러분이 올바른 위치를 찾은 것이다. 첫 번째라면 "파 보니 보물이 없다."라고 말한다. 두 번째라면 이기고 상금을 받을 수 있다. 이때는 숨겨진 카드를 확인해 실수가 없는지 먼저 확인한다.

에릭 솔로몬은 이상적인 보물은 "토피 사과(사과에 아직 굳지 않은 토피, 즉 설탕, 버터, 물을 끓인 시럽을 부어 굳힌 것.— 옮긴이)처럼 직접 만질 수 있는 것이다."라고 말한다. 사실이다. 자동차, 해변, 비디오 게임 콘솔을 포함한 모든 것이 토피 사과라면 더 좋을 것이다.

패턴 II

비밀 모자이크 게임

1990년에 나온 공포 영화 〈트롤 2〉Troll 2가 1986년 작품 〈트롤〉Troll과 거의 관련이 없는 것처럼 시드 잭슨의 〈패턴II〉Patterns II 게임은 다른 게임의 속편이 아니다. 이 게임은 그 자체로 하나의 패턴이다. 3명의 플레이어가 필요하며 4명 또는 5명이 가장 좋다.

시작하기 전에 디자이너가 네 가지 기호를 마음대로 배열해서 6 × 6 모눈을 채움으로써 비밀 패턴을 만든다. 다른 플레이어는 정보를 요청해서 이 패턴을 알아내려고 시도하는데, 가능한 한 적은 힌트로 알아내야 한다.

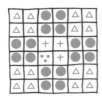   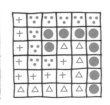

각 추측자는 빈 6×6 모눈으로 시작한다. 정보를 받으려면 원하는 만큼의 칸을 설정하고 왼쪽 하단 모서리에 작은 선을 그어 표시한다. 그 종이를 디자이너에게 전달한다. 디자이너는 지정된 칸을 기호로 채우고 비밀리에 종이를 다시 그 플레이어에게 전달한다. 이 과정은 원하는 만큼 많이, 원하는 만큼 빨리 반복된다. 미리 지정된 '턴'은 없다.

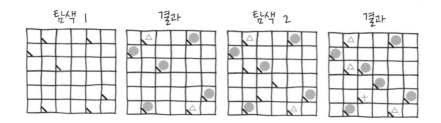

그러다가 패턴을 파악했다는 생각이 들면 나머지 칸에 대해 바라는 만큼 예상 기호를 채워 넣는다. 원한다면 일부는 비워도 된다. 모든 플레이어가 예측한 후 디자이너는 올바른 예측에 +1을, 잘못된 예측에 −1을 부여해 점수를 매긴다.

대담한 플레이어는 상당히 적은 정보를 기반으로 예측을 감행한다. 큰 점수를 받을 기회를 얻고자 마이너스 점수를 받을 위험을 감수할 수 있다. 한편 신중한 플레이어는 많은 정보를 수집한 다음 마지막 몇 칸에 대해 자신 있게 추측하는 것을 선호할 수 있다.

디자이너는 최고 점수에서 최저 점수를 뺀 값을 점수로 받는다. 따라서 큰 차이를 달성하는 것이 이상적인 디자인이다. 한 추측자에게는 쉽고 다른 추측자에게는 어려워야 한다.

추측하는 대신 플레이어는 해당 라운드의 점수를 0점으로 받아들이고 포기할 수 있다. 디자이너는 첫 번째 플레이어가 포기할 때 5점을 잃으며 플레이어가 포기할 때마다 10점씩 더 잃는다. 언제나 그렇듯이 패턴은 생각보다 추측하기 어려우므로 어떤 패턴을 생각하든 그보다 간단한 패턴을 선택하라!

모든 사람이 동일한 횟수만큼 디자이너를 맡도록 한다. 총점이 가장 높은 사람이 승리한다.

승리, 패배, 바나나

사회적 추론 게임

이 획기적인 게임 〈승리, 패배, 바나나〉Win, Lose, Banana는 이제 절판되었다. 어쨌든 겨우 1달러짜리에 불과하므로 규칙을 배포하는 것이 나쁘지 않다고 생각한다. 게임 디자이너 마커스 로스Marcus Ros는 이 게임을 가리켜 '최소한의 사회적 추리 게임'이라고 부른다. 동료 플레이어를 깔보면서(그래서 '사회적') 필요한 정보를 추출하며(그래서 '추리'), 이상적으로는 재미도 있기를(그래서 '게임') 바라는 것이다.

이 게임을 플레이하려면 3명의 플레이어와 '승리', '패배', '바나나'라고 표시된 카드 3장이 필요하다. 게임을 시작하기 전에 각 플레이어당 1장씩 카드를 뒤집어서 준다. '승리' 카드를 받은 사람은 다른 두 플레이어 중 누가 '바나나'를 들고

있는지 추측해야 한다. 다른 플레이어는 '승리' 플레이어가 자신을 선택하도록 설득해야 한다.

'승리' 플레이어의 추측이 맞으면 '승리'와 '바나나'가 공동 승자다. 추측이 틀리면 '패배'가 승리한다.

프랑스 – 프로이센 미궁

어둠 속에서 헤매는 게임

〈프랑스–프로이센 미궁〉Franco-Prussian Labyrinth 게임을 시작하기 전에 2개의 9×9 모눈을 그린다. 하나는 자신의 이동을 추적하는 용도고, 다른 하나는 상대방의 미로 역할을 한다. 미궁 중 원하는 곳 아무 데나 벽 30개를 배치한다. 시작 칸(A1)에서 끝 칸(I9)까지 열린 경로만 있으면 된다.

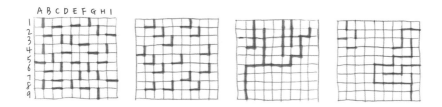

매 턴마다 어느 방향으로나 한 번에 한 칸씩 이동한다. 각 단계마다 상대는 벽에 부딪혔는지 아닌지를 알려준다. 다섯 걸음을 가거나 벽에 부딪히면 턴이 종료된다. 다음 턴은 멈췄던 칸에서 시작한다. 오른쪽 하단 모서리에 가장 먼저 도달하는 사람이 승자다.

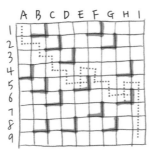

'프랑스식 변종'도 있다. 벽 40개가 있는 10×10 모눈에서 시작하며 다음 이동 규칙을 따른다. 각 턴마다 한 방향을 선택한 다음 멈출 때까지(벽이나 게임판 가장자리에 닿을 때까지) 그 방향으로 이동한다. 다음 턴에는 이전 턴에 도착했던 칸에서 시작할 수 있다.

안드레아 안졸리노는 여러분이 신화 속 미궁을 뚫고 야수 미노타우로스를 사냥하는 그리스 영웅 테세우스를 연기할 것을 제안한다. 보다 현대적인 대안으로 이케아에서 길을 잃은 흉내를 낼 수도 있다. 호르헤 루이스 보르헤스 Jorge Luis Borges는 "전 세계가 하나라면 미로를 만들 필요가 없다."라고 썼다.

결론

내 어머니는 항상 교육용 컴퓨터 게임만 허용한다는 철칙을 철저히 지켰다. 형제자매와 나는 〈매스 블래스터〉Math Blaster, 〈유콘 트레일〉Yukon Trail, 〈브레인 박사의 시간 도약〉The Time Warp of Dr. Brain, 〈줌비니스의 논리적 여행〉The Logical Journey of the Zoombinis을 하며 자랐다. 훌륭한 삶, 적어도 학문적인 영양가가 있는 삶이었다.

어머니가 돌아가신 후 우리의 세상은 요동쳤고, 열세 살 때 마침내 오랫동안 갈망했던 정크 푸드인 〈NHL 하키〉 게임을 손에 넣었다.

내가 가장 좋아하는 기능은 시즌 모드였다. 팀을 선택한 다음 플레이오프

와 함께 82개 경기를 모두 플레이한다. 속도를 높이기 위해 컴퓨터가 이런 경기 중 일부를 시뮬레이션하게 할 수 있다. 시즌 모드에서는 간단한 알고리즘에 따라 선수를 트레이드할 수도 있다. 모든 플레이어는 1에서 100까지 점수가 매겨지고 상대 팀은 대체로 공정하다. 예를 들어 66을 받고 67을 주고, 84를 받고 82를 주는 식이다.

그러한 약간의 여유 공간이 중요했다. 이는 충분한 인내심을 갖고 68에서 70으로, 71에서 73으로, 다시 74로 수십 개의 사소한 업그레이드를 해서 한데 모으면 결국 후보 선수를 올스타와 교환할 수 있음을 의미했다. 느렸다. 지겨웠다. 끝없는 메뉴를 토글하는 것 같았다. 그러나 효과는 있었다.

결국 나는 이 소중한 게임으로 무엇을 했을까? 나는 몇 시간 동안 내 고향 팀인 '보스턴 브루인스'를 무적의 불패함대로 만들었다. 그런 다음 시즌이 거듭될 때마다 시뮬레이트하면서 브루인스가 기록을 깨고 매년 챔피언십에서 우승하며, 스포츠 역사상 가장 위대한 왕조를 이루는 것을 지켜보았다. 나는 경기를 직접 컨트롤한 적이 없다. 그리스 신이 영웅을 편애하는 것처럼 이 조작된 우주를 다정하게 관장했을 뿐이다. 리그는 퍼즐이었고 나는 퍼즐을 풀었다.

돌이켜보면 어머니는 비교육용 컴퓨터 게임에 대해 걱정할 필요가 없었다. 당신의 아들은 가장 즐겁고 경박한 게임조차 스프레드시트로 바꾸는 사람이었으니까.

446

나는 〈NHL 2002〉 살해에 대한 유죄를 인정한다. 그럼에도 나 자신을 변호하자면, 수학자들은 항상 그렇게 해왔다. 수학자들은 생물 교사가 개구리를 사랑하는 방식으로 게임을 사랑한다. 진실하지만 치명적인 사랑으로 말이다. 그들은 그 불쌍한 개구리의 사지를 잘라내고 내부 기관을 샅샅이 훑어보고 통달한 다음 개구리 사체가 쌓인 밭 위에 서서 "게임이 풀렸다!"라고 선언한다. '게임'이란 수학자에게 '수수께끼'를 의미한다. 그리고 '풀렸다'란 말은 개방형 즉흥 플레이에서 곧 잊힐 단 하나의 결과로 축소되는 '절멸'을 뜻한다.

나는 풀기(플레이하기) 까다로운 게임들로 이 책을 채우려고 노력했다. 그 이유는 단순하다. 배움을 멈추지 않는 두뇌에는 가르침을 멈추지 않는 시스템이 필요하다. 이 책에서 제시한 각각의 게임은 최선을 다해 상대와 긴밀히 협력함으로써 만들어지는 무한한 퍼즐 모음이다. 내 수가 상대방에게는 퍼즐이 된다. 상대의 응답은 나에게 새로운 퍼즐을 만들어준다. 기타 등등. 이런 관점에서 보면 체스는 〈체스〉 퀴즈 문제의 생성자, 일종의 영구 퍼즐 기계일 뿐이다.

그런데도 여러분은 이 책에 있는 간단한 게임 중 일부는 풀 수 있을 것이다. 여기에 수학적 놀이의 근본적인 역설이 있다. 게임의 즐거움은 풀 수 없다는 데 있지만 수학자들은 계속해서 게임을 풀 것을 강요한다.

이 책을 쓰기 시작할 때쯤 나는 마틴 가드너의 고전 《사이언티픽 아메리칸》의 칼럼인 '수학적 게임'Mathematical Games 모음집을 읽었다. 처음에는 그의 선택이 나를 혼란스럽게 했다. 그의 게임 중 일부는 다루기 힘든 장비가 필요했다. 그런데 마틴, 30×30 체스판은 어디서 사나요?

어떤 게임은 온갖 변종 규칙으로 뒤덮여 있었지만 가드너는 권장 규칙 세트를 지정하지 않았다. 설상가상으로 거의 모든 게임이 차가운 데다 〈님〉처럼 추상적으로 느껴졌다. 물론 그 게임들은 수학적 분석용으로 조제된 것이다. 그러니 가족 보드 게임의 밤에 그런 것들을 터뜨리는 건 위험하다. 악취 폭탄처럼 들러붙을 테니 말이다. 가드너는 이런 걸 놀이라고 생각했을까?

실제로 그랬다. 그가 '게임'이라고 부른 것은 실제로는 퍼즐이었다. 진짜 게임을 찾으려면 더 높은 차원으로 올라가야 했다. 그것은 새로운 규칙을 고안하는 메타 게임, 새로운 논리 게임을 발명하는 논리 게임이었다. 가드너는 수학적 놀이가 선 안에 색을 칠하는 것이 아니라 완전히 새로운 선을 그리는 것임을 알고 있었다. 제임스 카스James Carse는 "유한한 플레이어는 경계 안에서 플레이한다. 그러나 무한한 플레이어는 경계를 가지고 플레이한다."라고 썼다.

이제 이 책도 거의 끝나가므로 전체 게임을 완전히 변화시킨 미묘한 규칙 변경에 대한 이야기로 마무리하려 한다. 1994년에 21개국의 축구팀이 캐리비안컵을 차지하기 위해 모였다. 모든 표준 규칙이 다 그대로였지만 토너먼트의 동률 상황일 때 딱 한 가지가 변형되었다. '팀이 연장전에서 승리하면 우승 골이 두 배 가치로 계산된다.'

게임 논리를 아주 사소하게 조정했을 뿐이다. 그러니 그 효과 역시 미미할 것 아닌가? 정말 그런지 살펴보자.

1월 27일, 바베이도스가 그레나다와 경기를 할 때는 동률에서 앞서나가기 위해 2골 승리가 필요했다. 그리고 2 대 0으로 앞서며 경기는 순조롭게 진행되었다. 그러나 경기 시작 83분 만에 그레나다가 2 대 1로 추격 골을 넣었다. 바베이도스의 사기가 바닥을 쳤다. 마지막 7분 동안 득점하지 못하면 토너먼트가 종료되고 그레나다가 대신 진출하게 된다.

그러다 바베이도스는 깨달았다. 대신 연장전으로 가면 어떨까? 연장전에서 이기면 그들에게 필요한 2골 차 승리를 얻게 될 것이다. 토너먼트 자체의 논리를 따라서 바베이도스는 바로 자살골을 내고 게임을 2 대 2 동률로 만들었다.

그레나다는 처음에 당황했지만, 곧 따라 하며 자책골로 바베이도스의 꼼수를 되갚아주려 했다. 하지만 바베이도스가 더 빨랐고, 상대 골망을 마치 자기네 골대인 것처럼 수비했다. 그날 그 순간 축구의 정상적인 논리가 무너졌다. 바베이도스는 동점을 유지해야 했지만 그레나다는 어느 방향으로든 동점을 깨고 싶어 했다. 따라서 이 비현실적인 5분 동안 팬들은 그레나다가 필드 양쪽 끝에서 필사적으로 득점을 시도하고, 바베이도스가 두 골망을 견고하게 방어하는 모습을 입이 떡 벌어진 채 지켜봤다.

마침내 경기 시간이 만료됐다. 바베이도스는 연장전에서 득점해 다음 라운드 진출권을 확보했다.

이것이 수학 놀이의 힘이다. 기본 논리를 조정하면 노련한 전문가의 경기장

을 아이들이 뒤섞여 노는 뒷마당으로 바꿀 수 있다. 아이들은 게임 목표를 시시각각 바꾸며 끝없는 플레이 순열을 좇는다.

이 책의 변종 및 관련 경험

보드 게임

이 책은 집에 있는 재료로 할 수 있는 게임에 관한 것이다. 그러나 더 촉각적인 경험을 찾고 있으며 약간의 비용을 기꺼이 지불할 의향이 있는 독자도 있으리라. 그들에게 캐주얼 파티 게임에서 강력한 2인용 추상 게임에 이르기까지 다양한 즐거움을 제공하는 탁상용 게임 세계를 소개한다. 다음은 시작점으로 권장할 만한 게임 12종이다.

〈아줄〉Azul(2017, 넥스트 무브 게임즈)

〈블로커스〉Blokus(2000, 에듀케이셔널 인사이츠)

〈프라임 클라임〉Prime Climb(2014, 매스 포 러브)

〈콰르토〉Quarto(1991, 기가믹)

〈쿼클〉Qwirkle(2006, 마인드웨어)

〈루트〉Root(2018, 레더 게임즈)

〈산토리니〉Santorini(2016, 록슬리)

〈세트〉SET(1998, 세트 엔터프라이즈)

〈티그리스 앤드 유프라테스〉Tigris & Euphrates(1997, 한스 임 글룩)

〈웨이브렝스〉Wavelength(2019, 팜 코트)

〈윙스팬〉Wingspan(2019, 스톤마이어 게임즈)

〈위트 앤드 웨이저〉Wits Wagers(2005, 노스 스타 게임즈)

수학적 퍼즐

이 책은 풀 수 없는 게임에 관한 책이지만, 풀 수 있는 퍼즐 또한 고유한 즐거움을 제공한다. 마틴 가드너(참고 문헌 참조), 레이먼드 스멀리언Raymond Smullyan(예를 들어 《이 책의 이름은 무엇일까?》What Is the Name of This Book?에 나오는 고전적 기사-사기꾼 퍼즐), 알렉스 벨로스Alex Bellos(예를 들어 《이 문제 풀 수 있겠어?》의 절충적 운임), 카트리나 아그Catriona Agg(아그의 멋진 기하학 퍼즐은 그녀의 트위터 계정 'cshearer41'에서 찾을 수 있다.)를 추천한다. 내가 좋아하는 다른 작품으로는 에드 사우설Ed Southall과 빈센트 판탈로니Vincent Pantaloni의 《기하학적 간식》Geometry Snacks과 이나바 나오키Inaba Naoki와 무라카미 료이치Murakami Ryoichi의 《공간 추리 퍼즐》이 있다.

MathGamesWithBadDrawings.com

여기에서 〈수연〉, 〈예언〉, 〈민들레〉를 포함한 여러 게임의 온라인 버전과 인쇄 가능한 모눈, 책에 들어가지 않은 보너스 게임, 그 밖의 재미있는 것들을 찾을 수 있다. 훌륭한 작업을 해준 내 친구 애덤 빌더시에게 감사를 전한다.

이 책에 있는 75¼ 게임의 포괄적인 표

"¼ 게임은 대체 어떤 거야?"라고 물어볼지도 모르겠다. 오, 친구여, 여러분은 반의반도 모른다. 숫자 75¼은 나의 혁신적이면서도 매우 엄격한 부기 관행에서 나온 것이다.

어떤 거?	책의 가치	이유
자체적인 장을 가진 게임(또는 기타 장에서 자체적인 절을 가진 게임).	1	1의 의미가 그거니까.
다른 게임의 '변종과 연관 게임'에 깜짝 출연한 게임 .	$^{11}/_{12}$	이런 게임은 짧게 언급되었기 때문에 할인율을 적용했다. 각 게임당 8.3% 절약이다.
원본과 의미 있게 다른 변종 (하지만 완전히 다르지는 않은), 또는 사실상 퍼즐인 게임.	$^{1}/_{4}$	각 게임의 1/2 가격을 매길 수도 있었지만, 여러분의 책/돈에 한 방 먹이고 싶어서.
모호하긴 해도 근본적인 방식에서 동일한 게임처럼 느껴지는 변종.	$^{1}/_{57}$	이 책에 57개가 있고, 나는 이들이 모여 정수가 되기를 바랐다.

이어지는 페이지에는 부와 장별로 구성된 이 책의 게임, 변종, 가변 게임, 게임화의 전체 목록이 포함되어 있다. 따로 명시된 경우를 제외하면 각 장 안의 모든 게임에는 동일한 수의 플레이어와 준비물이 필요하다.

모든 오류와 불일치는 내 친구 톰 버뎃Tom Burdett의 잘못이다.[1]

	부	게임 수
I	공간 게임	14 $^{9}/_{19}$
II	숫자 게임	15 $^{47}/_{114}$

	부	게임 수
III	조합 게임	$16\,^{3}/_{19}$
IV	위험과 보상 게임	$14\,^{73}/_{76}$
V	정보 게임	$14\,^{14}/_{57}$
	책 전체	$75\,^{1}/_{4}$

공간 게임	플레이어	준비물	가치
점과 상자	2	종이, 펜	1
스웨덴식 게임판			$^{1}/_{57}$
점과 삼각형			$^{1}/_{4}$
나자레노			$^{1}/_{4}$
사각 폴립		(2색 필요)	$^{11}/_{12}$
콩나물	2+	종이, 펜	1
잡초			$^{1}/_{4}$
점수제			$^{1}/_{4}$
브뤼셀 콩나물			$^{1}/_{57}$
궁극 틱택토	2	종이, 펜	1
단일 승리			$^{1}/_{57}$
다수결 규칙			$^{1}/_{57}$
공동 영토			$^{1}/_{57}$
궁극 삼목			$^{1}/_{4}$
결투 게임			$^{1}/_{4}$
민들레	2	종이, 펜	1
밸런스 조정			$^{1}/_{57}$
점수 추적			$^{1}/_{57}$
무작위 심기	(1)		$^{1}/_{4}$
라이벌 민들레		(2색 필요)	$^{1}/_{4}$
협업			$^{1}/_{57}$

공간 게임	플레이어	준비물	가치
양자 틱택토	2	종이, 펜	1
많은 세계			$1/4$
토너먼트 방식		(체스판, 체스 세트, 동전)	$1/4$
양자 체스			$11/12$
기타			
포도송이	2	종이, 펜(2색)	1
중성자	2	종이, 펜, 게임 말 (종류당 5개씩 2종, 세 번째 종류 1개)	1
질서와 혼돈	2	종이, 펜	1
철퍽	2	종이, 펜(2색)	1
3D 틱택토	2	종이, 펜	1
		공간 게임 전체	$14\,9/19$

숫자 게임	플레이어	준비물	가치
젓가락	2+	손	1
7의 나머지 젓가락		(종이, 펜)	$1/4$
잘라내기			$1/57$
미제르			$1/57$
한 손가락 패배			$1/57$
햇살			$1/57$
좀비			$1/57$
수연	2	종이, 색깔 펜	1
3인용	(3)		$1/57$
4인용	(4)		$1/57$
자유 시작			$1/57$
신선한 씨앗			$1/57$
정적 대각선			$1/57$

숫자 게임	플레이어	준비물	가치
33에서 99 사이	2~5 이상	종이, 펜, 타이머, 표준 주사위 5개	1
24게임 은행원 숫자 상자		(종이, 펜, 타이머, 10면 주사위 4개) (종이, 펜, 주사위) (종이, 펜, 10면 또는 표준 주사위 1개)	$11/_{12}$ $11/_{12}$ $11/_{12}$
동전 돌리기	2~6	동전 한 병	1
기타 시작 주화 새로운 거스름돈 규칙 뒤집기	(2)	(표준 주사위 10개)	$1/_{57}$ $1/_4$ $11/_{12}$
예언	2	종이, 색깔 펜	1
이국적인 게임판 다인용 X 예언 스도쿠 게임판	(3 또는 4)	(아직 안 푼 스도쿠, 색깔 펜)	$1/_{57}$ $1/_{57}$ $1/_{57}$ $1/_4$
기타			
평범	3, 5 또는 7	종이, 펜	1
블랙홀	2	종이, 색깔 펜	1
옴짝달싹	2	종이, 펜	$1/_4$
두목님의 헛간	2	종이, 펜	$1/_4$
스탈리테어	1	종이, 펜(색깔 있으면 좋음)	$1/_4$
모눈자물쇠	2	모눈종이, 펜(색깔 있으면 좋음)	1
세금징수원	1 또는 2	종이, 펜	1
사랑과 결혼	15~50	종이, 색인 카드, 포스터, 펜	1
		숫자 게임 전체	$15\,^{47}/_{114}$

조합 게임	플레이어	준비물	가치
심	2	종이, 색깔 펜	1
웜심 짐심 림심	(3) (6~30)	 (포스터, 마커)	$1/57$ $1/57$ $1/4$
티코	2	종이, 두 종류의 게임 말 4개씩	1
아치 여왕뿐인 체스 고전 티코		 (두 종류의 게임 말 6개씩)	$11/12$ $11/12$ $1/57$
이웃	2~100	종이, 펜, 10면 주사위	1
고풍스러운 이웃 공개 게임판 워즈워스	 (2~8) (2~6)	(종이, 펜, 카드 한 벌) (종이, 펜)	$1/57$ $1/57$ $11/12$
꼭짓점	2	종이, 색깔 펜	1
다인용 꼭짓점 둘레식 꼭짓점 쿼드와 퀘이사	(3~4) 	 (큰 모눈, 동전 한 병)	$1/57$ $1/57$ $11/12$
아마존	2	체스판, 동전 한 병, 두 종류의 게임 말 3개씩	1
6×6 아마존 10×10 아마존 수집가 쿼드라파지 페르데앱펠		(동일하지만, 종류당 말은 2개씩) (동일하지만, 종류당 말은 4개씩) (종이, 색깔 펜) (체스판, 동전 한 병, 아무 게임 말) (체스판, 동전 한 병, 기사 2개)	$1/57$ $1/57$ $11/12$ $1/4$ $11/12$
기타			
전환점	2 또는 4	모눈, 특정 방향을 향할 수 있는 말 많이. (예를 들어 금붕어 크래커)	1
도미니어링	2	종이, 펜 (또는 도미노)	1
선을 지켜라	2	종이, 펜	1

조합 게임	플레이어	준비물	가치
고양이와 개	2	종이, 펜	1
행 부르기	2	종이, 펜	1
		조합 게임 전체	$16^3/_{19}$

위험과 보상 게임	플레이어	준비물	가치
짤	2	손	1
짠 모라 다인용 짤 쩔	(3~4)	(종이, 펜)	$1/_{57}$ $11/_{12}$ $1/_{57}$ $1/_4$
아르페지오	2	종이, 펜, 표준 주사위(2개)	1
다인용 아르페지오 상승자(1인용) 상승자(2~10인용)	(3~6) (1) (2~10)		$1/_{57}$ $1/_4$ $11/_{12}$
상식밖에	3~8	종이, 펜, 인터넷 접속	1
비율 점수 계산 아무것도 모르는 퀴즈 게임	(3)	(종이, 펜)	$1/_{57}$ $11/_{12}$
종이 권투	2	종이, 펜	1
고전 종이 권투 종이 종합 격투기 블로토 발걸음			$1/_{57}$ $1/_{57}$ $1/_4$ $1/_4$
경주로	2	모눈종이, 펜	1
충돌 페널티 다인용 경주로	(3 또는 4)		$1/_{57}$ $1/_{57}$

위험과 보상 게임	플레이어	준비물	가치
기름 유출 깃발 뺏기 기울어진 출발선 관문 통과			$1/57$ $1/57$ $1/57$ $1/57$
기타			
돼지	2~8	종이, 펜, 표준 주사위 2개	1
교차선	2	종이, 색깔 펜	1
가위바위보도마뱀스팍	2	손	1
1010이면 큰일	2~4	종이, 펜, 표준 주사위 1개	1
속임수 게임	10~500	색인 카드(플레이어당 10), 펜	1
순위 격파	3+	종이, 펜, 인터넷 접속	1
		위험과 보상 게임 전체	$14\,^{73}/_{76}$

정보 게임	플레이어	준비물	가치
숫자 야구	2	종이, 펜	1
반복 허용 자기부죄 거짓말 탐지 과묵함 조또			$1/57$ $1/57$ $1/57$ $1/57$ $^{11}/_{12}$
매수자 위험부담 원칙	2~8	종이, 펜, 실제 가정용품 5개	1
실제 경매가 포함된 매수자 위험 부담 원칙 거짓말쟁이 주사위 거짓말쟁이 포커		(플레이어당 표준 주사위 5개, 컵 1개) (플레이어당 1,000원짜리 지폐 1장)	$1/57$ $^{11}/_{12}$ $1/4$
LAP	2	종이, 펜(4가지 색상이면 좋음)	1

정보 게임	플레이어	준비물	가치
초보자용 LAP 전문가용 LAP 고전 LAP 무지개 논리			$1/57$ $1/57$ $1/57$ $1/57$
양자 낚시	3~8	종이, 펜, 종이 클립 (자신 있으면 그냥 손으로 해도 됨)	1
턴 잃기 계속 플레이 눈먼 사중주			$1/57$ $1/57$ $1/57$
사이사라	3~5	종이, 서로 색이 다른 펜	1
속기 사이사라 대형 사이사라 모래 속의 보석	 (2~8)	 (아무것도 안 함)	$1/57$ $1/57$ $11/12$
기타			
배틀십	2	모눈종이, 펜	1
양자 행맨	2~10	종이, 펜	1
파묻힌 보물	2	모눈종이, 펜	1
패턴 II	3~5	모눈종이, 펜	1
승리, 패배, 바나나	3	종이, 펜	1
프랑스-프로이센 미궁	2	모눈종이, 펜	1
		정보 게임 전체	$14\ ^{14}/_{57}$

이 책을 마치며

나는 코로나19COVID 19 백신 마지막 분량을 접종하고 몇 시간 후인 2021년 5월에 이 글을 쓰고 있다. 달콤 씁싸름한 날이다. 이 끔찍하고 기형적인 해에 작별을 고하면서 그토록 몰입하던 프로젝트에도 작별을 고해야 한다. 이 책을 쓰는 데 도움을 준 사람들에게 내가 진 빚은 GDP의 100퍼센트가 훨씬 넘는 엄청난 액수다. 그분들이 이 책을 풍요롭게 해준 덕분에 내 삶도 풍요로워졌다.

등장인물(출현 순서)

편집자

2019년 2월에 이 책의 개념을 제안했고 꼰대처럼 장황한 이야기를 하지 않도록 나를 부드럽게 설득함. 베키 고Becky Koh.

고문

나를 이 책 저술 작업에 끌어들였고 존재만으로도 나를 불쌍한 문학 지망생으로 만들어버리는 사람. 저술 경력을 지녔다. 내 인생의 유일한 문학 대리인으로, 그는 가난한 사람들을 불쌍히 여기게 만든다. 데이도 더비스카딕Dado Derviskadic, 스티브 트로하Steve Troha.

수학 및 게임 친구

전염병이 우리를 찾아오기 전에 훌륭한 피드백을 주었고 멋진 우정을 제공했다. 애비 마시Abby Marsh, 조 로즌솔Joe Rosenthal, 맷 도널드, 필 맥도널드Phil Mc-Donald, 타일러 맥도널드Taylor McDonald, 브래킷 로버트슨Brackett Robertson, 앤드루 로이Andrew Roy, 제프리 바이Jeffrey Bye, 롭 리브하트Rob Liebhart, 비토 사우로Vito Sauro, 제프 코슬리Geoff Koslig, 메리 코슬리Mary Koslig, 짐 올린, 제나 레이브Jenna Laib, 캐시 올린Cash Orlin, 저스틴 팔레르모Justin Palermo, 데니스 개스킨스Denise Gaskins, 존 골든, 고드 해밀턴Gord Hamilton, 댄 핀켈Dan Finkel, 앤드루 비버리지Andrew Beveridge, 댄 올로클린Dan O'Loughlin(그가 이 책을 읽을 때쯤이면 그에게 빌린 책을 돌려줄 수 있을 것이다.), 나탈리 베가로데스Nathalie Vega-Rhodes, 짐 프롭, 애덤 빌더시, 그리고 세인트 폴 아카데미의 학생과 교사들.

게임 디자이너

서툰 신입인 나를 커뮤니티로 정중하게 초대해 환영해주었고 훌륭한 조언을 제공했다. 그중 일부의 사람은 내가 그들보다 훨씬 똑똑했다 해도 따랐을 만큼 똑똑했다. 프로토슈필 미네소타 2020의 모든 사람, 특히 앤디 주엘과 조 키센웨더를 꼽고 싶다. 이들의 창작물을 이 책에 실을 수 있어서 영광이다.

내 플레이 테스터 부족

라이브 이벤트가 불가능해졌을 때는 기꺼이 이메일을 통해 게임을 시험했다. 300명 이상의 사람들이 40개 이상의 다양한 게임에 대한 1,300건의 설문조사에 응해주었다. 그 덕분에 이 책을 만들 수 있었다. 이들 없이는 절대 이 일을 할 수 없었을 것이다. 그들이 프로젝트에 기여해준 인내심, 관대함, 이타적인 헌신에 대해 적절히 보답하지 못한 것에 대해 적지 않은 죄책감을 느낀다. 다 열거하기에는 공간이 넉넉지 않아서 약간 임의적이지만 의미 있는 측정 기준으로 설문 조사를 많이 작성한 사람들을 선별하려 한다.

미하이 마루세아크, 딜런 케인Dylan Kane, 조셉 키센웨더, 제이미 로버츠Jamie Roberts, 케이티 맥더못(이분의 관대하고 정직하고 긍정적인 설문 결과는 늘 기쁘게 읽혔으며, 내가 이 책을 왜 쓰고 싶어 했는지 이유를 기억하는 데 도움이 되었다.), 앤디 주엘, 잭Zack, 플러머F.J. Plummer, 얀 장르노드Yann Jeanrenaud, 시리야 네빌Shriya Navil, 리사Lisa, 에릭 헤인즈Eric Haines, 필로미너 조애너Filomena Joana, 킴Kim, 코니 반스Connie Barnes, 글렌 림Glen Lim, 줄리 베링엄Julie Bellingham, 이사벨 앤더슨Isabel Anderson, 스콧 밋먼Scott Mittman, 록산느 피타드Roxanne Pittard, 스티븐 런디Steven Lundy, 미셸 시콜로Michelle Ciccolo, 이마누엘 발렛Immanuel Balete, 폴 폰스태드Paul Fonstad, 존 해슬그레이브John Haslegrave, 플로Flo, 말라치 커트너Malachi Kutner, 미셸Michelle, 셀리치Celich, 스티븐 골드먼Steven Goldman, 켈리 버크Kelly Burke, 마리나 슈라고Marina Shrago, 사라 젠슨Sara Jensen(〈질서와 혼돈〉에 '부모와 자식'이라는 훌륭한 제목을 제안해줬다.), 너새니엘 오위Nathaniel Ou, 기욤 두빌, 데니스Denise, 스테파니 무어Stephanie Moore, 파올로 이모리Paolo Imori, 캐트린Katrijn, 모나 헤니거Mona Hennigar, 에밀리 대닛, 애런 카펜터Aaron Carpenter, 데비 비바리Debby Vivari, 코리Cory, 케럴 빌릭Carole Bilyk, 제시 오얼라인Jessie Oehrlein, 윌리엄 고William Kho, 팀 뉴턴Tim Newton, 발키야Valkhiya, 신디 팔라Cindy Falla, 아나스타샤 마틴Anastasia Martin, 시라Shira, 에릭 핸슨Eric Hanson, 마이클 루돌프Michal Rudolf, 리치

베베룽엔Rich Beverungen, 섀넌 지터Shannon Jeter, 노머 고든Norma Gordon, 아키타 Archita. 게임이 색맹 독자에게 어떻게 보일 수 있는지에 대해 유용한 피드백을 제공해준 다음 분들에게도 감사의 말을 전한다. 톰 프라이스Thom Fries, 시리야 나빌과 그 가족, 크리스티안 로슨 퍼펙트Christian Lawson-Perfect.

웹 마에스트로

애덤 빌더시는 'MathGamesWithBadDrawings.com'이라는 멋진 사이트 를 만든 사람이다. 여러분도 꼭 이 사이트를 확인해보시라.

프로듀서

이상한 형식의 문서 묶음을 영광스러운 진짜 책으로 변환해주었다. 카라 손턴Kara Thornton, 벳시 헐스보스Betsy Hulsebosch, 해나 존스Hannah Jones, 멜라니 골드Melanie Gold, 케이티 베네즈라Katie Benezra, 폴 케플Paul Kepple, 알렉스 브루스 Alex Bruce, 로리 팩시머디스Lori Paximadis, 프란체스카 비고스Francesca Begos, 그리 고 블랙독 앤드 레벤탈Black Dog & Leventhal의 모든 사람.

내가 셀 수 없이 많은 이름을 생략했다는 것을 안다. 그 이름들과 그들이 대표하는 사람들에게 미안하다. 가족, 친구, 동료, 학생, 테린Taryn, 케이시Casey 에게 특별한 감사를 드린다.

이젠 정말 끝이다. 하지만 영화 〈어벤저스〉에서 악당 타노스 역을 맡은 조 시 브롤린이 멋진 장갑을 끼고 있는 모습을 보기 위해 이 페이지를 계속 응시 하고 싶다면 말리지 않겠다. 편하게 계속 감상하시라.

자주 묻는 질문

Q. 이것들이 실제 질문인가?

A. 물론. 물음표를 포함해 질문에 필요한 모든 것을 가지고 있다.

Q. 아니, 내 말을 잘 들어봐. 이것들이 '자주 묻는 질문'이라는 게 사실이냐고?

A. 그것은 '자주'와 '질문'의 정의에 따라 다르다.

Q. 알겠어. 그러니까 이런 '질문'은 사용한 자료의 출처를 언급하기 위한 얕은 구실일 뿐이군.

A. 어떻게 감히 그런 말을. 그건 질문이 아니라 비난이잖아.

Q. 좋아, 그럼 어떤 책을 사용했나?

A. 물어봐줘서 정말 기쁘군! 특정 장(나중에 언급할 것임)에 사용한 책은 제쳐두고, 여기에는 내가 일반 연구에 사용한 책을 모아뒀다.

마틴 가드너Martin Gardner, 《수학적 축제》Mathematical Carnival(New York: Penguin, 1990). 〈콩나물〉, 〈옴짝달싹〉, 〈두목님의 헛간〉의 출처. 가드너가 《사이언티픽 아메리칸》의 '수학 게임' 칼럼의 유산을 모으지 않았다면 이 책의 해당 페이지는 존재하지 못했을 것이다. 그의 공헌은 수학 게임에만 영향을 미치는 게 아니다. 더글러스 호프스태터는 그를 가리켜 "금세기에 이 나라에서 배출된 가장 위대한 지성인 중 1명이다."라고 말했다. 그리고 스티븐 제이 굴드 Stephen Jay Gould는 그를 두고 "우리를 둘러싼 신비주의와 반지성주의에 맞서 합리성과 좋은 과학을 수호하는 가장 밝은 등대다."라고 했다. 나는 그가 가진 미덕 중 가장 과소 평가된 것이 그의 취향이라고 믿는다. 광범위한 접근성과 진정한 지적 깊이의 문제에 있어서 그와 견줄 만한 재주를 가진 사람은 아무도 없다.

Q. 그럼 출처는 다 책이었나? 웹사이트는 없었나?

A. 거의 그랬다. 여기 모은 작은 예시를 빼면.

《아메리칸 플레이》The American Journal of Play는 국립 스트롱 플레이 박물관Strong National Museum of Play이 뉴욕주 로체스터를 대상으로 발행한다. https://www.journalofplay.org.

보드게임긱닷컴BoardGameGeek.com은 필수 리소스일 뿐만 아니라 사려 깊고, 도움이 되고, 열정적이며, 웃기기 정말 어려운 게임 애호가들로 가득 찬 거대한 문명이다. 이를 대체할 사이트는 없을 것이다. http://boardgamegeek.com.

보나 루도Bona Ludo는 보드 게임에 대해 잘 작성된 블로그다. http://bonaludo.com.

수학과 놀자 Let's Play Math는 데니스 개스킨스Denise Gaskins가 운영하며, 교사와 홈스쿨링 가정을 위한 보물창고다. http://denisegaskins. com.

사랑을 위한 수학 Math for Love은 댄 핀켈과 캐서린 쿡Katherine Cook이 운영한다. 수업에 활용하기 좋은 훌륭한 아이디어와 함께 수상 경력에 빛나는 매우 훌륭한 두 가지 수학적 보드 게임 〈프라임 클라임〉Prime Climb과 〈조그만 폴카 점〉Tiny Polka Dots에 대한 정보를 제공한다. https://mathforlove.com.

자작 수학 Math Hombre은 존 골든 교수의 사이트이며 훌륭한 아이디어와 매력적인 요소로 가득 차 있다. http://mathhombre.blog spot.com.

수학 피클 Math Pickle은 가정과 교실에서 사용할 수 있는 또 다른 게임 리소스다. 탁월하고 우아한 보드 게임 〈산토리니〉를 디자인한 고든 해밀턴Gordon Hamilton과 로라 사니오Lora Saarnio가 운영한다. https://mathpickle.com.

마이 카인드 오브 미플 My Kind of Meeple은 에밀리 서전트슨Emily Sargeants-son이 운영하는 탁상용 게임 세계에 대해 알려주는 명랑하고 사려 깊은 블로그다. https://mykindofmeeple.com.

게임에 대한 매우 틀린 생각 So Very Wrong about Games은 내가 탐색한 많은 탁상용 게임 팟캐스트 중에서 가장 좋아하는 것이다(http:// twitter.com/sowronggames). 그 밖에 〈보드 게임 안으로 파고들기〉Breaking Into Board Games, 〈게임학〉Ludology과 〈이 게임은 망쳤어〉This Game Is Broken도 포함된다.

여러분의 아이와 수학하기 Talking Math with Your Kids는 어른과 어린이 사이의 수학적 대화에 영감을 주는 것을 목표로 하는 크리스토퍼 다

니엘슨Christopher Danielson의 아름다운 프로젝트다. 그의 책《어느
것이 속하지 않을까?》Which One Doesn't Belong?와《얼마나 많지?》How
Many?도 훌륭한 출발점이다. https://talkingmathwithkids.com.

주석

이 책을 시작하며

1 나는 교사임에도 '다항식 도미노', '연립방정식 제퍼디!(Jeopardy!, 미국의 TV 퀴즈
 쇼—옮긴이)', '누가 숙제를 제일 먼저 하는지' 같은 놀이형 수업을 피해왔다.
2 와인은 그 맛을 알기에 너무 어린 사람에게는 맛없는 오래된 포도 주스일 뿐이다.
3 스포일러: 뒤처진 플레이어가 승리할 수 있는 유일한 희망은 다음 세 라운드를 연
 속으로 이기는 것인데, 그 확률은 1/8이다. 따라서 이 플레이어는 상금의 1/8, 즉
 12.5달러를 받을 자격이 있다. 앞선 플레이어는 87.5달러를 받는다.

제1부 공간 게임

1 R. 웨인 슈미트베르거는 〈십자말풀이〉에서 〈아스테로이드〉의 공간 논리를 적용해
 단어가 아래쪽으로 사라졌다가 위쪽에서 이어지거나 오른쪽 가장자리로 사라졌다
 가 왼쪽에서 이어지는 것을 제안한다. 이 제안은 《고전 게임을 위한 새로운 규칙》

에 나온다. 그는 "원환체 〈십자말풀이〉를 플레이한 결과 중 재미있는 한 가지는 기존의 〈십자말풀이〉 기준으로는 규칙에 어긋날 뿐만 아니라 완전히 우스꽝스러워 보이는 말판 위치다. 단어 말이나 문자 하나가 사실은 반대쪽 가장자리에 있는 단어의 일부인데도 무엇과도 연결되지 않은 것처럼 가장자리에 붕 떠 있다. 훈수꾼을 어리둥절하게 만들기 딱 좋다."라고 한다. 나는 〈콩나물〉, 〈수연〉, 〈아마존〉처럼 이 책에 나오는 다른 게임에도 동일한 원환체 논리를 적용해보기를 추천한다.

2   때로는 교활한 두 번째 플레이어가 첫 번째 플레이어의 움직임을 그대로 따라 해서, 게임판을 180도 돌리면 똑같아 보이게 수를 두기도 한다. 이것은 두 번째 플레이어가 먼저 상자를 차지할 수 있음을 보장한다. 그러나 첫 번째 플레이어가 숙련된 사람이라면 이 전략을 역이용해 상자 하나를 희생해서 나머지 상자를 획득할 수 있다.

3   게다가 많은 나라에서 여러 이름으로 플레이된다. 미국의 〈점〉, 영국의 〈사각형〉처럼 밋밋한 것부터 프랑스의 〈피포피펫〉, 멕시코의 〈팀비리체〉처럼 음악적인 것도 있다. 또 네덜란드의 〈카머티 페후렌〉(작은 방 임대)처럼 시각적인 것은 물론 독일의 〈캐제캐첸〉(작은 치즈 상자)에 이르기까지 온갖 이름이 있다.

4   그런데 이 책이 변죽만 울리는 느낌이 든다면, 에두아르는 '게임으로 들어가기도 전에' 이 모든 이야기를 했다는 점을 참작해주면 좋겠다.

5   변종에 이어 다시 변종을 원한다면, 플레이 테스터 발키아가 이 규칙을 깔끔하게 비틀어 제안한 것이 있다. 폴립을 배치할 때 자신이 이미 그린 선과는 겹칠 수 있지만 상대방의 선과는 겹칠 수 없다.

6   어떤 이유에서인지 이 게임의 이름을 고민할 때는 분별 있는 사람들이 어릿광대로 변해버린다. 한 대학원생은 홍역에 반점이 있고 전염성이 있다는 점에 착안해서 '홍역'이라고 부르자고 제안했다. 다른 분야에서 뛰어난 통찰력을 보여준 에릭 솔로몬은 나중에 〈콩나물〉의 유래를 밝혔다. 완성된 게임이 '너무 익혀서 흐물흐물한 콩나물'과 비슷하다는 데서 유래했다고 말이다. 이는 두 가지 면에서 기이하다. 첫째,

이름의 실제 유래와 전혀 상관없다. 둘째, 솔로몬은 콩나물 요리를 다른 사람에게 부탁하는 것을 진지하게 고려해야 한다.

7 '부분'은 연결된 점들의 집단이다. 작게는 점 하나도 될 수 있다.

8 추가 규칙 하나가 필요하다. 독립적으로 따로 떨어진 부분을 포함한 영역을 만들어 서는 안 된다는 것이다. 해당 부분이 겨우 점 하나일지라도 마찬가지다.

9 여러분이 〈해커 뉴스〉를 모른다면: 대단하다.

10 여러분이 레딧을 모른다면: 이것도 대단하다.

11 여러분이 앱을 모른다면: 이건 별로 대단하지 않다.

12 또한 이 규칙에 따르면 이미 승리한 미니 게임판으로 보내질 경우 더 이상 해당 게 임판의 결과에 영향을 미칠 수 없음에도 그곳에서 플레이해야 한다. 겉보기에 무 해해 보이는 이 변화는 게임을 깨뜨리는 것으로 판명되었는데, 이에 대해서는 나의 첫 번째 책 《이상한 수학책》에서 설명했다. 최상의 결과를 얻으려면 이미 승부가 난 게임판을 닫힌 것으로 취급해야 한다.

13 나는 모든 언어학자가 한 번의 운명적이고 기발한 도전을 할 수 있다고 믿는 다. 딱 한 번만. 비문자적인 '문자 그대로'literally에 분노를 터뜨린다면 '상관없 이'irregardless에 대해서는 주먹을 날릴 수 없다. 죽음을 무릅쓰고 '데이터'data가 복수형인 고지를 지킬 생각이라면 '질문을 청해도 될까'begs the question 대 '질문 이 있다'raises the question 고지에서 싸우다 죽을 수는 없다. 여러분에게 가장 중요 한 싸움, 문명의 안위가 달려 있다고 믿는 싸움 하나만 선택해야 한다. 내 싸움터 는 '인셉션'inception이다. 같은 제목을 달고 2010년에 개봉한 떠들썩하고 인상적인 영화에서 '인셉션'은 다른 사람의 마음에 어떤 생각을 심고 그 생각이 자기 것이라 고 믿게 하는 것을 의미했다. 놀랍도록 유용한 단어다. 이것이야말로 살면서 만나 는 모든 이에게 내가 하려는 것이고, 동시에 그들도 나에게 하는 것이다(좀 더 성공 적으로 말이다). 안타깝게도, 그 영화의 인상적인 클라이맥스는 중첩된 꿈속의 꿈속 의 꿈 구조에 관한 것이었다. 그래서 사람들은 '인셉션'이란 말을 '사물 속의 사물'을

의미하는 데 쓰기 시작했다. 피자에 미니 피자를 얹으면 '피자셉션'이 되는 식이다. 내 관점에서 이런 용법은 이중으로 멍청하다. 중첩 개념에 대한 적절한 이름(프랙털 피자)을 밀어낼 뿐만 아니라, 생각을 심는다는 개념의 이름을 빼앗기 때문이다('피자셉션'은 '생각을 심는 피자'라는 뜻이 되어야 하니까). 어쨌든 여러분이 여기에 동의한다면 이 주석을 사진으로 찍어서 국회의원에게 트윗하길 바란다. 그런다고 국회의원이 이 현상을 해결해주지는 못할 거라 생각하지만, 그들의 타임라인이 이상한 트윗으로 도배되었으면 하는 바람은 있다.

14   이 게임의 규칙은 어떻게 작동할까? 아마도 여러분의 수는 앞의 두 가지에 의해 결정될 터다. 여러분이 플레이할 중간 크기 게임판을 결정하는 두 번째 수(여러분이 둔 수)와 미니 게임판을 결정하는 첫 번째 수(상대방이 둔 수). 이것을 시도하고 도전하려는 사람을 기다리는 세계 기록도 있다.

15   이런 게임은 많다. 〈여우와 사냥개〉Fox and Hounds, 네팔의 고전 게임인 〈바찰〉 Bagh-Chal. 스칸디나비아의 〈타플〉Tafl에서 한 플레이어는 탈출하려 하고 다른 플레이어는 포획하려 한다.

16   무작위성이 더 많은 변종을 바란다면 그러는 대신 동전을 던져 방향을 결정할 수 있다.

17   〈양자 틱택토〉를 이런 방식으로 플레이할 수도 있다. 자세한 내용은 변종과 연관 게임을 참조하라.

18   실제로 작가 어슐러 르 귄은 이 개념을 다듬어서 행성 간의 초광속 통신을 가능하게 하는 허구의 기술인 앤서블ansible을 생각해냈다.

19   글쎄, 어쨌든 여러분은 못 한다. 강아지에 대해서는 자신 있게 말할 수 없지만.

20   1978년 로버트 A. 크라우스Robert A. Kraus가 개발한 이 게임은 2020년 보드 게임 아레나Board Game Arena 사이트의 한 사용자가 〈보베일〉Bobail이라는 이름으로 업로드하면서 갑작스럽게 부활했다. 내가 아는 한, 〈보베일〉은 규칙이 약간 변경된 〈중성자〉에 불과하다. 크라우스가 15가지 변종을 제시했던 것을 생각하면 이것이

그 변종 중 하나라는 짐작이 든다.

21 사실 크라우스의 원래 규칙에서 중성자는 다른 말과 똑같이 움직인다. 이것은 〈보베일〉 변종이다.

22 이 순간을 식별하는 방법: 남은 칸을 모두 X로 채우면 질서가 이길까? 남은 칸을 모두 O로 채운다면? 두 질문에 대한 대답이 모두 '아니요'면 질서가 진다. 라운드를 중지하고 혼돈의 승리를 선언한다.

제2부 숫자 게임

1 임의의 수 n에 대해 n561은 561의 배수보다 정확히 n만큼 큰 수가 된다. 이것은 모든 소수에 대해 성립하지만, 561은 이것이 가능한 첫 번째 합성수다. 이러한 지식은 시험에 나오지 않는다.

2 실제 합계는 그 두 배 이상이다.

3 실제로는 두 선수 모두 양손 다 4개의 손가락을 가지고 있는 것 같은 몇몇 상태는 일어날 수 없음이 판명되었다.

4 나는 실제 젓가락으로 이 이론을 테스트했다. 맞는 얘기다.

5 0을 더하는 것은 생략했다…. 왜냐하면 그건 좀 지루해서.

6 여기서도 0(여러분이 추측하듯이 항상 0이 나옴.)과 1(예상했겠지만 다른 쪽 숫자가 그대로 나옴.)을 곱하는 것은 생략했다.

7 홀수 크기의 게임판에서는 중앙 사각형을 차지할 수 있는 플레이어 1이 훨씬 유리하다. 게임을 공정하게 유지하기 위해 그것을 검게 칠하는 것이다.

8 아니면 지켜보지 않거나. 학교에서 쉬는 시간에 하는 스포츠는 직접 관람자의 아이디어를 수용하기에 적절치 않다.

9 슈미트베르거는 현명하지만 어질어질한 대책을 제안한다. 두 게임을 동시에 진행하는 것이다.

10 육각형 게임판은 잘 작동하지 않는다. 게임의 놀라움은 대부분 모서리로 연결된 칸 사이의 '대각선' 이동에서 나오는데 육각형 게임판에는 그런 연결이 없기 때문이다.

11 아니, 이 미주 말고.

12 정답은 $11+\frac{1}{1}$ 이지만 다른 것도 있다.

13 이 퀴즈는 핵심 규칙 두 가지가 다르다. (1)모든 숫자를 사용할 필요는 없으며 (2)목표를 넘어가도 괜찮다. 목표를 넘어갔든 목표에 미치지 못했든 상관없이 중요한 것은 목표에 얼마나 가까워졌느냐다.

14 깜빡 잊을 뻔했다! 일본 광고에 나오는 퍼즐의 해답은 좀 특이하게도 $\frac{8}{(1-\frac{1}{5})}$ 다. 직접 확인해보시라. 분모는 $\frac{4}{5}$, 즉 0.8이 되고, 분자 8은 이 분모의 정확히 10배다.

15 스포일러: 990원을 만들 때 동전 10개(500원 1개, 100원 4개, 50원 1개, 10원 4개)가 필요하다.

16 여러분은 이것을 '양부기' 또는 '부양기'라고 불러도 된다. 취향껏 고르시라.

17 한 가지 주의할 점: 특정 주사위를 뒤집었으면, 상대방의 주사위 중 하나를 건드리기 전까지는 그 주사위를 다시 뒤집을 수 없다. 이 규칙은 교착 상태를 피하기 위해 필요하다.

18 더 긴 차트도 작동한다. 해답은 참고 문헌에 있다.

19 더 기발하고 더 문학적인 제목이 잔뜩 준비되어 있음에도 불구하고 그는 자신의 게임 이름을 〈예언〉으로 바꾸도록 허락했다. 그가 마련해둔 예비 제목으로는 '양철에 새겨진 대로'Just Like It Says on the Tin, '나도 셈해줘'Count Me In, '점술 대 점술'Scry vs. Scry, '자기실현 이익'Self-Fulfilling Profits 등이 있다.

20 이 게임의 또 다른 이름은 미국 상원 의원 로만 흐루스카Roman Hruska의 이름을 딴 〈흐루스카〉다. 그는 한때 곤경에 처한 한 대법관 후보자를 변호하며 "세상에는 평범한 판사, 평범한 사람, 평범한 변호사가 많습니다. 그 평범한 이들도 대표자를 가질 권리가 있지 않겠습니까?"라고 했다.

21 이 규칙은 유연하다. 어떤 사람들은 제한 없이 플레이하는 것을 즐긴다. 즉 아무 숫

자나 선택하기로 할 수 있다.

22 사실 이것이야말로 〈평범〉의 멋진 부분이다. 3인용 게임 중에는 2위와 3위 플레이어가 팀을 이루어 1위 플레이어를 공격하는 것이 유리하기 때문에 제대로 돌아가지 않는 것이 너무 많다. 〈평범〉에서는 그런 '집단 괴롭힘'이 가능하지도 유리하지도 않다.

23 그렇긴 하지만, 이 문장에서 승리 후보 문자가 A, B, I, N, O, R, S, T이고 게임의 목적인 셋을 붙잡아라NAB TRIOS로 애너그램(철자 배치를 바꾸어 다른 뜻을 만들어내는 놀이—옮긴이)화할 수 있다는 점이 마음에 든다. 또한 'Sir Boss's Barn'이라는 제목에서 의미 있는 세 단어가 모여서 의미가 엉망진창인 제목이 되는 반면, 〈틱택토〉에서는 의미 없는 세 단어가 모여서 의미 있는 제목이 되는 점도 좋아한다.

24 플레이어가 20명 이하인 경우 100, 90, 80 등 10단위로 숫자가 매겨진 칸만 있어도 된다.

제3부 조합 게임

1 루빅스 큐브 모양의 지성 있는 외계인이다. 해결된 위치에 있으면 날고 말하는 것은 물론이고, 마법의 우주 광선을 방출할 수도 있다. 뒤죽박죽 섞이면 간단한 횡설수설과 간헐적인 "도와줘."라는 외침만 할 수 있다. 여러분이 다음에 큐브를 풀려고 애쓸 때는 이런 장면을 상상해보(지 마)시라.

2 이것이 반대로 아이들이 사회학자 그룹을 관찰하는 것보다 더 나은 연구 방법이다.

3 종이가 없을 때를 대비해 수학자 코트니 기번스Courtney Gibbons가 제안한 〈심림〉Sim limb과 혼동하지 말자. 〈심림〉은 게임판으로 쓸 종이가 떨어졌을 때 팔뚝limb에 게임판을 그려서 플레이한다.

4 내 플레이 테스터 중 1명이 스테이플러 심 뭉치를 사용한 적 있는데, 남에게 권장하지는 않았다.

5 스카니는 한 종류의 말 4개와 다른 종류의 말 4개가 아니라 5×5 게임판에 8개의

동일한 말을 배열하는 경우의 수를 계산했다.

6   색맹 테스트 독자들은 이 게임을 따라가기 까다롭다고 플래그를 세웠다. 명확성을
    높이기 위해 플레이어 1(왼쪽에 선 녹색)은 빈 점과 채워진 점 대신 그냥 별표와 음영
    처리된 별표를 사용해 그린다.

7   그래, 맞다. 실생활에서는 화살을 물건 위로 쏠 수 있다. 하지만 여기서는 아니다.
    굳이 그 이유를 상상하자면 각 화살이 땅에 떨어졌을 때 1킬로미터 높이의 불기둥
    을 만든다고 치자.

8   한 가지 기술적 사항 추가: 첫 번째 플레이어의 첫수는 한가운데 칸이 될 수 없다.

9   '고양이와 개' 테마는 포르투갈 회사인 루두사이언스LuduScience의 아름다운 나무
    버전에서 나왔다.

제4부 위험과 보상 게임

1   나는 항상 그들이 비정상적으로 큰 결혼식에 가는 신부 들러리라고 생각했다.

2   1등을 하는 것이 상금을 최대화하는 것보다 더 중요하다. 1등은 전체 상금을 유지
    하고 다음 쇼에서 다시 플레이하지만, 2등은 2,000달러만 받고 집으로 돌아가기
    때문이다.

3   한 사람이 다른 사람보다 손가락이 많은 경우, 사용 가능한 손가락 수를 미리 합의
    한다.

4   이것을 읽은 아내는 "당신 설명보다 독이 많아."라고 했다. 그래서 여전히 집에서 금
    지되는 것 같다.

5   원래 버전에서 한 플레이어는 1에서 5까지, 다른 플레이어는 2에서 6까지 숫자를
    선택했다. 그들은 인지하지 못했지만 후수가 선수보다 라운드당 0.28점의 유리함
    을 갖고 있다(두 플레이어 모두 게임 이론 해결책을 적용한다고 가정했을 때). 다행히 그
    들은 양쪽이 똑같은 숫자를 선택하는 대칭 버전으로 전환했다.

6   단 1명의 학생만이 예측을 50퍼센트 일치시켜 예상을 벗어난 것으로 보였다. 애런슨의 말로는 "그 학생에게 비결이 무엇인지 물으니 '자유 의지를 사용했을 뿐'이라고 대답했다."고 한다. 정말 전문가다운 팁이다.

7   이와 관련한 재미있는 이야기: 컴퓨터 프로그래머 메릴Nick Merrill은 스콧 애런슨의 'f 또는 d' 예측기의 온라인 버전을 만들었다. 원래는 '71.59퍼센트 정확도'와 같이 지금까지의 예측 정확도를 계속 알려준다. 그러나 이로 인해 취약점이 생겼다. 정확도 보고서의 마지막 숫자를 이용해서 짝수면 'd'를 입력하고 홀수면 'f'를 입력한다. 그러면 랜덤 선택을 생성할 수 있다. 애런슨은 이것을 '보안 결함'이라고 불렀다.

8   게임 이론은 놀라운 최적 전략을 산출한다. 다음 표는 스포일러다.

숫자	1	2	3	4	5	6 이상
횟수	26/101	19/101	27/101	16/101	14/101	없음

이상하지 않은가? 메뉴가 무한한데도 항상 같은 다섯 가지 요리 중 하나를 주문한다. 하지만 실제로는 어느 플레이어도 결승선까지 한 번에 2~3점씩 지루하게 기어갈 인내심이 없기 때문에 심리적으로 흥미로운 방식으로 일탈할 가능성이 높다.

9   그건 그렇고, 35세를 '노령'이라고 부르는 것에 당황하지 않는다면 여러분은 아이를 갖기에는 너무 어린 것이다.

10   이보다 쉬운 질문에는 '아기를 어떻게 대해야 하는지'(부드럽게)와 '언제 전염병에 걸려도 되는지'(절대 안 됨) 등이 있다.

11   나는 처음에 이 게임을 〈겸손〉이라고 불렀는데, 그것이야말로 여러분이 이기는 데 필수적인 것이기 때문이다. 나중에 내 친구 애덤 빌더시가 더 재치 있는 〈상식 밖의〉를 제안했다.

12   매 라운드 동점인 경우가 아니라면 말이다. 하지만 동점은 재미도 없고 가능성도 없다.

13   9만 1,000개의 경로가 한 칸을 놓치고, 10만 2,000개의 경로는 두 칸을 놓친다. 그

러나 형편없는 것도 있다. 22개의 경로는 단 다섯 번의 이동 후에 끝난다.

14 《한 권 이하의 민주주의》Democracy in One Book or Less의 저자인 내 친구 데이비드
리트David Litt는 여기서 중요한 점을 지적했다. "〈보스턴 가젯〉의 편집자는 샐러맨
더가 어떻게 생겼는지 전혀 몰랐던 것 같다. 유명한 만평에 그려진 피조물은 드래
곤의 날개, 참수리의 발톱, 왕뱀의 목, 흰머리수리의 부리, 피라냐의 이빨을 가졌
고… 전체 이미지는 파충류에 대한 범죄 수준이었다."라고 설명한 것이다(데이비드
리트도 샐러맨더, 즉 도롱뇽의 종 분류에 대해 전혀 몰랐던 것 같다. 도롱뇽을 파충류라고
부르는 것은 양서류에 대한 범죄 수준이다.—옮긴이).

제5부 정보 게임

1 아직 이 게임을 모르는 사람들에게 설명하자면, 이것은 시대를 초월했으며 쓸데없
이 병적인 게임이다. 한 플레이어가 비밀 단어를 선택한 다음 그 단어의 글자 수만
큼 빈칸을 그린다. 다른 플레이어는 비밀 단어 전체를 완성하기를 바라면서 한 번
에 하나씩 글자를 추측한다. 추측한 글자가 단어 안에 없으면 목숨 하나를 잃으며,
여덟 번 목숨을 잃으면 지게 된다.

2 이론적으로는 사진의 RGB 값을 픽셀 단위로 추측하는 행맨 버전을 플레이할 수도
있지만, 한 판에 몇 년이 걸릴 것이다.

3 마지막 두 추측에서 이상한 대조를 발견할 수 있다. A를 추측해서 제외된 단어가
더 많은데 얻은 정보는 D를 추측했을 때가 더 많다. 왜일까? 음, 중요한 것은 제거
된 가능성의 숫자가 아니라 비율이기 때문이다. 추측 D가 제거한 단어의 절대량은
더 적지만 남은 단어와의 비율은 더 크다.

4 안드레아 안졸리노의 말에 따르면 이탈리아인들은 이 게임을 작은 숫자Little Num-
bers 또는 스트라이크와 볼Strike and Ball이라고 불렀다.

5 탭 최댓값은 100이다. 나의 마지막 몇 가지는 다음과 같다. 엘리 브로쉬Allie Brosh

월드 시리즈 챔피언 목록, 장미의 일기, 이안 하니 로페즈Ian Haney Lopez, '큰 노랑 택시', 존 로커, 산토리니(게임), 아나이스 미첼… 그것은 내가 최근에 생각했던 것에 대한 끔찍하고도 훌륭한 판옵티콘 방식의 스냅샷이다.

6 솔방울은 씨앗을 담는 그릇이다. 가혹한 요소로부터 한층 더 보호해준다.

7 이 변형이 아마도 이 장에서 설명한 것보다 더 일반적이고 자연스러울 것이다. 유일한 문제는 볼이 무엇을 의미하는지 명확하게 설명하기가 이상할 정도로 어렵다는 것이다. 명확히 하기 위해 각 숫자는 한 번만 셈하기로 한다. 예를 들어 비밀 숫자가 1112인데 2223이라고 추측하는 경우, 이는 3볼이 아니라 1볼에 불과하다.

8 이 아이디어와 다음 2개는 R. 웨인 슈미트베르거의 《고전 게임을 위한 새로운 규칙》에서 나온 것이다.

9 예외: 누군가가 4스트라이크로 맞춘 경우라면 이미 승부가 난 것이기 때문에 잘못된 응답을 제공할 수 없다.

10 라운드 수를 다르게 플레이할 수도 있다. 다음 요령만 기억하면 된다. 최종 라운드에 2장의 카드가 남아 있기를 원하므로 n 라운드를 플레이하려면 1에서 n+1까지 숫자가 매겨진 카드로 시작한다는 것이다.

11 오, 〈배틀십〉을 들어본 적 없다고? 음, LAP와 비슷하지만 그만큼 좋지는 못한 게임이다.

12 음… 여러분은 여기서 LAP의 점수를 깎을 수도 있겠다. 이 게임의 진행 방식은 게이머들이 흔히 '동시 솔리테어'라고 부르는 것이다. 그러나 모든 게임이 모든 사람의 입맛에 딱 맞을 수는 없다. 〈바닥은 용암!〉은 예외일 수 있지만.

13 어떤 플레이어는 모두 같은 무늬의 카드 4장으로 시작하는 것을 금지하기도 한다. 그 규칙을 따른다면 조는 여기서 무조건 "그래."라고 말해야 한다.

14 시아는 게임이 끝날 때 일각고래 4장을 가지고 있지만, 시작할 때는 3장이었고 나중에 조에게서 1장을 받았다.

15 죄송합니다, 잭맨 선생님. 진짜진짜진짜로요.

16 필요한 경우 패턴 제작자는 과거("네 규칙은 여기에 숫자를 금지했을 거야. 하지만 봐, 여기 이미 배치되어 있지.") 또는 미래("네 규칙은 다음 숫자에는 적용될지 몰라도 그 이후 숫자에는 적용되지 않아. 여기 반례가 있지.")의 반례를 들 수 있다. 그러나 규칙이 과거의 모든 턴을 올바르게 설명하고 모든 미래의 턴을 올바르게 예측한다면 패턴 제작자가 상상한 대로가 아니더라도 올바른 규칙이다.

17 나는 누가 숫자를 배치했는지 또는 그 칸에 누군가 이전에 채우려고 한 적 있는지와 같은 보이지 않는 요소에 기반한 규칙은 쓰지 않기를 권장한다. 그러나 충분히 숙련된 플레이어라면 어떤 조언이든 잘 받아들이는 경향이 있으므로 이 조언을 무시해도 좋다.

18 찰스 다윈은 친구에게 보낸 편지에 이렇게 썼다. "나는 오늘 아주 형편없고 아주 멍청해. 그리고 모든 사람, 모든 것이 밉다."

19 알베르트 아인슈타인은 자신의 아이디어를 기록하기 위해 공책을 가까이에 두느냐는 물음에 이렇게 답했다. "아, 그럴 필요가 없죠. 그런 경우가 거의 없거든요."

20 내가 방금 해봤는데 하트나 스페이드, 다이아몬드가 2장 연속으로 나타날 때는 두 번째 카드가 항상 더 낮은 숫자다. 〈수학연보〉Annals of Mathematics 관계자 여러분, 이거 보면 쪽지 주세요!

21 일반적으로 이렇게 틀린 추측은 교수형을 당하는 스틱맨에 팔다리를 그리는 걸로 표시된다. 나는 어린이용 게임에 이런 끔찍한 처형 삽화가 없는 편을 선호한다. 이해해주셔서 감사하다.

이 책을 마치며

1 "톰이 표를 만든 것도 아닌데 어째서?"라고 물을지도 모르겠다. 내 말이 바로 그 말이다.

참고 문헌

이 책을 시작하며

- 나를 아기 침팬지라고 말하는 건가? 맞다. 이 내용은 스티븐 제이 굴드가 나보다 먼저, 나보다 더 잘 말했다. 《판다의 엄지: 자연의 역사 속에 감춰진 진화의 비밀》(스티븐 제이 굴드 저, 김동광 역, 사이언스북스, 2016)에 나오는 '미키 마우스에게 보내는 생물학적 경의'를 추천한다.

- 당신은 단순한 게임을 지향한다고 했는데 그럼 가장 복잡한 보드 게임은 뭔가? 아마도 〈북아프리카 대작전〉일 것이다. 게임 규칙이 정리된 책은 폰트 크기 8로 작성되었음에도 90페이지에 달한다. 게임 한 판에 10명의 플레이어가 필요하며 1,500시간 동안 지속된다고 한다(추정치다. 완료된 게임이 없어 검증된 적이 없다). 일대일 축척인 루이스 캐럴의 가상 지도처럼 이 게임은 시뮬레이션하는 현실만큼이나 복잡한 시뮬레이션이다. 이 복잡성을 시식해보고 싶은가? 한 플레이어는 미국의 게임 블로그인 코타쿠Kotaku에서 다음과 같이 말했다. "매 턴당 연료의 3퍼센트가 증발한다. 특정 날짜 이전의 영국군은 예외로 연료의 7퍼센트가 증발한다. 제리캔 대신 50갤런 드럼통을 사용하기 때문이다."(Luke Winkie, "The Notorious Board Game That

480

Takes 1,500 Hours to Complete", Kotaku, 2018년 2월 5일, https://kotaku.com/the-notoriousboard-game-that-takes-1500-hours-to-compl-1818510912) 이래도 재미있을까?

- 〈세트〉 제작에 대한 자세한 내용은 어디에서 볼 수 있나? Danielle Steinberg, "Canine Epilepsy and Purple Squiggles: The Unexpected Success Story of SET", *Gizmodo*, 2018년 8월 23일, https://gizmodo.com/canine-epilepsy-and-purple-squiggles-the-unexpected-su-1828527912.

- 〈루빅스 큐브〉 제작에 대한 자세한 내용은 어디에서 볼 수 있나? "The Perplexing Life of Erno Rubik", *Discover* 8, no. 8 (1986): 81. Full Text©Family Media Inc., 1986. URL: http://www.puzzlesolver.com/puzzle.php?id=29;page=15.

- 확률 이론은 정말로 도박 퍼즐에서 시작되었나? 역사는 결코 단순하지 않지만, 그때가 중요한 전환점이었음은 확실하다. 자세한 것은 Keith Devlin, *The Unfinished Game: Pascal, Fermat, and the Seventh-Century Letter That Made the World Modern*(New York: Basic Books, 2010) 참조.

- 쾨니히스베르크의 다리에 대한 자세한 내용은 어디에서 볼 수 있나? 나는 이 다리 이름을 뉴저지 대학에서 Judit Kardos 교수의 수학 역사 과정을 위해 작성된 학부 논문인 Teo Paoletti, "Leonard Euler's Solution to the Konigsberg Bridge Problem"에서 배웠다. https://www.maa.org/press/periodicals/convergence/leonard-eulers-solution-to-the-konigsberg-bridge-problem.

- 존 콘웨이에 대한 자세한 내용은 어디서 알 수 있나? 나는 Jim Propp의 추모 게시물인 "Confessions of a Conway Groupie", *Mathematical Enchantments*, 2020년 5월 16일, https://mathenchant.wordpress.com/2020/05/16/confessions-of-a-conway-groupie에서 인용했다. 또한 그의 전기 작가 Siobhan Roberts가 쓴 사망 기사도 추천한다. "John Horton Conway, a 'Magical Genius' in Math, Dies at 82", *New York Times*, 2020년 4월 15일.

제1부 공간 게임

INTRO

- 〈아스테로이드〉를 플레이할 때 정말 거대한 도넛 속을 날고 있는 걸까? 전혀 아니다. 여러분은 거대한 도넛의 '표면을 가로질러' 날고 있는 거다. 자세한 내용은 Katie Steckles와 Peter Rowlett이 진행하는 *Mathematical Objects* 팟캐스트의 "Klein Bottle with Matthew Scroggs" 에피소드를 확인하라.

- 잉그리드 도브시가 인형 옷의 기하학에 대해 말한 것은 어디인가? 나는 Denise Gaskins의 훌륭한 인용문 목록인 "Math and Education Quotations"에서 얻었다. https://denisegaskins.com/best-of-the-blog/quotations에서 찾을 수 있다. Denise는 J. J. O'Connor and E. F. Robertson, "Ingrid Daubechies", *MacTutor History of Mathematics*(University of St Andrew, Scotland, 2013년 9월)에서 뽑았다. https://mathshistory.st-andrews.ac.uk/Biographies/Daubechies.

- M. C. 에셔란 인물은 대체 누구야? 그는 모든 수학자들이 가장 좋아하는 비주얼 아티스트다. 인용문은 *Escher on Escher: Exploring the Infinite*(New York: Harry N. Abrams, 1989)에서 따왔다.

- 기하학을 '참'이 아니라 그냥 '편리하다'고 말한 '앙리 푸앵카레'는 또 누구야? 수학에 불만을 품은 학생인가? Poincaré는 보통 자기 시대의 모든 수학에 통달한 마지막 수학자로 묘사되므로 '불만을 품은 학생'은 충분히 공평한 평가다. 그의 저서 *Science and Hypothesis*(New York: Dover Publications, 1952)의 50페이지에서 인용했다.

- 이 수학자 존 어셀은 전 NFL 선수 존 어셀과 같은 사람인가? 그렇다. 팀원들 사이의 별명은 어시Ursch다. 이 인용문은 Louisa Thomas와 함께 쓴 회고록 *Mind and Matter: A Life in Math and Football*(New York: Penguin Press, 2019)에서 발췌한 것이다.

제1장 점과 상자

- 이 게임은 대체 어떻게 된 거야? 첫 출판은 Edouard Lucas, *L'Arithmetique Amu-*

sante: Introduction Aux Recreations Mathematiques(Paris: Gauthier–Villars et Fils Imprimeurs–Libraires, 1895)였다. 구글 도서를 검색하면 찾을 수 있다.

- 아니, 내 말은 어떻게 이기냐고? 전략에 대해 진지하게 생각하고 있다면 Elwyn Berlekamp의 결정판인 *The Dots and Boxes Game: Sophisticated Child's Play* (Oxfordshire: Routledge, 2000)를 확인하라. 컴퓨터 그래픽 전문가인 Eric Haines는 회의에서 Berlekamp를 만났던 일을 회상하는 이메일을 나에게 보냈다. 그는 "〈점과 상자〉에서 모든 도전자를 받아주며 벌레처럼 짓밟았다." *Winning Ways for Your Mathematical Plays*에도 자세한 설명이 있다. 또는 여러분이 인터웹 interweb(인터넷을 익살스럽게 일컫는 말이다.—옮긴이) 거주자라면, 캐나다 수학자 Ilan Vardi가 원래 GeoCities에서 직상한 "Mathter of the Game"이라는 멋진 사이트를 본 적이 있을 것이다. 현재는 http://www.chronomaitre.org/dots.html에 복구되어 있다. 또한 Julian West, "Championship–Level Play of Dots–and–Boxes", *Games of No Chance*, MSRI Publications 29, (1996)도 확인하라.

- 이 게임은 왜 이렇게 이름이 많은가? 캐나다의 첫 번째 민족에게 눈에 관한 단어가 많이 필요했던 것처럼 후기 산업화 민족인 우리에게는 부르주아적 여가 활동에 관한 단어가 많이 필요하다. 어쨌든 트위터에서 게임의 다양한 글로벌 이름을 공유해주신 분들께 감사하다. 특히 @misterwootube, @OlafDoschke, @mathforge, @ConorJTobin, @marioalberto, @LudwigBald, @LauraKinnel, @relinde에게 경의를 표한다.

- 〈사각 폴립〉의 각종 모양에 대한 이름은 스스로 생각해냈나, 아니면 월터 조리스가 제안했나? 사실 조 키센웨더와 그의 친구들이 범인이다.

제2장 콩나물

- '신기한 위상수학 맛'이 따옴표 안에 있는 이유는 무엇인가? Martin Gardner는 수학과 학생 David Hartshorne의 편지를 인용해 〈콩나물〉의 세계를 소개했다. David는 다음과 같이 썼다. "케임브리지의 고전학 학생인 내 친구가 얼마 전 〈콩나물〉이라는 게임을 소개해줬다. 지난 학기에 케임브리지에서 대유행했다고 한다. 이 게임은

기묘한 위상수학 맛을 가지고 있다." 출처: Gardner, *Mathematical Carnival*.

- 와, 위상수학은 정말 멋지지 않아? 그렇다면 《오일러의 보석》(David S. Richeson 저, 최수영·고호경 역, 교우사, 2018)을 적극 추천한다.

- 존 콘웨이란 친구는 꽤 대단한 인물처럼 보인다. 그 말 그대로다. 그의 유쾌한 전기를 보려면 Siobhan Roberts, *Genius at Play: The Curious Mind of John Horton Conway*(New York: Bloomsbury USA, 2015)를 읽어보라.

- 〈콩나물〉에서 어떻게 이기지? 이에 대한 전략적 설명에는 아직도 *Winning Ways for Your Mathematical Plays* 만한 것이 없다. 이미 컴퓨터가 인간을 추월했고 이제 상당한 차이가 난다. Julien Lemoine and Simon Viennot, "Computer Analysis of Sprouts with Nimbers", *Games of No Chance 4*, MSRI Publications 63, (2015)에 자세히 나온다.

- 어, 학술 문헌을 읽고 싶지 않으면 어떻게 하지? 유튜브 Vsauce2 채널에 Kevin Lieber 동영상을 본 덕분에 내 연구가 빨라졌고 풍부해졌다. "The Dot Game That Breaks Your Brain."을 검색해보라.

- 게임이 영원히 계속된다면? 그런 일은 일어날 수 없다. 점 n 개로 시작하는 게임은 최대 3n−1 수까지 지속될 수 있다. 왜 그런지 그 이유를 보여주는 간단한 증거를 살펴보자. 먼저 각 점에는 3개의 '목숨'이 있다. 따라서 n−점 게임은 3n 개의 목숨으로 시작된다. 각 수는 목숨 2개를 소비하고 새로운 목숨 하나를 추가해 총 목숨 수를 하나씩 줄인다. 목숨이 하나밖에 남지 않은 상태에서는 게임을 계속할 수 없기 때문에 '3n−1' 번째 수, 또는 그 이전에 멈추게 된다.

제3장 궁극 틱택토

- 프랙털에 대해 자세히 알아보려면 어떻게 해야 하나? 깊이 빠져들려면 프랙털 기하학자와 시인이 공동 집필한(공동으로 집필한 책 중 이보다 완벽한 책이 있을까?) Michael Frame and Amelia Urry, *Fractal Worlds: Grown, Built, and Imagined*(New Haven, CT: Yale University Press, 2016)를 읽어보라.

- 그냥 예쁜 자연 사진만 보고 싶다면? 제임스 글릭(*Chaos*의 저자)이 서정적인 글을 쓰

고 Eliot Porter의 자연 프랙털 사진이 함께 제공되는 *Nature's Chaos*(New York: Little, Brown, 2001)를 보자. 아니면 Paul Bourke의 사이트인 Google Earth Fractals를 검색해도 좋다.

- 트럼프가 〈궁극 틱택토〉를 하고 있다는 말은 좋은 의미로 하는 건가, 아니면 나쁜 의미로 하는 건가? 나는 정치적인 설득은 만화로 된 책의 미주를 통해 가장 잘 이루어진다고 굳게 믿고 있다. 그런 나이기에 내 매운맛을 공유하고 싶은 유혹을 받는다. 그러나 사실 이 비유는 내가 생각해낸 게 아니라 Oliver Roeder가 한 말이다. "트럼프는 〈3D 체스〉를 하고 있지 않다. 그는 궁극 틱택토를 하고 있다." *FiveThirtyEight*(미국의 여론 조사 웹사이트— 옮긴이), 2018년 5월 7일.

- 플라톤은 정말로 온 세상이 특별한 직각 삼각형으로 이루어져 있다고 말했나? 그렇다. 그의 책 《티마이오스》에 나온다. 그는 만물이 불, 흙, 물, 공기로 이루어져 있다고 주장한다. 이들은 '물체'다. 그리고 "모든 종류의 물체는 견고성을 갖고 있으며 모든 견고함은 필연적으로 평면에 포함되어야 한다. 모든 평면 직선 도형은 삼각형으로 구성된다. 모든 삼각형은 원래 두 종류다…." 이에 대해서는 뭐라 말하기 어렵다. 난센스가 가득 담긴 뜨거운 그릇에 대해 논쟁하기 어려운 것처럼.

- 로버트 프로스트의 인용문은 어디서 얻었나? 온라인에서 찾을 수 없는데. 오, 내가 만들었다. 프로스트가 말했다고 하면 훨씬 그럴듯하지 않은가?

- 뭐라고?! 그건 지적 정직성에 대한 지독한 모독이야! 진정해. 모든 사람이 "가지 않은 길"The Road Not Taken을 인생의 위대한 지혜("나는 사람들이 적게 다니는 길을 택했다.")인 듯이 인용하는 것만큼 나쁘지는 않다고. 나중에 보면 임의의 결정에 가짜 웅장함을 주는 것에 불과한데도("그곳을 지남으로써/그 길도 똑같이 닳아버렸지만.") 말이다.

제4장 민들레

- 이 장에서는 어떤 자료를 사용했는가? 없다. 이 게임은 다 자라 전투 준비가 된 아테나가 제우스의 이마에서 나온 것처럼 내 마음에서 터져 나왔다. 나는 이 영광을 누구에게도 돌리지 않을 테다.

- 이 장에서 언급한 사람만 10여 명 정도 되지 않나? 그렇다. 그들은 훌륭한 통찰력이 담긴 제안을 해주었다. 그들에게 '약간의' 영광은 돌리겠다.
- 그리고 게임 플레이 테스트를 도운 수십 명의 다른 사람들은? 아, 맞아, 그들도. 그 모든 분에게 감사 한마디. 여러분, 최고예요! 하지만 그게 전부야! 더 없다고!

제5장 양자 틱택토

- 이 게임의 양자 역학에 대한 은유는 괜찮은 편인가? 꽤 좋다. 실제로 제작자는 이를 교육 도구로 제공한다. Allan Goff, "Quantum Tic-Tac-Toe: A Teaching Metaphor for Superposition in Quantum Mechanics", *American Journal of Physics* 74, no. 11(2006), 그리고 Allan Goff, Dale Lehmann, Joel Siegel, "Quantum Tic-Tac-Toe, Spooky-Coins and Magic-Envelopes, as Metaphors for Relativistic Quantum Physics", AIAA/ASME/SAE/ASEE Joint Propulsion Conference and Exhibit, 2002, https://doi.org/10.2514/6.2002-3763.
- 질문하기가 좀 무섭긴 한데, 어떻게 하면 양자 물리학을 더 잘 배울 수 있나? 내 책장에 있는 두 권의 책이 그에 대한 대답이 될 것이다. 《강아지도 배우는 물리학의 즐거움》(채드 오젤 저, 이덕환 역, 까치(까치글방), 2011)과 Philip Ball, *Beyond Weird: Why Everything You Think You Knew about Quantum Physics Is Different*(Chicago: University of Chicago Press, 2020).
- 게임에 변이하는 규칙이 있다면 더 '양자'스럽지 않을까? 웃기겠지만 이런 질문은 당연하다. Goff는 게임의 규칙이 거의 필연적으로 발생한 것이라고 느꼈지만, 실제로는 다른 사람들도 똑같이 그렇게 생각하면서 상당히 다른 규칙 세트에 이르렀다고 썼다. 예를 들어 앱 Quantum TiqTaqToe(https://quantumfrontiers.com/2019/07/15/tiqtaqtoe)에서는 양자 특징이 점진적으로 축적되어간다. 여러분도 한번 해보길 추천한다. 게임에 대한 좀 더 학문적인 접근 방법을 알고 싶다면 2010년 arXiv.org에 게시된 J. N. Leaw and S. A. Cheong, "Strategic Insights from Playing the Quantum Tic-Tac-Toe"(https://arxiv.org/pdf/1007.3601.pdf)를 참조하라.

제2부 숫자 게임

INTRO

- 모든 숫자가 흥미롭다면, [여기에 숫자를 대입]은 어떤가? 모든 숫자가 실제로 흥미롭다는 건설적인 증거를 보려면 David Wells, *The Penguin Dictionary of Curious and Interesting Numbers*(New York: Penguin Books, 1998)를 확인하라. 아니면 '모든 숫자는 흥미롭다'라는 증명의 사랑스럽고 고무적인 결과를 보려면 Susan D'ostino, "Every Minute of Your Life Has Been Interesting", *Journal of Humanistic Mathematics* 7, no. 1 (2017): 117–118을 확인하라.

- 등분 순열aliquot sequence에 대한 자세한 내용은 어디에서 확인할 수 있을까? 세계 8대 불가사의인 정수 순열의 온라인 백과사전(http://oeis.org)을 찾아보라. 완전수(A000396), 친화수(A259180), 28개짜리 사교수(A072890)의 별난 순환을 포함해 거의 모든 것을 찾을 수 있다.

- 당신의 친구 줄리언은 정말로 순수 수학이 "수학자들이 거리에서 내몰리지는 않게 한다."고 말했나? 그렇다. 날짜: 2003년. 출처: 내가 옆에서 들었다. 그러나 나는 John Littlewood가 완전수에 대해 "좋지도 않고 해롭지도 않다."는 말을 할 때는 옆에서 듣지 않았다. 이 말은 John Littlewood, *A Mathematician's Miscellany*(London: Methuen & Co Ltd, 1953)에 나온다.

제7장 젓가락

- 이 게임에 대한 자세한 내용은 어디에서 알 수 있나? 상대방을 박살 내는 방법도 포함해서. 전 세계의 어린이들이 유튜브에 교육용 동영상 수십 개를 올렸는데 그중 일부는 특정 규칙 세트에 대한 승리가 보장된다. 이런 걸 올려서 보여주는 모두가 사랑스럽다. 한편 영어 위키백과에서는 견고한 수학적 분석과 포괄적인 변종 목록을 찾을 수 있다.

- 와우, 대박! 올린 선생님. 출판할 책의 한 장 전체를 진지하게 조사하는 데 유튜브와 위키백과만 사용한 거예요? 음… 학생 여러분, 내가 하는 행동이 아니라 하는 말을 따라 하

세요!

제8장 수연

- 체스에서 백이 정말로 유리한가? 그렇다. 가장 높은 수준에서는 백이 승리를 위해 플레이하고 흑이 무승부를 위해 플레이한다고 가정할 정도다. 이 장의 〈체스〉 인용문은 Gary Alan Fine, *Players and Pawns: How Chess Builds Community and Culture*(Chicago: University of Chicago Press, 2015)에서 가져왔다.

- 역동적인 투에-모스 수열은 누가 생각해낸 건가? 글쎄, Axel Thue와 Marston Morse의 이름을 따서 명명되었다. 하지만 처음 연구한 건 Eugene Prouhet이다. 나는 2015년 11월 7~8일 영국 매스잼MathsJam 콘퍼런스에서 열린 Phil Harvey의 "Cumulative Fairness"라는 강연에서 처음 배웠다.

- 수학자들이 투에-모스에 대해 혹시 웃기는 응용 분야를 생각해낸 것이 있나? 일부만 나열해보련다. Marc Abrahams, "How to Pour the Perfect Cup of Coffee", *Guardian*, 2010년 7월 12일. Joshua Cooper and Aaron Dutle, "Greedy Galois Games", https://people.math.sc.edu/cooper/ThueMorseDueling.pdf. Ignacio Palacios-Huerta, "Tournaments, Fairness, and the Prouhet-Thue-Morse Sequence", *Economic Inquiry* 50, no. 3 (2012): 848-849. 그리고 개인적으로 가장 좋아하는 Lionel Levin and Katherine E. Stange, "How to Make the Most of a Shared Meal: Plan the Last Bite First", *American Mathematical Monthly* 119, no. 7 (2012): 550-565.

제9장 33에서 99 사이

- 그 일본 광고는 어디서 볼 수 있나? 유튜브에서 "Nexus 7: 10 Puzzle"을 검색해보라. 나는 다음 출처를 통해 이 광고를 알았다. Gary Antonick, "Can You Crack the 24 Puzzle, and the 10 Puzzle That Went Viral in Japan?" New York Times, *New York Times*, 2015년 9월 7일.

- 이 게임은 그냥 '24 퍼즐'the 24 puzzle 아닌가? 기소된 대로 유죄다. 그런데도 매 라

운드마다 대상 숫자를 변경하는 것이 정말 흥미를 돋운다. '24 퍼즐'에 대한 역사가 궁금하다면 John McLeod, "Twenty-Four", https://www.pagat.com/adders/24.html을 확인하라. http://4nums.com에는 '24 퍼즐'의 간단하고 즐거운 온라인 버전도 있다.

- 그리고 '사사' 문제하고도 같은 거 아냐? 실제로 그렇다. Pat Ballew가 "사사가 있기 전에 사삼을 비롯한 몇 가지가 더 있었다."고 역사를 잘 정리한 바 있다. *Pat'sBlog*, 2018년 12월 30일 게시물을 참조하자. https://pballew.blogspot.com/2018/12/before-there-were-four-fours-there-were.html. 스포일러가 필요하다면 Paul Bourke이 인상적인 해답 목록을 작성해 http://paulbourke.net/fun/4444에 올려두었으니 참조하라.

- 주사위 5개로 서로 다른 숫자를 몇 개나 만들 수 있지? 그건 여러분이 무엇을 의도하는지에 달려 있다. 분수를 세는가? 음수는? 같은 숫자인데 생성 방법이 다른 경우는 어떤가? 어쨌든 여기에 몇 가지 주사위 눈 세트에 대한 결과가 있다.

주사위	얼마나 많은 값을 만들어낼 수 있나?	이 중 정수는 몇 개인가?	33에서 99 사이에 포함되는 값은 몇 개인가?
1, 2, 3, 4, 5	3,068	117	67개 중 60
2, 3, 4, 5, 6	5,281	222	67개 중 61
2, 2, 3, 3, 5	1,722	81	67개 중 45
4, 4, 4, 4, 4	200	35	67개 중 13
1, 2, 3, 4, 7	4,027	150	67개 중 67

- 나는 영국인이 아니다. 이 〈카운트다운〉Countdown이란 게 대체 뭔가? 유튜브에는 Rachel Riley가 마술을 부리는 〈카운트다운〉 동영상이 셀 수 없이 많이 있다. 그녀가 즉석에서 649+++++++++++++++++++++++++++++++를 맞추는 것을 보고 싶다면 https://youtu.be/9eMs_o08Gm4?t=295에서 찾을 수 있다.

- 안녕하세요, 저는 선생님입니다. 이 "숫자 상자"란 것에 대해 자세히 말씀해주세요. 좋아, 교사가 아닌 사람들은 일어섯! 이 단락은 여러분을 위한 것이 아니다. [잠시 기다리

고) 좋아. 이제 우리 교육자들만 남았다. 나는 이 변종이 Marilyn Burns, "4 Win-Win Math Games", *Do the Math*, March/April, 2009에 기인한다고 생각한다. 수학 교육 사이트 엔리치nRich에도 좋은 설명이 있다(https://nrich.maths.org/6606). 교육자 Jenna Laib도 다음 글에서 이와 관련된 훌륭한 설명을 했다. "One of My Favorite Games: Number Boxes" *Embrace the Challenge*, 2019년 5월 29일 (https://jennalaib.wordpress.com/2019/05/29/one-of-my-favorite-games-number-boxes). 비슷한 맥락에서 Nanette Johnson과 Robert Kaplinsky가 만든 Open Middle 문제(http://openmiddle.com)도 강력히 권장한다.

제10장 동전 돌리기

- 이 게임은 어디서 유래되었나? 누구도 흉내 낼 수 없는 칩애스 게임즈(http://cheapass.com)의 James Ernest가 만들었다. 이것은 가족용 책이므로 'ass(엉덩이)'라는 단어를 너무 많이 인쇄하지 않기를 바랐지만 James는 강제로 내 손을 움직이게 했다. 또한 내 엉덩이도.

- 인간의 문자는 정말 양 토큰에서 나온 것인가? 거의 확실하다. 인류학에 대해 자세히 알아보려면 Denise Schmandt-Besserat, "Tokens: They Significance for the Origins of Counting and Writing"(https://sites.utexas.edu/dsb/tokens/tokens/)을 읽어보라. 그런 후 더 깊이 알아보려면 Denise Schmandt-Besserat, "Two Precursors of Writing: Plain and Complex Tokens", in *The Origins of Writing*, edit by Wayne M. Senner(Lincoln: University of Nebraska Press, 1991), 27-41쪽을 참조하라.

- 가장 적은 수의 동전으로 1센트에서 99센트까지의 모든 액수를 만들 수 있는 네 가지 액면가는 뭘까?(여기까지 읽은 분들은 미국 화폐에 충분히 익숙하리라 생각하고, 따로 한국 화폐로 변환하지 않았다.—옮긴이) 여러분이 찾는 액면가는 1센트, 5센트, 18센트, 25센트다. 이들을 조합하면 총 389개의 코인을 사용해 1센트에서 99센트까지의 모든 액수를 만들 수 있다.

- 이 최적의 시스템이 기존 시스템과 3개의 코인을 공유하고 있다는 사실이 놀랍다.

그리고 여기서 '놀라움'이란 '지루함'을 의미한다. 개인적으로 가장 좋아하는 것은 1센트, 3센트, 13센트, 31센트다. 이 조합으로는 모든 액수를 만드는 데 총 400개의 동전이 필요하지만, 13센트와 31센트 동전의 무정부 상태에는 그만한 가치가 있다고 생각한다.

- 곁가지 얘기를 해보자. 일반적으로 거스름돈은 가장 큰 액수부터 시작해 아래로 내려가며 센다. 예를 들어 72센트를 만들기 위해 최대한 많은 25센트(쿼터, 2개), 그다음엔 최대한 많은 10센트(다임, 2개), 그다음엔 최대한 많은 5센트(니켈, 0개), 또 그다음 필요한 만큼의 1센트(페니, 2개)를 사용한다. 이를 '탐욕 알고리즘'이라고 하며 페니-니켈-다임-쿼터 체계에서 동전 수를 최소화한다.

- 그러나 이 방법은 페니-니켈-18센트-쿼터 시스템에서는 통하지 않는다. 예를 들어 탐욕 알고리즘은 동전 4개(모두 18센트 동전)를 사용하는 옵션이 있음에도 동전 7개(쿼터 2개, 18센트 1개, 페니 4개)를 사용해 72센트를 만들라고 알려준다. 따라서 이런 세상에서는 효율적인 거스름돈을 만들기가 훨씬 더 까다롭다. 탐욕 알고리즘만 고집한다면 가장 좋은 체계는 1센트, 3센트, 11센트, 37센트(410개 필요)다.

- 거스름돈 만들기 규칙 중 하나를 바꿔서 게임이 영원히 계속되게 할 수 있을까? 그럴 수 없다. 먼저 '완벽한 거스름돈'을 생각해보자. 각 페니는 여전히 1턴의 가치가 있다. 각 니켈은 최대 6턴의 가치가 있다(1턴은 페니로 교환하고 다음 5페니로 5턴). 각 다임은 최대 13턴의 가치가 있다(1턴은 니켈 2개로 교환하고 니켈당 여섯 번). 그리고 각 쿼터는 최대 33턴의 가치가 있다. 따라서 원래 거스름돈은 최대 $33+(13+13)+(6+6+6)+(1+1+1+1)=81$턴의 가치가 있다.

- '완벽한 거스름돈보다 많이 받는' 버전은 어떨까? 5명의 플레이어가 있다고 치자. 1페니는 여전히 1턴의 가치가 있다. 게임에서 니켈은 기껏해야 20페니 모두와 교환할 수 있을 뿐이므로 최대 21턴의 가치가 있다. 다임은 기껏해야 15니켈(각각 최대 21턴의 가치)과 20페니(각각 1턴의 가치)로 총 336턴의 가치다. 그리고 쿼터는 기껏해야 10다임(각각 최대 336턴의 가치), 그리고 모든 니켈과 페니(이들의 합은 11번째 다임이나 마찬가지다.)로 교환할 수 있다. 그러므로 총 3,696턴이다. 따라서 절대 4,435턴 이상 버틸 수 없다.

제11장 예언

- 우와, 이 자기 참조란 것에 마음을 빼앗겨버렸어. 이건 시작에 불과하다. 여러분의 마음에는 아직 연소시킬 물질이 많이 남아 있다. 이를 제대로 터뜨리려면 《괴델, 에서, 바흐: 영원한 황금 노끈》(더글러스 호프스태터 저, 박여성·안병서 역, 까치(까치글방), 2017)과 *Metamagical Themas: Questing for the Essence of Mind and Pattern*(New York: Basic Books, 1985)을 보라. 그밖에 버트런드 러셀, 쿠르트 괴델 및 20세기 논리학의 역사에 대해 자세히 알아보려면 《로지코믹스: 버트런드 러셀의 삶을 통해 보는 수학의 원리》(아포스톨로스 독시아디스 , 크리스토스 H. 파파디미트리우 저, 전대호 역, 랜덤하우스코리아, 2011)를 추천한다.

- 읽기만 하는 건 지겹다. 진짜 문제를 풀었으면 좋겠다! 기본 논리에서 괴델의 정리 직전까지 이어지는 새소리를 주제로 한 매혹적인(그리고 까다로운) 일련의 퍼즐을 보고 싶은가? 그렇다면 대체물이 없는 Raymond Smullyan, *To Mock a Mockingbird*(New York: Oxford University Press, 1982)를 추천한다.

- 아니, 책 한 권을 다 읽고 싶지는 않다니까. 맛보기만 보여줘. 좋아, 여기 Hofstadter의 *Metamagical Themas*에 자기 참조 문장 목록이 있다. 가볍게 뇌를 간질이는 것에서부터 무자비하게 뇌를 두들겨 패는 것에 이르기까지 다양하다.

    이 문장 동사 없음.

    이 문장에는 정확히 '새 가지 오루'(의도적 오자다.—역자)가 포함되어 있다.

    이 문장을 읽지 않는 한 네 번째 단어에는 지시 대상이 없다.

    히 문장은 '히'가 단어가 아니기 때문에 자기 지시적이지 않다.

    내가 이 문장을 끝냈다면, 이 문장은 자기 자신에 대한 것이 아니라 자기 자신
       에 대한 것인지에 대한 것이다.

    나는 할 말이 없다는 말을 하고 있다.

    이 문장은 사실 갖고 있지 않다고 주장하는 속성을 갖고 있지 않다.

- 자기 참조표는 어떻게 생각해낸 거야? 자기 참조 자체는 고전적인 퍼즐이지만 나 말고는 표로 하는 것을 본 적이 없다. Alex Bogomolny, "Place Value", *Cut the Knot!* 1999년 7월(https://www.cut-the-knot.org/ctk/SelfDescriptive.shtml)을 참

조하라.

- 자체 설명표에 대한 다른 해답은 뭐야? 아래에 해답이 있다. 그 장에 나온 해답도 포함해서.

숫자	1	2	3	4
횟수	2	3	2	1

숫자	1	2	3	4
횟수	3	1	3	1

숫자	1	2	3	4	5
횟수	3	2	3	1	1

숫자	1	2	3	4	5	6	7
횟수	4	3	2	2	1	1	1

숫자	1	2	3	4	5	6	7	8
횟수	5	3	2	1	2	1	1	1

숫자	1	2	3	4	5	6	7	8	9
횟수	6	3	2	1	1	2	1	1	1

- 1부터 n까지의 숫자를 포함하는 표는 이것이 전부다.

제12장 다양한 숫자 게임

- 〈모눈자물쇠〉는 유큐브드 작업에서 영감을 받았다고 했다. 나는 유큐브드의 설립자 조 볼러 Jo Boaler다. 어떤 작업을 말하는 것인가? 안녕, 조. 여기 와줘서 반가워요! 내가 말한 건 이거예요. "How Close to 100?" https://www.youcubed.org/tasks/how-close-to-100.

- 〈세금징수원〉 게임에서 어떻게 이기나? 세금징수원을 이기는 데 충분한 체득법은 있지만 최적의 전략은 알려지지 않았다. 전략적인 아이디어에 대해서는 Robert K.

Moniot, "The Taxman Game", *Math Horizons*, 2007년 2월, 18–20쪽을 참조하라. 그건 그렇고 게임의 원래 이름인 '징세관'을 대체할 비성별 용어 'Tax Collector'를 제안한 수학 교사 Shannon Jeter와 그녀의 학생들에게 감사한다.

- 전에 〈스탈리테어〉를 본 적이 있는 것 같은데? 아마도 Vi Hart의 시대를 초월한 유튜브 동영상 "Doodling in Math Class: Stars" 또는 《수학 없는 수학: 누구나 수학자로 만들어주는 새로운 개념의 책》(애나 웰트만 저, 고호관 역, 사파리, 2020)에서 봤을 것이다.

제3부 조합 게임

INTRO

- 라프 코스터가 대체 누구야? 그의 정체가 궁금하군. 그의 책은 《라프 코스터의 재미이론》(라프 코스터 저, 유창석·전유택 역, 길벗, 2017)이다. 간결한 만화 요약 PDF인 Raph Koster, *A Theory of Fun: 10 Years Later*(https://www.raphkoster.com/gaming/gdco12/Koster_Raph_Theory_Fun_10.pdf)의 75쪽에 그의 네 가지 핵심 역학이 설명되어 있다.

- 복잡성 이론에 대해 자세히 알아보려면 어떻게 해야 하지? 이에 대해 내가 아는 모든 것은 네트워크 흐름 및 기타 최적화 알고리즘의 선도적인 학자인 나의 아버지 짐 올린에게서 배웠다. 하지만 그가 여러분의 아버지는 아니므로, Sean Carroll의 *Mindscape* 팟캐스트 99번째 에피소드인 "Scott Aaronson on Complexity, Computation, and Quantum Gravity" 장에서 설명해주는 자극적인 영감을 추천한다.

- 당신은 〈루빅스 큐브〉를 풀 수 있나? 다음 질문.

- 〈뉴욕타임스〉가 피프틴 퍼즐을 일종의 전염병처럼 다룬 게 사실인가? 그렇긴 한데, 농담으로 그랬다. "Fifteen", *New York Times*, 1880년 3월 22일, 4면 기사를 보면 어느 시점부터 풍자가 분명해진다. 헤이스Hayes 대통령이 퍼즐을 발견하고('일반적인 악당을 뛰어넘는 남부 준장'이 갖다 놓은 것이다.) 다음과 같이 말한다. "쉬울 것 같은

데… 15개의 숫자를 한 줄에는 8개, 다른 줄에는 7개 들어가게 배열하면 되잖아."
4년 전 헤이스는 논쟁의 여지가 있었던 1876년 선거에서 15명의 패널이 8 대 7로
찬성표를 던진 덕분에 승리했다. 〈뉴욕타임스〉는 대통령이 이런 말을 한다고 상상
한다. "전에 이런 퍼즐을 해본 적이 있다. 어디서 했는지는 기억나지 않지만."

제13장 심

- 와, 프랭크 램지가 겨우 스물일곱 살에 죽었다고? 그런데 어떻게 그렇게 많은 일을 한 거
  지? 사실 스물여섯 살이었다. 나는 그가 시간을 되돌리는 기계를 가진 더러운 사
  기꾼이라고 생각한다. 어쨌든 다음 전기는 주목할 만하니 읽어봐도 좋다. Cheryl
  Misak, *Frank Ramsey: A Sheer Excess of Powers*(Oxford, UK: Oxford University Press, 2020).

- 〈심〉의 승리 전략을 외울 수 없다고 했나? 그게 뭐 대수라고?! 어이, 잠깐 앉아 보게나.
  출처는 다음과 같다. Ernest Mead, Alexander Rosa, Charlotte Huang, "The
  Game of Sim: A Winning Strategy for the Second Player", *Mathematics
  Magazine* 47, no. 5 (1974): 243–247.

- 나는 점 잇기를 즐기는 어른이다. 램지 이론에 대해 더 많이 배우면 다소 부끄러운 이 취미
  를 정당화할 수 있을까? 물론! *Knotted Doughnuts*에서 Martin Gardner의 "Sim,
  Chomp, and Racetrack" 장을 확인해보라. 또 다른 훌륭한 입문서로는 다음과
  같은 것이 있다. Jim Propp, "Math, Games, and Ronald Graham", *Mathematical Enchantments*, 2020년 7월 16일. Jim의 글은 한결같이 훌륭하다. http://
  mathenchant.org에서 그의 모든 월간 에세이를 읽어볼 수 있다.

- 〈심〉이 무승부로 끝날 수 없다는 이 멋진 증명은 어디서 얻었나? 나는 호스트 Evelyn
  Lamb과 Kevin Knudson이 진행하는 팟캐스트 *My Favorite Theorem*에 출연한
  Yen Duong에게서 처음 들었다. 31화다. 그녀는 이 증명을 아이들이 채소를 맛있
  게 먹을 수 있는 방법인 치즈 소스를 얹은 브로콜리에 비유했다. 물론 수학적 증명
  은 익히지 않은 무와 비슷해서 씹는 데 며칠이 걸리고 소화하는 데는 몇 주가 걸릴
  때가 너무 많다.

- 내가 맺을 수 있는 인간관계가 150명뿐이라면 왜 내 페이스북 친구는 700명이나 되는 걸까? 뭐, 나는 여러분의 삶에 대해서는 모른다. 그러나 인류학에 대한 자세한 내용은 《던바의 수: 진화심리학이 밝히는 관계의 메커니즘》(로빈 던바 저, 김정희 역, 아르테, 2018)을 읽으면 나온다. 다만 나는 이 이야기를 Alexander Bogomolny의 사회학자 Sandor Szalai로부터 들었는데, Sandor는 《THE PRINCETON COMPANION TO MATHEMATICS 2》(티모시 가워스, 준 배로우-그린, 임레 리더 등편, 권혜승·정경훈 역, 승산, 2015)에서 인용한 것이라 했다.

제14장 티코

- 이봐, 존 스카니의 말도 안 되는 인용구는 당신이 지어낸 게 맞지? John Scarne, *Scarne on Teeko*(원래 1955년에 출판되었고, 디지털 버전은 Lybrary.com에서 2007년에 출판되었다.)에서 직접 인용한 것이다. 또한 2001년 7월 15일 〈워싱턴 포스트〉에 실린 Blake Eskin의 재미있고 신랄한 에세이, "A World of Games"에서도 인용했으며, 이를 기쁘게 추천한다.

- 그 가사는 대체 어느 노래에서 인용한 거야? Jonathan Coulton의 "Skullcrusher Mountain"에서 인용했다. 이 세상이 정의로웠다면 'Purple Rain'만큼 유명했을 노래다. 이 구절을 인용할 수 있도록 허락해준 Jonathan에게 감사드린다.

- 내가 직접 원숭이와 타자기를 사지 않고 언어의 조합론에 대해 더 배울 수 있는 방법이 뭘까? 나는 원숭이를 어디서 사야 할지조차 모른다. 타자기도. Jorge Luis Borges, "The Library of Babel", *Collected Fictions*(New York: Penguin Books, 1998)는 즐겁게 읽을 수 있다. 과거를 일일이 기억할 수는 없지만, 내가 쓴 모든 책에서 이 이야기를 인용한 것 같다. 미래에도 여전히 기억할 수 없겠지만, 이후의 모든 책에서 계속 인용할 것 같다.

- 가이 스틸은 〈티코〉를 어떻게 풀었나? 그의 분석은 의외로 찾기 어렵다. 출판하는 대신 플레이어들 사이에 입소문으로 퍼진 것 같다. 최고의 출처가 BoardGameGeek(https://boardgamegeek.com/thread/816476/steele-guy-november-23-1998-re-teeko-hakmem)이라는 것도 그리 놀라운 일은 아니다.

- 〈티코〉, 체커, 체스, 바둑을 비교하는 '위치 수' 차트의 계산을 설명해줄 수 있나? 물론. 원자의 질량은 10^{-23}g 정도다. 여기에 7.5×10^7(〈티코〉의 대략적인 위치 수)을 곱하면 약 10^{-15}g이 된다. 대략 박테리아의 질량이다. 그 대신 5×10^{20}(체커의 대략적인 위치 수)을 곱하면 약 10^{-2}g이 되는데, 대략 집파리의 질량이다. 그 대신 10^{41}(체스의 대략적인 위치 수)을 곱하면 10^{18}g이 되고, 이는 대략 휴론호(북미 지역 5대 호의 하나)의 질량이다. 그 대신 2×10^{170}(〈바둑〉의 대략적인 위치 수)을 곱하면 약 10^{147}그램이 된다. 그것은 눈에 보이는 우주에 있는 모든 원자 하나하나를 가시 우주 크기의 물체로 바꾸면 얻을 수 있는 질량이다.

제15장 이웃

- 〈이웃〉에 대한 자세한 내용은 어디에서 읽을 수 있나? 유일한 초기 기록은 2015년 12월 13일에 작성된 Sara Van Der Werf, "5x5 Most Amazing Just for Fun Game"(https://www.saravanderwerf.com/5x5-most-amazing-just-for-fun-game)다. 또한 그녀의 추억을 나와 공유해준 Jane Kostik에게도 감사를 전한다.

- 〈이웃〉이 〈워즈워스〉에 기원했다는 것을 어떻게 알 수 있지? 확실하지는 않지만 정황 증거는 꽤 강력하다. 일단 〈워즈워스〉가 더 오래된 것은 확실하다. Eric Solomon은 *Games with Pencil and Paper*(1973)에서 이것을 "영국에서 오랫동안 인기를 끌었던 기원이 알려지지 않은 오래된 게임"이자 "모든 단어 게임 중 최고"라고 했다. R. Wayne Schmittberger는 *New Rules for Classic Games*(1992)에서 "Crossword Squares"라는 이름으로 같은 게임을 몇 가지 점수 변경 사항과 함께 제시한다. (1)같은 행이나 열에 있는 여러 단어를 셀 수 있다(다만 'slobs'와 'lob'처럼 다른 단어에 완전히 겹쳐지는 단어는 제외한다). (2)세 글자, 네 글자 및 다섯 글자 단어 점수는 각각 10, 20, 40점이다. (3)단어를 한 번 만든 후 같은 게임판의 이후 단어는 점수를 절반만 받는다.

- 그 〈돌멩이 게임〉이 진짜 있나? Misha Glouberman and Sheila Heti, *The Chairs Are Where the People Go: How to Live, Work, and Play in the City*(New York: Farrar, Straus, and Giroux, 2011)에서 발췌했다.

제16장 꼭짓점

- 즈케이 퍼즐이 더 있었으면 하는데. 그렇다면 Sarah Carter의 훌륭한 블로그 *Math Equals Love* (https://mathequalslove.net/zukei-puzzles)를 확인해보라. 내가 보여 준 것의 해답은 다음과 같다.

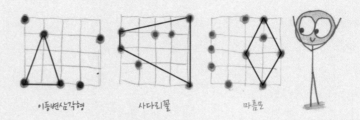

이등변삼각형　　　사다리꼴　　　마름모

- 17×17 정사각형은 대체 어떻게 된 거야? 나는 Sam Shah에게서 배웠는데 Sam 은 *Aperiodical*의 2019년 "Big Internet Math-Off"(https://aperiodical. com/2019/07/the-big-internet-math-off-the-final-sameer-shah-vs-sophie-carr)에서 이에 대해 설명했다. 나는 Sam의 설명을 좋아한다. "내 눈은 진동하 고 이리저리 뛰어다니며, 몇 개가 이어진 파란색들에 먼저 초점을 맞춥니다. 그러 다 파란색이 사라지고 노란색이 수평과 수직으로 뱀처럼 연결된 것을 봅니다. 그 러다 빨간색이 갑자기 뛰어나오고… 아무리 봐도 질리지 않죠." 어쨌든 이것이 Bill Garsach가 "The 17×17 Challenge. Worth \$289.00. This Is Not a Joke."– *Computational Complexity*, 2009년 11월 30일에 발표한 퍼즐의 해답이었다. Garsach는 *Play With Your Math* 23, "No ReXangles"(https://playwithyourmath. com/2020/01/01/23-no-rexangles)에도 영감을 주었다.

- 잠깐. 당신이 가장 좋아하는 유튜브 동영상 중 하나가 스도쿠를 푸는 남자의 영상이라고 했던가? 여러분은 앞으로 25분 동안 이 비디오를 시청하게 될 뿐만 아니라 그 시간 이 오늘의 하이라이트가 될 것이다. "The Miracle Sudoku" *Cracking the Cryp-tic*, 2020년 5월 10일(https://www.youtube.com/watch?v=yKf9aUIxdb4).

- 〈쿼드와 퀘이사〉의 철자가 'Quads and Quasars'나 'Quods and Quazars'인가? 맞 다. 출처: Ian Stewart, "Playing with Quads and Quazars", *Scientific Ameri-*

can, 1996년 3월 1일, 84–85.

- 심리학자들이 스도쿠에 대해 또 뭔가 알아낸 게 있나? Hye-Sang Chang and Janet M. Gibson, "The Odd-Even Effect in Sudoku Puzzles: Effects of Working Memory, Aging, and Experience", *American Journal of Psychology* 124, no. 3 (2011): 313–324쪽을 보라.

- 그 〈체스〉 연구에 대해 어디서 더 배울 수 있나? William G. Chase and Herbert A. Simon, "Perception in Chess", *Cognitive Psychology* 4, no. 1 (1973): 55–81. 심리학에서 항상 그렇듯 그림은 복잡하다. 이후의 한 연구에서는 전문가들이 랜덤 게임판을 암기할 때도 약간의 강점(감소하긴 하지만)을 유지한다고 시사한다. Fernand Gobet and Herbert A. Simon, "Recall of Rapidly Presented Random Chess Positions Is a Function of Skill", *Psychonomic Bulletin and Review* 3, no. 2 (1996): 159–163.

제17장 아마존

- 이 게임에 대해 어떻게 알게 되었나? Martin Gardner는 *Knotted Doughnuts*에서 David L. Silverman의 *Your Move*(New York: McGraw-Hill, 1971)에 나오는 퍼즐 시리즈인 〈쿼드파지〉에 대해 설명한다. 나는 그 아이디어를 메모했고, 나중에 내 생각으로 착각했다. 그것을 게임으로 작동시키려고 몇 달을 보내다가 Abby라는 분석적인 6학년 학생이 돌파구를 열어주었다. Abby는 그냥 내 킹의 위치를 무시하고 게임판 가장자리에 카운터로 선을 둘렀다(먼저 게임판을 잘게 나눠 놓으면 더 좋지만, 여기서 요점은 Abby의 통찰력이다. 그 통찰의 핵심은 킹의 현재 위치에 대해 걱정하지 않고 벽을 세움으로써 게임을 풀 수 있는 퍼즐로 축소한다는 것이다). 이번엔 나이트로 전환해보았다. 나는 기본적으로 *Gamut of Games*에 나오는 Alex Randolph의 게임 Knight Chase를 향해 왔다 갔다 하고 있었다. 하지만 컴퓨터 과학 교수인 또 다른 Abby가 그 버전을 깨뜨렸다. 마침내 누군가가 나를 Walter Zamkauskas의 보석으로 인도했다.

- 그렇다면 넘버파일Numberphile 동영상은 보지 않았나? 안 봤지만 그래도 훌륭한 영상

이다. 수학자 Elwyn Berlekamp가 Numberphile 진행자 Brady Haran에게 게임을 가르치는 것이다. 유튜브에서 "A final game with Elwyn Berlekamp(Amazons)"를 검색해보라. 자세한 전략 정보는 "Elwyn Berlekamp" 채널에서 Berlekamp의 자체 동영상으로 볼 수 있다. 2019년 Berlekamp의 죽음은 *Winning Ways*의 공동 저자인 Richard Guy와 John Conway의 죽음과 함께 이 책에 대한 나의 작업에 비극적인 메모를 덧붙이게 했다.

- 당신이 인용한 아마존 전문가들은 누구인가? 보드게임긱의 고귀한 주민들이다. 특히 유용했던 것은 @cannoneer의 2008년 리뷰다(https://boardgamegeek.com/thread/348357/why-i-love-amazons). Nick Bentley(@milomilo122)의 통찰력 있는 댓글도 달려 있다. 그리고 @ErrantDeeds의 2014년 리뷰(https://boardgame-geek.com/thread/1257900/amazons-walking-fine-line-between-depth-and-access)도 마찬가지다. 이 사이트에는 이 게임에 대한 다른 훌륭한 설명도 많이 있다. 나는 특히 David Ploog의 다음 분석을 추천한다. https://www.mathematik.hu-berlin.de/~ploog/BSB/LG-Amazons.pdf.

제18장 넓고 깊은 조합 게임

- 당신에게는 정말 내가 화학 물질의 조합에 불과한가요? 거의.

- 어디서 이런 끔찍한 아이디어를 얻었나? Snezana Lawrence와 Mark McCartney가 편집한 아름다운 책 *Mathematicians & Their Gods: Interactions between Mathematics and Religious Beliefs*(Oxford, UK: Oxford University Press, 2015)에서. 특히 Robin Wilson과 John Fauvel의 "The Lull before the Storm: Combinatorics in the Renaissance"에서 'Sefer Yetzirah' 인용문을 따왔다.

- 나를 겨우 조합 운동으로 단순화하는 것이 종교적 관념이라는 말인가? 세속적이기도 하다. Italo Calvino의 말을 들어보자. "우리가, 우리 하나하나가 '경험, 정보, 우리가 읽은 책, 상상한 것의 조합' 아니면 뭐겠는가? 각각의 삶은 백과사전, 도서관, 사물 목록이다. 그리고 모든 것은 생각할 수 있는 모든 방식으로 끊임없이 뒤섞이고 재정렬될 수 있다." Italo Calvino, *Six Memos for the Next Millennium*, Patrick

Creagh 번역(New York: Vintage, 1993), Italo의 말에 따르면 나는 어슐러 르 귄Ursula Le Guin의 소설, 폴 사이먼의 가사, 리세스 피넛버터컵(초콜릿 컵에 땅콩버터를 채운 미국 과자 — 옮긴이)을 뒤섞은 인간이다. 그러나 그것이 나를 무가치하거나 독창적이지 않게 만들지는 않는다. 사실 바로 그것이 독창성이다. 창의성은 조합 게임이며, 오래된 것을 새롭고 전례 없는 방식으로 뒤섞어 배열하는 것이다.

- 좋아, 듣고 보니 전보다는 기분이 덜 상한다. 그야 올린표 보증이 붙었으니까.

제4부 위험과 보상 게임

INTRO

- 〈딜 오어 노 딜〉 게임의 예에 나온 숫자는 진짜인가? 그렇다. 미국판 첫 번째 에피소드에 나온 것이다.

- 확률에 관한 역사상 최초의 논문은 뭘까? Blaise Pascal과 Pierre de Fermat 사이의 유명한 편지 교환에 따르면 Christiaan Huygens, *De Rationciniis In Ludo Aleae*, (1656–1657)였다. 나는 자비에Xavier 대학의 수학 및 컴퓨터 과학과 교수 Richard J. Pulskamp의 2009년 7월 18일 번역을 통해 알게 되었다(https://www.cs.xu.edu/math/Sources/Huygens/sources/de%20ludo%20Aleae%20-%20rjp.pdf). 현재 이 사이트는 닫혀 있으며, 다음 링크는 1714년 영어 번역판의 재출간 본이다. https://math.dartmouth.edu/~doyle/docs/huygens/huygens.pdf.

- 나는 항상 궁금했다. 〈스타트렉〉에서는 왜 포커를 할까? 실제로 스타트렉 팬덤의 오랜 수수께끼다. 게임학자 Greg Costikyan은 "이성이 없는 사람이라면 게임 자체의 매력 때문에 룰렛을 할 것이다. 공이 도는 것을 보는 것은 고양이에게는 매력적일 수 있지만 인간에게는 그렇지 않을 수 있다."라고 썼다.

- 판돈 없는 〈포커〉도 같은 문제를 겪는다. 〈포커〉에서 도전은 오롯이 베팅에 있으며 베팅은 오롯이 판돈에 달려 있다. 그렇다면 왜 연맹 기함의 고위 간부들은 랜덤 프로세스에 쓸모없는 칩을 걸며 여가 시간을 보내는가?

- 공정을 기하기 위해 말하자면, 24세기에 재미에 대한 개념만이 이런 독특한 특징을 보여주는 것은 아니다. 아무 음식이나 주문할 수 있을 때 그들은 밀크셰이크를 들이켜는 대신 얼그레이 차를 마신다. 실제보다 더 사실적인 VR 시스템을 쓸 수 있을 때 그들은 결코 음란물, 폭력적인 환상 또는 〈그랜드 세프트 오토〉Grand Theft Auto에 빠지지 않는다. 대신 고전 문학 작품을 코스프레한다. 어쩌면 일주일 내내 치명적인 위험에 직면하다 보니 '의미 없는' 위험 외에는 아무것도 갈망하지 않는 것일 수 있다. 또는 스타플리트 장교 정도로 문명화되면 재미에 대한 개념이 고양이 수준으로 수렴되는 것인지도 모른다.

- 존 폰 노이만에 대해 더 알아보려면 무엇을 찾아봐야 하나? Norman Macrae, *John von Neumann: The Scientific Genius Who Pioneered the Modern Computer, Game Theory, Nuclear Deterrence, and Much More*(New York: Pantheon, 1992).

제19장 짤

- 이 게임에 대해 어디서 알게 되었나? Douglas Hofstadter, *Metamagical Themas*. 장 하나가 원래 게임과 그 변종인 〈짠〉, 〈쩔〉을 설명한다.

- 〈프린세스 브라이드의 장면〉이란 게 뭘 말하는 거야? 맙소사, 영화를 봐라! 영화사 20세기 폭스가 제작하고 1987년 롭 라이너Rob Reiner 감독이 만든 〈프린세스 브라이드〉. 이 영화에는 섬세하고 별난 터치가 있으며, 영화에 따뜻하고 자기 인식적인 톤을 맞추는 맨디 파틴킨Mandy Patinkin이 사상 최고의 연기를 한다.

- 무작위성의 가치에 대한 그 모든 예를 어떻게 생각해낸 거지? Scott Alexander의 서평, "Book Review: The Secret of Our Success", *SlateStarCodex*, 2019년 6월 4일자 글에서 몇 가지(나스카피 사냥꾼, 로마 장군, 새 점술, 순록 뼈 점술)를 뽑았다. 문제의 책은 다음과 같다. 《호모 사피엔스, 그 성공의 비밀: 문화는 어떻게 인간의 진화를 주도하며 우리를 더 영리하게 만들어왔는가》(조지프 헨릭 저, 주명진·이병권 역, 뿌리와이파리, 2019). 다른 것들은 확률과 무작위성에 대해 나의 아버지이자 뛰어난 사람인 짐 올린과 나눈 수년간의 대화에서 나온 것이다.

- 〈모라〉는 진짜 게임인가? 진짜보다 더 진짜다. 유튜브에서 "Morra"를 검색하면 뒤뜰에서 하는 가족 상봉의 즐거운 모습을 엿볼 수 있다. 또한 DW Euromaxx, "The World's Loudest Game: Morra Is the World's Oldest Hand Game—and It Is LOUD!" 유튜브, 2019년 8월 24일, https://www.youtube.com/watch?v=nEv-JIG42D14도 추천한다.

- 〈짤〉은 됐고, 〈가위바위보〉에서 어떻게 이길 수 있나? Brady Haran이 진행하는 Numberphile에 Hannah Fry가 출연한 영상을 추천한다. Numberphile, "Winning at Rock Paper Scissors", 유튜브, 2015년 1월 26일, https://www.youtube.com/watch?v=rudzYPHuewcNumberphile. Hannah가 설명하는 논문은 Zhijian Wang, Bin Xu, Hai-Jun Zhou, "Social Cycling and Conditional Responses in the Rock-Paper-Scissors Game", ArXiv.org, 2014년 4월 21일, https://arxiv.org/pdf/1404.5199v1.pdf이다. 내가 쓴 설명은 Greg Costikyan, *Uncertainty in Games*(32쪽)에서 영감을 얻었다. "가위바위보는 플레이어 예측 불가능성의 가장 순수한 형태다. 왜냐하면 오직 이 요소에 의해 게임의 불확실성, 게임의 존재 이유 및 문화적 지속성이 유지되기 때문이다."

- 어쩌면 당신은 멍청이라 자유 의지가 없을 수도 있다. 그러나 나는 컴퓨터의 예측을 무시할 수 있다. 음, 너무 그렇게 뽐내기 전에 Scott Aaronson이 설명한 f 또는 d 예측 변수를 시험해보라. https://people.ischool.berkeley.edu/~nick/aaronson-oracle에서 온라인으로 찾을 수 있으며 자세한 내용은 https://github.com/elsehow/aaronson-oracle에서 확인할 수 있다. Aaronson은 자신의 수업인 Quantum Computing since Democritus에서 그 상황에 대해 설명한다. 자세한 내용은 그의 블로그(https://www.scottaaronson.com/blog/?p=2756)에서 확인할 수 있다.

- 〈짤〉의 3인용 변종은 누가 생각해냈나? 6학년 및 7학년(미국은 진학해도 학년이 리셋되지 않고 그대로 올라간다. 6~7학년은 중학생이며, 우리나라 초등학교 6학년~중학교 1학년에 해당한다. ─옮긴이) 플레이 테스터로 구성된 엘리트 팀이다. 나는 LaRon, Abby, Nathan이 이 변형을 고안했다고 믿는다. 내 기억을 전적으로 신뢰하지는 않지만 Rohan, Allan, Charlotte, Angela에게도 감사를 표하겠다.

- 7이 정말 가장 흔한 '랜덤' 숫자인가? 그렇고말고. Michael Kubovy and Joseph Psotka, "The Predominance of Seven and the Apparent Spontaneity of Numerical Choices", *Journal of Experimental Psychology: Human Perception and Performance* 2, no. 2 (1976): 291-294. 더 최근의 예를 들어 "Asking over 8500 College Students to Pick a Random Number from 1 to 10", r/DataIsBeautiful, 2019년 1월 4일, https://www.reddit.com/r/dataisbeautiful/comments/acow6y/asking_over_8500_students_to_pick_a_random_number.

제20장 아르페지오

- 어이 친구! 전 세계가 여전히 코로나19의 트라우마로 휘청거리는 상황에서 왜 굳이 치명적인 질병에 대한 연구를 꺼내나? 안다, 알아. 미안하다. 이것은 위험의 틀에 대한 고전적인 연구지만 여러분은 게임 만화책에 암울한 현실이 침입하는 것을 원하지 않을 것이다. 어쨌든 원본 출판물은 Amos Tversky and Daniel Kahneman, "The Framing of Decisions and the Psychology of Choice", Science 211, issue 4481 (1981): 453-458쪽이다. 《생각에 관한 생각》(대니얼 카너먼 저, 이창신 역, 김영사, 2018)에서도 설명된다.

- 의사들은 정말로 35세를 임신에 대한 예리한 기준선으로 취급하나? 너무 자주, 그렇다. Emily Oster, *Expecting Better: Why the Conventional Pregnancy Wisdom Is Wrong-and What You Need really Need to Know*(New York: Penguin Books, 2013)를 읽어보자. 여러분이 어린아이를 원하거나 키우고 있으며, 수학책의 미주를 읽는 사람이라면 Oster의 책이 100퍼센트 적합하다.

- 1인용 변종인 〈상승자〉에서 이길 확률은 얼마일까? 전략에 따라 다르다. 주사위가 불가능하다고 판명 날 확률은 63퍼센트다(예를 들어 2+2 두 번 굴림 또는 4+5 세 번 굴림). 불가능한 게임을 싫어하는 경우라면(왜 그러지?!) 더블이 반복되었을 때(예를 들어 3-3 다음에 다시 3-3)나 같은 눈이 세 번 연속 나왔을 때(예를 들어 1-4, 또 1-4, 그 뒤에 또 1-4) 다시 굴리는 규칙을 도입하라.

제21장 상식 밖의

- 이 게임에 영감을 준 것은 뭘까? 본문에서 언급한 것처럼 Douglas W. Hubbard 의 *How to Measure Anything: Finding the Value of "Intangibles" in Business*(Hoboken, NJ: John Wiley & Sons, 2007)에서 추진력을 얻었다. King Edward's School, Saint Paul Academy, Protospiel Minnesota 2019에서 플레이테스트를 도와주신 분들께도 감사드린다.

- 주사위 굴림만 예측하는 단순화된 버전에 대한 최적 전략은 어떻게 계산했나? 분석을 단순화하기 위해 1에서 n까지의 범위를 선택해야 한다고 가정했다. 다른 가능성을 허용하면 범위가 좁은 사람은 중첩을 최대화하고 범위가 큰 사람은 최소화를 원하겠지만 기본 분석은 비슷하다. 각 플레이어가 자신의 주사위를 굴린다고 가정하면 (즉 추측이 독립적인데, 이는 게임의 일반적인 질문에 대한 모형으로서는 더 좋다.) 정량적 결과도 거기에 따라서 약간 변경된다. 하지만 전략의 기본이 되는 정성적 설명은 동일하게 유지된다.

- 아니, 내 말은 숫자를 어떻게 알아냈냐고? 오! 나는 UCLA 교수 Thomas Ferguson 의 웹사이트에 있는 편리한 앱을 사용했다. https://www.math.ucla.edu/~tom/gamesolve.html.

- 무슨 일이든 100퍼센트 자신 있다고 주장하는 바보가 어디 있나? 그냥 지극히 평범한 인간은 바보다. 한 가지 예를 들자면 Pauline Austin Adams and Joe K. Adams, "Confidence in the Recognition and Reproduction of Words Difficult to Spell", *American Journal of Psychology* 73, no. 4 (1960): 544–552쪽을 보라. 이런 사안에 대한 또 다른 좋은 원천은 Daniel Kahneman의 저서 *Thinking, Fast and Slow*다.

- 좋은 가늠에 대해 자세히 알아보려면 무엇을 봐야 하나? 이런 종류의 인식론적 문제에 대한 필자의 단골 작가는 줄리아 갈렙이다. 그녀의 매력적이고 사려 깊은 책은 《스카우트 마인드셋: 감정 왜곡 없이 진실만을 선택하는 법》(줄리아 갈렙 저, 이주만 역, 와이즈베리, 2022)이다.

제22장 종이 권투

- 게리맨더링의 정치에 대해 더 알아보려면 무엇을 봐야 하나? David Litt, *Democracy in One Book or Less: How It Works, Why It's, and Why Fixing It Is Easy than You Think*(New York: Ecco, 2020)를 추천한다.

- 게리맨더링의 수학에 대해 더 알아보려면 무엇을 봐야 하나? Moon Duchin의 작품을 추천한다. Steven Strogatz가 진행하는 *Quanta* 팟캐스트 *Joy of X*의 에피소드 "Moon Duchin on Fair Voting and Random Walks"에 출연했다. Tufts University에 있는 그녀의 연구팀은 Metric Geometry and Gerrymandering Group(http://mggg.org)이다.

- 엘브리지 게리처럼 생긴 도롱뇽에 대해 더 알아보려면 무엇을 봐야 하나? 여러분이 게리맨더링이 무엇인지 잘못 이해했을까 봐 두렵다.

- 누가 그 생생한 골프 은유를 만들었나? 시카고의 고등학교 수학 교사이자 골프 코치인 Zach McArthur다. 다리를 놔준 Michael Hurley에게 감사드린다.

제23장 경주로

- 이 게임에 대해 어디서 알게 되었나? 내가 본 원래 출처는 Martin Gardner, *Knotted Doughnut*이었다. Andrea Angiolino, *Super Sharp Pencil* 및 *Paper Games*에서도 몇 가지 변종을 뽑았다.

- 당신은 미래가 결정되지 않았다고(존재론적 의미에서 '불확실') 믿는가, 밝혀지지 않았다고(인식적 의미에서 '불확실') 믿는가? 결정되지 않았다.

- 아직 결정하지 않았다고? 아니, 미래가 결정되지 않았다는 뜻이다. 불확실성은 존재론적이다.

- 오, 좋아! 그럼 우리에겐 자유 의지가 있나? 전혀. 불확실성은 양자 수준에 존재하며 더 큰 규모로 전파된다. 인간의 의식적인 의지의 역할은 없다.

- 그럼… 우리에겐 자유 의지가 없다는 말인가? 물론 없다. 하지만 자유 의지는 유용한 픽션이니 너무 걱정하지 마라.

- 방금 나에게 자유 의지가 없다고 말하지 않았나! 어떻게 걱정하지 않을 수 있지? 자, 이렇

게 생각해보자. 여러분은 여러분이 통제할 수 있는 것에 대해서만 걱정해야 하는데, 자유 의지가 없는 세상에서는 아무것도 통제할 수 없다. 따라서 아무것도 걱정할 필요가 없다. 문제 해결!

제24장 위험과 보상 게임 신속히 살펴보기

- 〈101가지 손짓이 있는 가위바위보〉 변형은 어디에서 찾을 수 있나? 제작자는 David C. Lovelace이며 "RPS–101: The Most Terrifying Complex Game Ever"가 정식 명칭이다. 온라인에서 찾을 수 있다. https://www.umop.com/rps101.htm.

- 대체 〈가위바위보〉에서 더 많은 손짓이 필요한 이유가 뭔가? Sam Kass는 도마뱀 스팍 변종을 설명하면서 "충분히 잘 알고 있는 사람과 플레이하는 〈가위바위보〉 게임의 75~80퍼센트가 무승부로 끝나는 것 같다."라고 했다. 시트콤 〈빅뱅 이론〉의 작가들은 이 꾸며낸 숫자를 마치 실증적 사실인 것처럼 인용한다. 그래서 시트콤에서 사회과학 강의를 들으면 안 된다. 적어도 CBS 시트콤은 아니다. http://www.samkass.com/theories/RPSSL.html.

- 〈101이면 큰일〉의 출처는 어디? Marilyn Burns, *About Teaching Mathematics* (Sausalito, CA: Math Solutions Publications, 2007). Marilyn은 그것을 101, You're Out이라고 부른다. 운율이 맞는 대안인 〈101이면 큰일〉을 제안한 Robert Biemesderfer에게 감사를 전한다.

- 〈101이면 큰일〉은 어떻게 이기나? 다음은 탐욕 알고리즘에 대한 간단한 개선 사항이다. 남은 각 주사위에 예측값을 할당하고, 남은 주사위가 한곗값을 넘지 않을 경우에만 10을 곱한다. 예측값이 0이면 탐욕 알고리즘이 된다. 실질적으로 뒤에 던질 주사위가 존재하지 않는 척하는 것이다. 예측값이 6이면 절대 한곗값을 넘을 위험이 없는 매우 안전한 알고리즘을 제공한다. 요컨대 예측값이 높을수록 전략이 더 신중해진다. 시뮬레이션을 한 결과, 나는 예측값이 4.5일 때 가장 높은 평균 점수를 낸다는 것을 발견했다. 라운드당 평균 88.4점이고, 전체 시행의 1.5퍼센트만 한곗값을 넘어 터진다.

- 〈속임수 게임〉을 해본 적이 있나? 아니, 하지만 제작자인 James Ernest는 해봤다.

James Ernest, *Chief Herman's Holiday Fun Pack: Instruction Booklet and Guide to Better Living*을 참조하라.

- 〈순위 격파〉의 출처는 어디? 〈상식 밖의〉를 수정하고 개선하기 위해 노력한 아빠 Jim Orlin과의 대화에서. 나는 여전히 〈상식 밖의〉를 선호하지만(좋은 질문을 생각하기가 훨씬 더 쉽다.) 〈순위 격파〉의 점수가 더 직관적이고 우아하긴 하다.

- 〈돼지〉에서 어떻게 이기나? 먼저 결함이 있는 접근 방식부터 설명하겠다. 매 턴마다 특정수의 굴림을 시행하는 것이다. "내 점수에 상관없이 n번 굴린 다음 멈출 것이다." 약간의 미적분은 $1/(\ln18-\ln13)$. 즉 약 3.07번 굴림이 최적값임을 나타낸다. 즉 세 번 굴린 다음 종료한다. 이러면 평균적으로 약 11.5점을 얻는다.

- 문제는 몇 번이나 굴렸는지 누가 신경 쓰느냐 하는 점이다. 중요한 것은 여러분의 점수다. 아까보다 더 나은 규칙은 "몇 번 굴리든 상관없이 계속 주사위를 굴리다가 점수 x에 도달하면 중지한다."와 같은 형식을 취한다. 확률 이론에 따르면 최적값은 26.5다. 따라서 26점 이하일 때는 계속 굴린다. 27 이상이면 저장한다. 이 전략은 '세 번 굴리기' 전략보다 턴당 약 0.4점 성능이 뛰어나다.

제5부 정보 게임

INTRO

- '정보'에 대해 더 많은 정보를 원한다. 역사적인 논문 그 자체를 읽을 수 있다. 《수학적 커뮤니케이션 이론》(클로드 섀넌·워런 위버 저, 백영민 역, 커뮤니케이션북스, 2016). 이 장에서는 《인포메이션: 인간과 우주에 담긴 정보의 빅히스토리》(제임스 글릭 저, 박래선, 김태훈 역, 동아시아, 2017)와 《저글러, 땜장이, 놀이꾼, 디지털 세상을 설계하다: 세상을 바꾼 괴짜 천재의 궁극의 놀이본능》(지미 소니·로브 굿맨 저, 양병찬 역, 곰출판, 2020)이라는 두 가지 훌륭한 2차 자료도 참고했다.

제25장 숫자 야구

- 최적의 전략은 뭘까? 합리적인 접근 방식 중 하나는 '최소최대'minimax 알고리즘이다. 가능한 각 추측에 대해 가능한 가장 실망스러운 피드백, 즉 가장 적은 옵션을 삭제할 수 있는 피드백을 상상해보자. 그런 다음 이런 모든 최악의 시나리오 중에서 가장 정보를 많이 주는 시나리오를 찾는다. 최소 피드백이 최대인 숫자를 추측하는 것이다. 따라서 '최소최대'다. 자세한 내용은 Donald E. Knuth, "The Computer as Master Mind", *Journal of Recreational Mathematics* 9, no. 1 (1976–1977): 1–6쪽을 확인하라.

- 어이, 난 '탐색'probe과 '문제'problem 사이의 개념적 연결을 전혀 눈치채지 못했어. 이 통찰은 Paul Lockhart, *Measurement*(Cambridge, MA: Belknap Press, 2014)에 나온다.

- 나는 그 카드 뒤집기 연구가 마음에 들지 않아. 날 속이는 거 아냐? 글쎄, 집단 소송을 제기하고 싶다면 96퍼센트의 피험자들이 여러분과 함께할 수 있을 것이다. 어쨌든 이를 Wason 선택 과업이라고 한다. P. C. Wason and Diana Shapiro, "Natural and Contrived Experience in a Reasoning Problem", *Quarterly Journal of Experimental Psychology* 23 (1971): 63–71쪽을 보라. 또한 이 과업을 더 잘하고 싶다면 문자를 음료수로 바꾸고 숫자를 나이로 바꾸고 "알코올 음료가 있는 모든 카드는 21세 이상이어야 한다."라는 규칙을 시행한다. 논리 구조는 같은데 훨씬 쉬운 문제가 된다.

제26장 매수자 위험부담 원칙

- 승자는 정말로 저주를 받은 건가? 내 말은 〈스포츠 일러스트레이티드〉Sports Illustrated(자극적인 기사를 싣는 미국의 스포츠 주간지—옮긴이) 표지에 나오는 저주처럼 초자연적인 것은 아니지만, 그만큼 현실적이다. 간략한 개요는 다음에서 확인하라. Adam Hayes, "Winner's Curse", *Investopedia*, 2019년 11월 8일.

- 이 '저주' 이야기에 인간이 얼마나 잘 추정하는지에 대한 고양된 이야기를 덧붙여서 균형을 맞춰줄 수 있나? 물론. 《대중의 지혜: 시장과 사회를 움직이는 힘》(제임스 서로위키

저, 홍대운·이창근 역, 랜덤하우스코리아, 2005)을 읽어보라. 소의 무게를 추정하는 예는 여기서 나왔다.

- 고맙다. 이제 나는 다시 인류의 타락을 보며 황폐해질 준비가 됐다. 그렇다면《라이어스 포커: 월가 최고 두뇌들의 숨막히는 머니게임》(마이클 루이스 저, 정명수 역, 위즈덤하우스, 2006)을 읽어보라.

- 으, 너무하잖아. 영혼까지 상처받았다. 알겠다, 알겠어. David D. Kirkpatrick, "*Mystery Buyer of $450 Million 'Salvator Mundi' Was a Saudi Prince*", *New York Times*, 2017년 12월 6일의 샤덴프로이데schadenfreude(남의 고통을 보면서 느끼는 기쁨—옮긴이)로 기운을 내보라. 판매자는 그림을 레오나르도 다빈치의 작품이라고 했지만 학자들은 이 주장에 이의를 제기해왔다. 내 의견으로는 틀림없다. 사우디 왕자는 내게 묻지 않았지만 어쨌든 다빈치가 그리지 않은 다빈치 그림에 5억 달러를 지불했다고 상상해보자.

- 이 게임을 만드는 데 도움을 준 이는 누구인가? 플레이 테스트 친구인 Matt Donald, Rob Liebhart, Jeff Bye에게 큰 박수를 보낸다.

제27장 LAP

- 어디서 이 게임에 대해 알게 되었나? *Gamut of Games*다. 하지만 실제로 배운 것은 @russ, @LarryLevy, @mathgrant, @Bart119 사용자가 전략적 아이디어를 탐색하고 모호한 게임판 디자인의 존재에 주목한 BoardGameGeek의 훌륭한 스레드를 통해서였다. https://boardgamegeek.com/thread/712697. 한편 깔끔한 〈무지개 논리〉 변종은 Elizabeth Cohen and Rachel Lotan, *Designing Groupwork: Strategies for the Heterogeneous Classroom*(New York: Teachers College Press, 2014)에서 가져온 것이다.

제28장 양자 낚시

- 어디서 이 게임에 대해 들었나? 돌이켜 보면 아내가 UC 버클리에서 대학원 과정을 밟을 동안 누군가가 내게 이 게임을 가르쳐주려고 했다. 그러나 실제로 배운 것은

이 책을 조사하는 동안 Anton Geraschenko의 계정을 발견하면서부터다. http://stacky.net/wiki/index.php?title=Quantum_Go_Fish. Everything2의 설명도 으니 다음 사이트를 참조하라. https://everything2.com/title/Quantum+Fingers. 그리고 레딧에서 r/math 토론 "Quantum Go Fish (a True Mathematicians' Card Game)"도 확인해볼 가치가 있다.

- 이 게임에서 부정적인 스무고개Negative Twenty Questions를 연상하는 내가 이상한 건가? 나도 같은 생각을 했다.

- 물리학자 John Wheeler는 우리가 선택한 질문이 현실에 대한 우리의 관점을 어떻게 형성하는지에 대해 이 게임을 사용해 설명했다. 1명을 추측자로 선정해 방 밖으로 내보낸다. 그런 다음 다른 모든 사람에게 질문 대상이 아니라 그냥 특정 패턴에 따라서 대답하라고 한다. 예를 들어 '예, 예, 아니요, 예, 예, 아니요'만 영원히 반복하는 것이다. 추측자가 무엇을 물어보든 항상 이런 식으로 대답한다(이전 답변과 모순되는 경우는 제외). 추측자의 질문이 그 자체로 그들이 묻는 대상을 만들어낼 것이다. 추측자가 안착한 '정답'이 무엇이건 간에 말이다.

- 다음은 '예/예/아니요' 패턴을 사용하는 예시 라운드다. 살아 있나요? 예. 사람인가요? 예. 남성인가요? 아니요. 여성인가요? 예. 유명한가요? 예. 연예인인가요? 아니요. 정치 지도자인가요? 예. 전현직 국가 원수인가요? 예. 영어가 모국어인가요? 아니요. 유럽인인가요? 예. 앙겔라 메르켈인가요? 예.

- 당신은 〈러시 아워〉를 얼마나 잘했나? 꽤 했지만 이젠 세트가 없다. 요즘은 씽크펀 ThinkFun에서 제조하고 있으니, 괜찮다면 선물로 보내줘도 좋다.

제29장 사이사라

- 귀납적 게임에 대한 자세한 정보는 어디서 얻을 수 있나? Martin Gardner, *Origami, Eleusis, and the Soma Cube*(New York: Cambridge University Press, 2008)가 출발점으로 좋다. 〈엘레우시스〉의 발명자에 대한 생각은 Robert Abbott, "Eleusis and Eleusis Express", LogicMazes.com, http://www.logicmazes.com/games/eleusis를 확인해보라. 또한 개인 블로그(http://www.koryheath.com/

zendo/design-history)에 올라와 있는 게임 제작자 Kory Heath의 자세한 글 "Zendo-Design History"에서도 큰 도움을 받았다.

- 명확한 가설 없이 데이터를 수집하는 것의 위험성을 과장하고 있는 것 아닌가. 아니다. 자세한 내용은 다음 책에서 'p-해킹 및 복제 위기'에 관해 내가 쓴 장을 읽어보자. 《이상한 수학책: 그림으로 이해하는 일상 속 수학 개념들》(벤 올린 저, 김성훈 역, 북라이프, 2020)의 '과학의 성문 앞에 들이닥친 야만인'이다.

- 다윈이 실제로 "나는 모든 사람과 모든 것을 싫어한다."라고 말했나? 그렇다. Robert Krulwich, "Charles Darwin and the Terrible, Horrible, No Good, Very Bad Day", NPR, *Krulwich Wonders* blog, 2012년 10월 19일, https://www.npr.org/sections/krulwich/2012/10/18/163181524/charles-darwinand-the-terrible-horrible-no-good-very-bad-day.

- 아인슈타인이 실제로 아이디어가 "거의 없다."라고 말했나? 그렇다. 《거의 모든 것의 역사(개역판)》(빌 브라이슨 저, 이덕환 역, 까치(까치글방), 2020).

- R. C. 벅이 실제로 "창의성은 수학의 핵심이자 영혼이다."라고 말했나? 다윈과 아인슈타인의 인용문은 농담처럼 들리기도 하므로 나에게 도전하는 것을 이해한다. 하지만 여러분이 정말로 이것에 대한 출처를 요구하고 있는 게 맞나?

  뭐. 괜찮다. Denise Gaskins, "Quotations XV: More Joy of Mathematics", *Denise Gaskins' Let's Play Math*, https://denisegaskins.com/2007/09/19/quotations-xv-more-joy-of-mathematics에서 가져왔다. Denise는 John A. Brown and John R. Mayor, "Teaching Machines and Mathematics Programs", *American Mathematical Monthly* 69, no. 6 (1962): 552-565쪽에서 가져왔고.

제30장 정보 게임 발송

- 〈승리, 패배, 바나나〉는 정말 풍부하고 전략적인가? 그냥 경솔한 난센스 아닌가? 결정은 여러분의 몫이지만, 한 독창적인 레딧 사용자(u/tdhsmith)는 다음과 같이 질문함으로써 그렇다고 주장했다. "여러분은 방금 〈메타 승리, 패배, 바나나〉Meta-Win-Lose-

Banana 게임에 들어왔다. 이 게임은 주제가 비슷하지만 실제 세계에서 진행된다. 세 가지 파벌이 있다.

"불확실(승리) 파벌⋯ 〈승리, 패배, 바나나〉가 전략적인지 아닌지 확실하지 않다. 여러분이 이 진영에 가입하면, 게임에 전략이 있는지 물음으로써 이를 즉시 드러내게 되고, 이는 게임의 두 번째 단계를 유발한다."

"시시함(패배) 파벌⋯ 게임에 전략이 없다며 불확실 진영을 확신시키려 한다. 불확실 진영이 이 편을 들면 시시함 파벌만이 이긴다. 왜냐하면 그들은 우월한 관점을 가지고 있고 불확실 진영은 게임에 시간을 낭비한 것이기 때문이다."

"전략적(바나나) 파벌⋯ 게임이 풍부하고 전략적이라며 불확실 진영을 확신시키려고 한다. 불확실 진영이 이 편을 들면 재미있고 전략적인 시간을 보낸 것이기 때문에 둘 다 승리한다."

그건 그렇고, 나는 이 게임에 대해 Jonny Bouthilet과 Marcus Ross에게서 들었다. Chris Cieslik이 디자인하고 Cara Judd가 아트를 맡았으며 Asmadi Games에서 퍼블리싱했다.

"나는 수학을 사랑한다.

왜냐하면 인간은 수학에 놀이의 정신을 불어넣었고,

수학은 인간에게 가장 위대한 게임인

무한을 포용해주었기 때문이다."

_수학자 로자 페테르

게임 이름

peggios

〈다인용 짤〉 Multiplayer Undercut

〈단일 승리〉 Single Victory

〈대형 사이사라〉 Grand Saesara

〈던셔의 원뿔〉 Cones of Dunshire

〈도미노〉 Dominos

〈도미니어링〉 Domineering

〈돌멩이 게임〉 Rocks

〈동전 돌리기〉 Pennywise

〈돼지〉 Pig

〈두목님의 헛간〉 Sir Boss's Barn

〈둘레식 꼭짓점〉 Perimeter-Style Cor-
ners

〈뒤집기〉 Flip

〈딜 오어 노 딜〉 Deal or No Deal

〈라이벌 민들레〉 Rival Dandelions

〈러시아워〉 Rush Hour

〈루빅스 큐브〉 Rubik's Cube

〈루트〉 Root

〈르 집〉 Le Zip

〈리스크〉 Risk

〈림심3〉 Lim Sim3

〈마법 손가락〉 Magic Fingers

〈마스터마인드〉 Mastermind

〈마피아 게임〉 Mafia

〈막대기〉 Sticks

〈많은 세계〉 Many Worlds

〈매수자 위험부담 원칙〉 Caveat Emptor

〈매스 블래스터〉 Math Blaster

〈메타 틱택토〉 meta tic-tac-toe

〈모눈자물쇠〉 Gridlock

〈모라〉 Morra

〈모래 속의 보석〉 Jewels in the Sand

〈무지개 논리〉 Rainbow Logic

〈물감 폭탄〉 Paint Bomb

〈미제르〉 Misere

〈민들레〉 Dandelions

〈바닥은 용암!〉 The Floor is Lava

〈바둑〉 Go

〈발걸음〉 Footsteps

〈배틀십〉 Battleship

〈백만장자가 되고 싶은 사람?〉 Who
Wants to Be a Millionaire?

〈밸런스 조정〉 Balance Adjustments

〈베리의 역설〉 The Berry Paradox

〈보스의 틱택토〉 Bossy Tic-Tac-Toe

〈부루마블〉 Blue Marble Monopoly

〈북아프리카 대작전〉 Campaign for
North Africa

〈브레인 박사의 시간 도약〉 The Time
Warp of Dr. Brain

〈브뤼셀 콩나물〉 Brussels Sprouts

〈블랙잭〉 Blackjack

〈블랙홀〉 Black Hole

〈블로커스〉 Blokus

〈블로토〉 Blotto

〈비율 점수 계산〉 Ratio Scoring

〈빙고〉 Bingo

〈사각 폴립〉 Square Polyp

〈사랑과 결혼〉 Love and Marriage

〈사이사라〉 Saesara

〈사중주〉 Kwartet

〈산토리니〉 Santorini

〈상식 밖의〉 Outrangeous

〈생명 게임〉 The Game of Life

〈선을 지켜라〉 Hold That Line

〈세금징수원〉 Tax Collector

〈세트〉 Set

〈속기 사이사라〉 Speed Saesara

〈속임수 게임〉 The Con Game

〈손가락 체스〉 Finger Chess

〈수연〉 Sequencium

〈수집가〉 Collector

〈순위 격파〉 Breaking Rank

〈숫자 상자〉 Number Boxes

〈숫자 야구〉 Bullseyes and Close Calls

〈슈퍼 마리오 브라더스〉 Super Mario Bros

〈슈퍼 틱택토〉 super tic-tac-toe

〈스노트〉 Snort

〈스도쿠 게임판〉 Sudoku Board

〈스도쿠〉 Sudoku

〈스웨덴식 게임판〉 Swedish Board

〈스크래블〉 Scrabble

〈스탈리테어〉 Starlitaire

〈승리, 패배, 바나나〉 Win, Lose, Banana

〈실제 경매가 포함된 매수자 위험부담 원칙〉 Caveat Emptor with Real Auctions

〈심〉 Sim

〈십자말풀이〉 Crossword

〈아르페지오〉 Arpeggios

〈아마존〉 Amazons

〈아무것도 모르는 퀴즈 게임〉 The Know-Nothing Trivia Game

〈아스테로이드〉 Asteroids

〈아줄〉 Azul

〈아치〉 Achi

〈애벗표 엘레우시스 특급〉 Abbotten-dorsed Eleusis Express

〈야찌〉 Yahtzee

〈양자 낚시〉 Quantum Go Fish

〈양자 손가락〉 Quantum Fingers

〈양자 체스〉 Quantum Chess

〈양자 틱택토〉 Quantum Tic-Tac-Toe

〈양자 행맨〉 Quantum Hangman

〈엘레우시스〉 Eleusis

〈여왕뿐인 체스〉 All Queens Chess

〈영리한 여우〉 Ganz Schon Clever

〈영토〉 Territoria

〈예언〉 Prophecies

〈옴짝달싹〉 Jam

〈워즈워스〉 Wordsworth

〈웨이브렝스〉 Wavelength

〈위트 앤드 웨이저〉 Wits & Wagers

〈윔심〉 Whim Sim

〈윙스팬〉 Wingspan

〈유콘 트레일〉 Yukon Trail

〈은행원〉 Banker

〈이웃〉 Neighbors

〈자기부죄〉 Self-Incrimination

〈파치지〉 Parcheesi

〈패턴II〉 Patterns II

〈페르데앱펠〉 Pferdeappel

〈평범〉 Mediocrity

〈포도송이〉Bunch of Grapes

〈포커〉Poker

〈프라임 클라임〉Prime Climb

〈프랑스―프로이센 미궁〉Franco-Prus-
sian Labyrinth

〈프랙털 틱택토〉fractal tic-tactoe

〈피프틴 퍼즐〉Fifteen Puzzle

〈한 손가락 패배〉One-Fingered Defeat

〈햇살〉Suns

〈행 부르기〉Row Call

〈행맨〉Hangman

〈헥스〉Hex

〈황소와 암소〉Bulls and Cow

〈휠 오브 포춘〉Wheel of Fortune

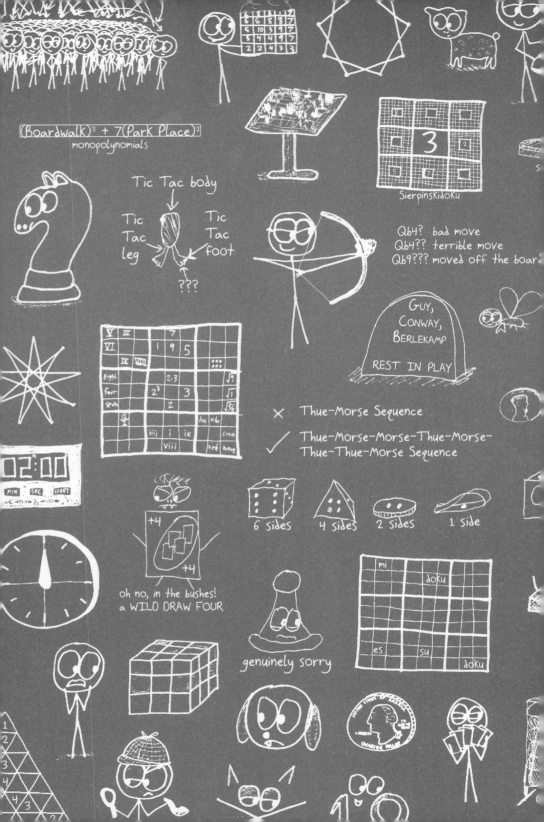